李 毓 佩 数 学 科 普 文 集

Collections of Li YuPei's Works on Popular Science in the Field of Mathematics

李毓佩●著

数学大世界

长江出版传媒 Changjiang Publishing & Media
湖北科学技术出版社 HUBEI SCIENCE & TECHNOLOGY PRESS

图书在版编目（CIP）数据

数学大世界 / 李毓佩著. -- 武汉：湖北科学技术出版社, 2019.1（2020.7 重印）
（李毓佩数学科普文集）
ISBN 978-7-5706-0379-4

Ⅰ. ①数… Ⅱ. ①李… Ⅲ. ①数学 - 青少年读物 Ⅳ. ①O1-49

中国版本图书馆CIP数据核字(2018)第143559号

数学大世界
SHUXUE DASHIJIE

出 品 人：王力军
执行策划：彭永东　罗　萍　　特约编辑：刘健飞
责任编辑：彭永东　　封面设计：喻　杨

出版发行：湖北科学技术出版社　　电话：027—87679468
地　　址：武汉市雄楚大街 268 号　　邮编：430070
（湖北出版文化城 B 座 13—14 层）
网　　址：http://www.hbstp.com.cn

印　　刷：武汉市金港彩印有限公司　　邮编：430023

710×1000　1/16　　19 印张　　4 插页　　242 千字
2019 年 1 月第 1 版　　2020 年 7 月第 3 次印刷
定价：68.00 元

目录

CONTENTS

1. 数的畅想曲

古人对数的认识

早在文字出现之前，人类祖先就已经形成了数的概念。他们在很早以前就利用结绳或在木头上刻痕的办法来记数。比如美国纽约博物馆就藏有古代秘鲁用有颜色的绳子编的一种叫“基普”的东西，绳子打了许多结，它是一种记数的工具。我国古书《周易》上也有“上古结绳而治”的记载。

5000 多年前，古埃及人把数字写在一种纸草上；古巴比伦人把数字刻在泥板上；我们祖先把数字刻在乌龟甲和牛骨上。下图是古人 1 到 5 的写法：

古埃及数字	|	||	|||	||||	||| ||
古巴比伦数字	𒁹	𒈫	𒐈	𒐉	𒐊
中国甲骨文数字	一	二	三	亖	ㄨ
现代阿拉伯数字	1	2	3	4	5

随着数字越来越大，用不断加画道道的方法不行了，需要创造出能表示大数的数字。3000 多年前出现了罗马数字，至今还有人在使用。比如钟表上就仍能见到罗马数字。

据研究，Ⅰ、Ⅱ、Ⅲ是表示 1、2、3 根手指，Ⅴ表示一只手 4 指合并、大拇指张开的形状，这和我国广东话有时将 5 说成“一巴掌”是一个道理。10 写成Ⅹ，表示两只手掌。6 就是在 5 的右边加一道写成Ⅵ，意思是 5+1=6，而 4 是在 5 的左边加一道写成Ⅳ，意思是 5-1=4。

罗马数字、古埃及数字以及中国的筹算，都采用同一符号重复若干次之后再引入新的符号，防止重复次数太多。在罗马数字中同一符号最多写三次，比如 30 写成 XXX，而 40 则写成 XL，这里 L 是罗马数字 50。又如 80 写成 LXXX，而 90 则写成 XC，这里 C 是罗马数字 100。在古埃及数字中同一符号可以重复 9 次，比如 9 写成 $\begin{smallmatrix}|||\\|||\\|||\end{smallmatrix}$。罗马数字显然比古埃及数字进步了。

在许多民族中，古代的数字常用一些名词来表示。比如，2 用“耳朵”“手”“翅膀”表示；4 用“鸵鸟的脚趾”（鸵鸟 4 趾）表示。古代有些数字是用象形文字来写的。比如古埃及数字，见下图：

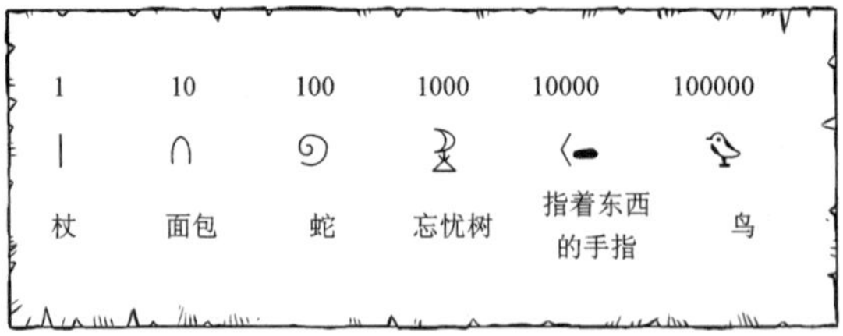

生活在中美洲中部的古代玛雅人，只用三个符号：点、横和椭圆，就可以表示任何自然数。用点和横可以从 1 写到 19，在任何数下面加上一个椭圆，就把那个数放大 20 倍。

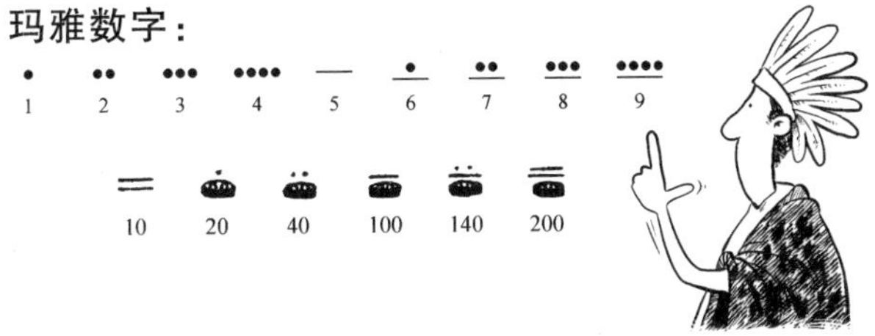

这里，· 表示 1，大概是石子；一表示 5，代表一根小棒；是零，大概是贝壳，20 就在上加一点表示。

现在通行的阿拉伯数码并不是阿拉伯人创造的，而是印度人发明的。古印度人把一些横划刻在石板上表示数，一横表示 1，两横表示 2。后来，他们改用棕榈树叶作为书写材料，就把笔画连起来写，把二写成 Z，三写成 Ʒ。后来又经过长时间的演变，才变成现在的样子。

公元 8 世纪，印度记数法由商人带入阿拉伯首都巴格达城。一位叫堪克的人带着数学书和天文图表，拜见了阿巴斯王朝的统治者哈里法。哈里法对此很感兴趣，下令把这些数学书和天文图表译成阿拉伯文，印度数码很快在阿拉伯流传开来。

公元 12 世纪初，欧洲人开始将阿拉伯文的数学书译成拉丁文。意大利的斐波那契写成《算盘书》，这本书被学校作为教材使用了 200 多年，影响很大。《算盘书》一开始就写道："印度的九个数目字是 9，8，7，6，5，4，3，2，1，用这九个数字以及阿拉伯人叫作零的记号 0，任何数都可以表示出来。"

数字 0，据英国史学家李约瑟考证，最初出现于中印边界，可能是两国人民共同创造的。数字 0 通过阿拉伯商人传入西欧，却受到罗马教会的反对。教皇尤斯蒂尼昂宣布："罗马数字是上帝创造的，不允许 0 存在，这个邪物加进来会玷污神圣的数。"有位罗马学者偷偷传播 0，被教会发现。罗马教皇把这位学者投入监狱，施以酷刑，用夹子把他的 10 根手指紧紧夹住，使他两手残废不能再握笔写字，最后将该学者害死在监狱中。

数进位制的由来

十进位制的产生，与人长有10根手指有关。“屈指可数”，说明手指是人记数时最方便的工具。10根手指都数完，就要考虑进位了。

南美的古玛雅人，数完了10根手指头，再数10根脚趾，他们使用二十进位制。

介于澳大利亚北部的约克角半岛与伊利安之间的海峡，叫托列斯海峡。这个海峡附近的群岛上居住着一些部落。他们只靠两个数进行计算，“一”——“乌拉勃”和“二”——“阿柯扎”。遇到“三”就用“阿柯扎、乌拉勃”表示，“四”是“阿柯扎、阿柯扎”，“五”是“阿柯扎、阿柯扎、乌拉勃”，他们使用的是二进位制。

五进位制的手指记数法，最早起源于美洲。这种五进位制至今还在波利尼西亚群岛的居民中使用着。

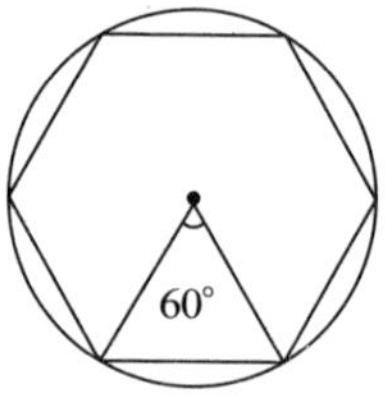

1小时等于60分，1分等于60秒；圆周角为360°，每度60′，每分60″。最早采用六十进位制的是古巴比伦人。他们为什么要用六十进位制呢？现在有两种不同的看法：有的人认为古巴比伦人最初以360天为一年，将圆周分为360°，太阳每天行一度。而圆内接正六边形的每边都等于圆的半径，每边所对的圆心角恰好等于60°，六十进位制由此而来。另一些人认为古巴比伦人早就知道一年有365天，选择60这个数是因为它是2，3，4，5，6，10，12等简单数字的倍数。$60=12\times5$，12是一年包含的月数，而5是一只手的手指数。

古代各地区的进位制各不相同，连数的写法也不一样。我国继甲骨文和金文（铸在铜器上的文字，也叫钟鼎文）之后，开始用更方便的算筹来记数。“筹”就是竹质或骨质的小棍。我国古代数学家就使用这些小棍，摆成不同的形式来表示不同的数,并进行计算。1971 年 8 月在陕西千阳县的一座西汉墓中,首次出土了骨质算筹,估计算筹的使用不会晚于公元前 3 世纪。

用算筹表示数目,有纵横两种方法:

纵式

𝍠 𝍡 𝍢 𝍣 𝍤 𝍥 𝍦 𝍧 𝍨

横式

𝍩 𝍪 𝍫 𝍬 𝍭 𝍮 𝍯 𝍰 𝍱

〦,〧,〨 三个数字,从前商人记账时还经常用到。

用算筹摆数的原则在《孙子算经》中有记载:“凡算之法,先识其位,一纵十横,百立千僵(百位是纵式,千位又是横式),千十相望,万百相当。”意思是:个位、百位、万位都用纵式;十位、千位都用横式。高位在左,低位在右,比如 378,就摆成𝍢𝍰𝍧。遇到零时,就留个空位,比如 6708 就摆成𝍮𝍦 𝍧。

古巴比伦人使用六十进位制,书写时也是低位在右,高位在左,比如𒁹表示 1,𒌋表示 10。

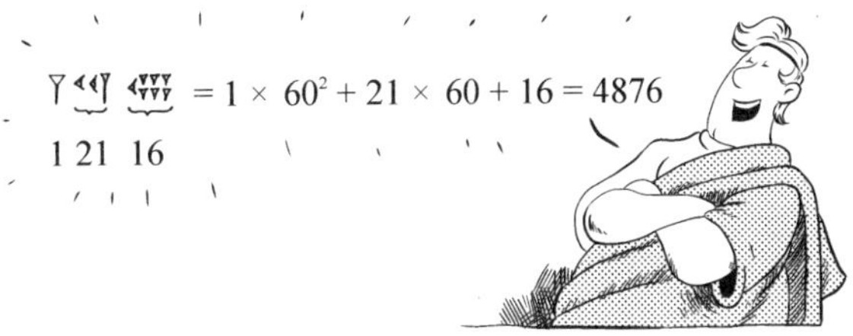

古埃及数字的排列次序,和我们的习惯恰好相反,他们把高位放在右边,低位放在左边。比如,1873 就写成

据史书记载，由于错误地翻译了古埃及的记数体系，而产生了一个令人困惑不解的问题，这个问题直到不久以前才得到解决。原来，古希腊哲学家柏拉图曾经根据雅典的伟大政治家和诗人梭伦的回忆录，讲述了一个关于阿特兰蒂斯岛（大西岛）的故事。梭伦曾经游历过许多地方，这个故事是一些博学的古埃及祭司告诉他的。这个故事说：在比梭伦那个时代早大约 9000 年的时候，有一次，巨大的灾难降临到阿特兰蒂斯岛，这个岛连同它的全体居民突然沉没到海里去了。据说，这个岛的面积是 800000 平方英里，因此，柏拉图不得不把它的位置安排到大西洋里去（大西洋这个名称就是这样得来的），因为整个地中海也容纳不下这么大的一个岛。近代对地中海海床所进行的地质考察表明，在地中海里确实曾经发生过一次非常巨大的火山爆发，它使米诺斯文化突然被毁灭掉了。但是，这个事件大约发生在公元前 1500 年，也就是说，只比梭伦那个时代早大约 900 年，而不是早 9000 年。不仅如此，柏拉图在他写的《克里蒂亚篇》一书中描述的那个四面环山的肥沃平原，原来说是长 3000 斯达提亚（古希腊的长度单位，1 斯达提亚 = 600 英尺，即不到 200 米），宽 2000 斯达提亚。但是，如果把这个大小减为 300 × 200，那就正好同克里特岛上的梅萨拉平原相符了。可见，使许多古代学者迷惑的大西岛之谜，是由于读错了古埃及数字而产生的，是把位值提高了一位（把 100 读成 1000 等），使梭伦因数量相差 10 倍而犯了错误。其实，大西岛就是希腊南部的克里特岛。

据考查，世界大多数地区采用的是十进位制。美国数学家易勒斯曾做过调查，美国原始亚美利加各族的 307 种计数系统中，有 146 种是十进位的，有 106 种是五进位或二十进位的，另外还有别的进位制。

乌龟背上的数

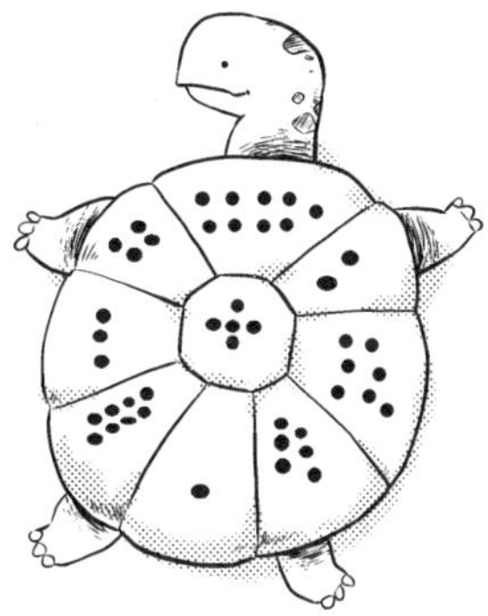

传说在很久以前，夏禹治水来到洛水。洛水中浮起一只大乌龟，乌龟背上有一个奇怪的图，图上有许多圈和点。这些圈和点表示什么意思呢？大家都弄不明白。一个人好奇地数了一下龟甲上的点数，再用数字表示出来，发现这里有非常有趣的关系。

把龟甲上的数填入正方形的方格中，不管是把横着的三个数相加，还是把竖着的三个数相加，或者把斜着的三个数相加，其和都等于15。

有许多别的民族也很早就知道这个神奇的方图。印度人和阿拉伯人认为这个方图具有一种魔力，能够避邪恶驱瘟疫。直到现在，还可以在印度看见有人在脖子上挂着印有方图的金属片。犹太人认为方图中的1、3、9和希伯来文的字母对应，刚好写出“耶和华”（上帝）这个词。

传说、宗教当然是不足为信的。但是，这种方图却反映了正整数的一种性质。我国古代把这种方图叫“纵横图”或者“九宫图”。国外把它叫作“幻方”。

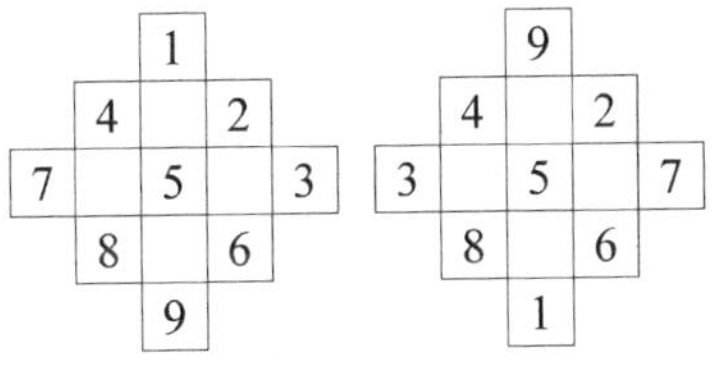

纵横图是怎样排出来的？靠碰运气行吗？不行。下面介绍我国南宋数学家杨辉创造的排列方法。

先画一个图，把 1 到 9 从小到大斜着排进图中。然后把最上面的 1 和最下面的 9 对调；最左边的 7 和最右边的 3 对调；最后把最外面的四个数，填进中间的空格中，就得到了乌龟背上的图了。

由 9 个数排列出来的是三阶幻方，下面再来看几个有代表性的三阶幻方：

(1) 从 0 到 8 的三阶幻方。它的横、竖、斜行的三个数之和都是 12(图①)；

(2) 从 1 到 17 的奇数构成的三阶幻方(图②)；

(3) 从 0 到 16 的偶数构成的三阶幻方(图③)。

7	0	5
2	4	6
3	8	1

图①

11	1	15
13	9	5
3	17	7

图②

14	0	10
4	8	12
6	16	2

图③

幻方阶数越高，排起来越困难。如不掌握一定的方法，简直别想排出来。下面排一个四阶幻方：把 1 到 16 从左到右依次排进方格中(图④)；再把外正方形的两组对角上的两个数分别对调，内正方形的两组对角上的两个数分别对调，其余的数不动，得到图⑤。它的每一横行、每一纵列及两条对角线上的四个数之和都等于 34。四阶幻方的排法不止一种，总共可以排出 880 种不同的四阶幻方。

1	2	3	4
5	6	7	8
9	10	11	12
13	14	15	16

图④

16	2	3	13
5	11	10	8
9	7	6	12
4	14	15	1

图⑤

利用杨辉创造的方法，可以把奇数阶幻方排出来，下面以五阶幻方为例来排一下：

首先把 1 到 25 按顺序斜着填进格中(图⑥)，然后把上、下、左、右各三对数对调得图⑦，最后再填入中间相应的空格中，就得到一个五阶幻方(图

⑧)。电子计算机计算结果表明，5 阶幻方共有 275305224 种，也就是两亿七千多万种排法，可真不少！

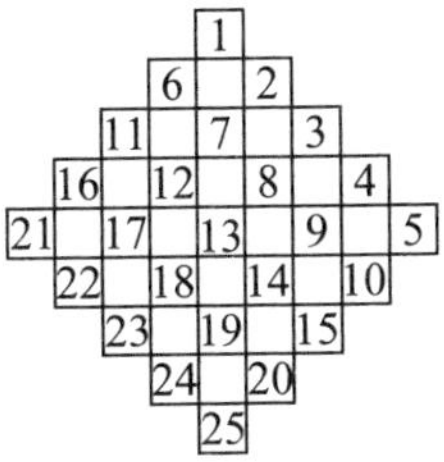

图⑥

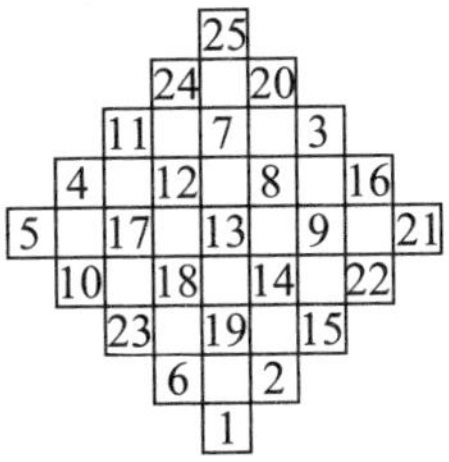

图⑦

11	24	7	20	3
4	12	25	8	16
17	5	13	21	9
10	18	1	14	22
23	6	19	2	15

图⑧

科学家把幻方看成是人类智慧的结晶。在一次国际博览会上，人们惊奇地发现地面的方砖上都写着数字。不论你按着横、竖、斜的方向任意找四个相邻的数，加起来都等于 34。原来这是由许多四阶幻方组成的地面(图⑨)。

7	12	1	14	7	12	1	14	7	12	1	14
2	13	8	11	2	13	8	11	2	13	8	11
16	3	10	5	16	3	10	5	16	3	10	5
9	6	15	4	9	6	15	4	9	6	15	4
7	12	1	14	7	12	1	14	7	12	1	14
2	13	8	11	2	13	8	11	2	13	8	11
16	3	10	5	16	3	10	5	16	3	10	5
9	6	15	4	9	6	15	4	9	6	15	4

图⑨

为了探索别的星球上是否有宇宙人，人类发射了能飞出太阳系的飞船。飞船上有照片、音乐，还有一幅四阶幻方图。图上没有写数字，而是画的点点来代表数。啊，幻方已飞出地球啦！

奇妙的反幻方

认识了三阶幻方，现在介绍三阶反幻方。什么是反幻方呢？前面见到的三阶幻方的主要特点是：在任意一行或任意一列或任意一条对角线上的 3 个数的和都相等，都等于 15。而反幻方的特点是：在任意一行或任意一列或任意一条对角线上的 3 个数的和都不相等！反幻方和幻方就是背道而驰！

有，不但有，而且比幻方还要多。不信，举一个例子：用 1 到 9 这九个数字填写（图⑩）就是一个反幻方。

8	9	1
7	2	3
6	5	4

图⑩

它的 3 行的和分别是：

$8+9+1=18$，$7+2+3=12$，

$6+5+4=15$；

它的 3 列的和分别是：

$8+7+6=21$，$9+2+5=16$，

$1+3+4=8$；

它的两条对角线的和分别是：

$8+2+4=14$，$1+2+6=9$.

你看，8 个数都不相等。

由于反幻方比较多，人们就想找出具有特殊性质的反幻方。功夫不负有心人，还真找到两个螺旋反幻方。这种反幻方的特点是：填进方格里的自然数必须由小到大，按顺序连接，成为螺旋的形状。

螺旋反幻方有两个。一个是从左上角开始，顺时针旋转（图⑪），它的 8 个和数分别是：6，21，18，16，17，12，15，19；另一个是从中心开始，逆时针

旋转(图⑫),它的 8 个和数分别是:24,9,12,14,13,18,15,11。

1	2	3
8	9	4
7	6	5

图⑪

9	8	7
2	1	6
3	4	5

图⑫

有了幻方,又有了反幻方。有正就有反,有方就有圆嘛!世界上还会不会有“幻圆”呢?世界上还真有“幻圆”,不过它不叫“幻圆”这个名字,而是叫“魔圆”。

其实在 100 多年前,我国把幻方就叫作“魔方”。后来,匈牙利的罗毕克发明了“魔方”玩具,这种玩具传入我国以后,风靡一时,“魔方”这个名字就被这种玩具抢走了。没法子,数学的“魔方”就只好改名叫幻方了。

最简单的“魔圆”是由 3 个圆和 1 到 6 这六个数组成(图⑬),每个圆上都有 4 个数。把每个圆上的 4 个数相加:

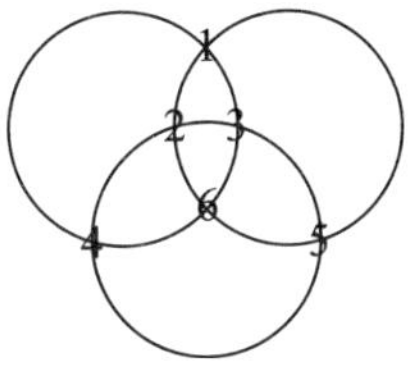

图⑬

1 + 3 + 6 + 4 = 14, 1 + 2 +6 + 5 = 14,4 + 2 + 3 + 5 = 14,

都相等。

再复杂一点的就是由 4 个圆和从 1 到 12 这十二个数组成的“魔圆”(图⑭)。

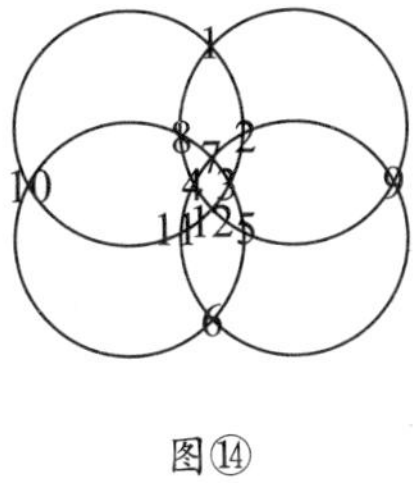

图⑭

有形状的数

公元前6世纪，古希腊的毕达哥拉斯学派常把数描绘成沙滩上的小石子，又按小石子所能排列的形状，将数分类，叫作“形数”。

用3个石子可以摆成一个正三角形。同样用6个石子，或10个石子可以摆成更大的正三角形。因此，毕达哥拉斯学派把1,3,6,10等叫作“三角数”或“三角形数”。

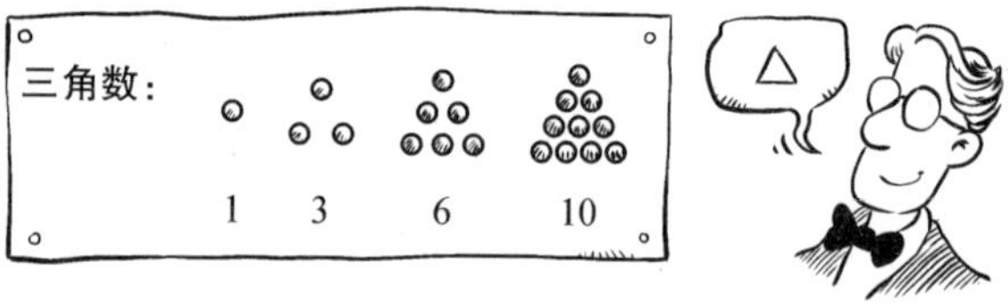

用4个、9个或16个石子都能摆成正方形，因此把1,4,9,16等叫作“正方形数”。

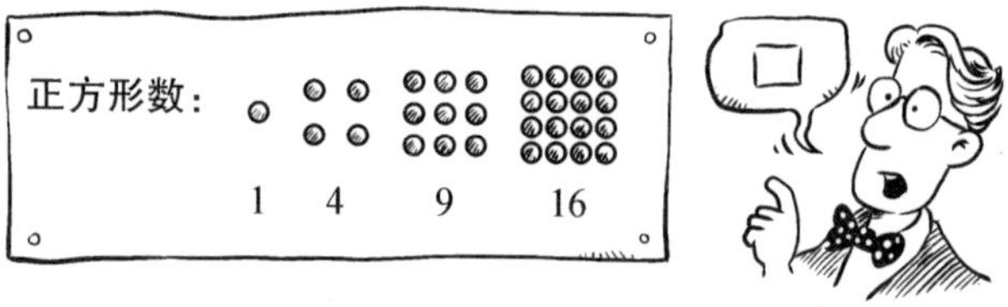

他们还摆出了五边形数、六边形数和其他多边形数。

毕达哥拉斯学派还进一步发掘了各种数间的内在联系。比如，任意两个相邻的三角形数相加，必然是一个数的平方，也就是必须是一个正方形数。

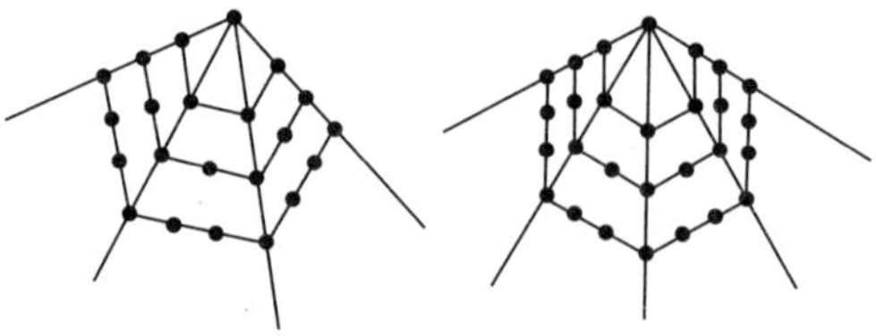

五边形数　　六边形数

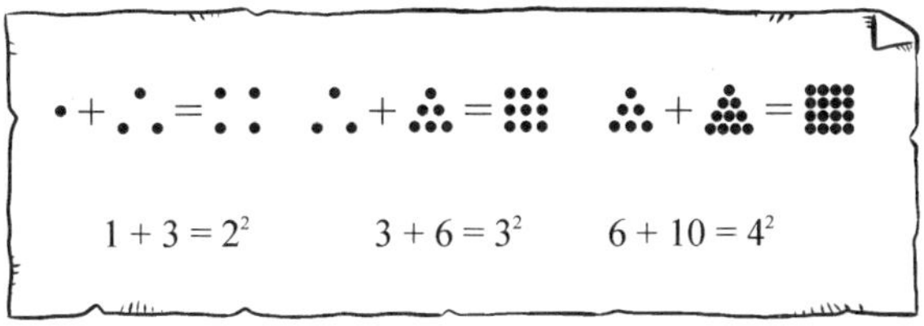

反过来,每个正方形数都可以分成相邻的两个三角形数。

利用正方形数可以造出一个奇数表:1,3,5,7,9,…

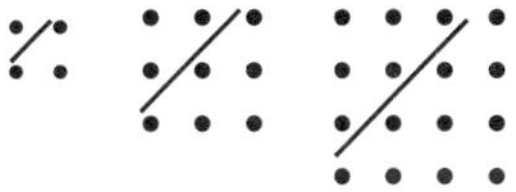

他们在正方形格子里放上石子,放法是最上面一行和最左边一列都按1,2,3,…来放石子。其他空格中的石子数,等于对应的最上面一行和最左边一列两格石子数之积。他们把这种拐角形叫磬折形。

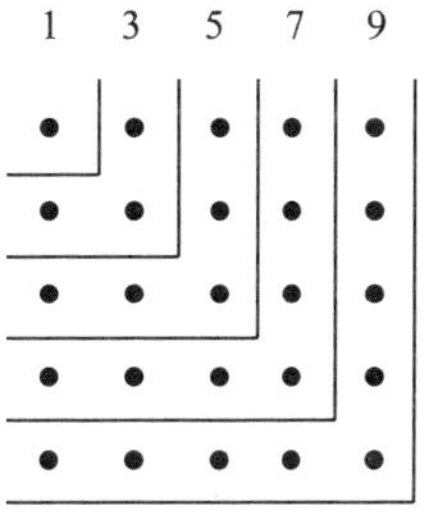

每一个磬折形中所有数之和是一个立方数。

$1=1^3$

$2+4+2=8=2^3$

$3+6+9+6+3=27=3^3$

公元前6世纪，还没有纸，用小石子来研究数的性质，又方便又直观，这真是古希腊人的一种创造，也是认识数的一种有趣方法。数的运算统称为计算"calculation"，这个词来源于拉丁文"calculus"，是小石子的意思。

赋予人性的数

在历史的不同时期，都可以看到人赋予数各种象征性意义。

毕达哥拉斯学派把大于1的奇数象征男性，叫"男人的"，而偶数则表示女性，叫"女人的"（也有的史书记载，把奇数象征女性，而偶数象征男性）。数5是第一个男性数与第一个女性数之和。数5象征着结婚或联合。

人之间讲友谊，数之间也有"相亲相爱"可言。毕达哥拉斯学派的人常说："谁是我的朋友，这就像220和284一样。"为什么220和284是好朋友呢？220除去本身以外还有11个因数，它们是1，2，4，5，10，11，20，22，44，55，110。这11个因数之和恰好等于284。同样，284的因数1，2，4，71，142之和恰好等于220。

$1+2+4+5+10+11+20+22+44+55+110=284,$

$1+2+4+71+142=220.$

这两个数是你中有我，我中有你，相亲相爱，形影不离。古希腊把具有这样性质的两个数叫作"相亲数"，也叫"亲和数"。

220和284是第一对相亲数。17世纪法国数学家费马，找到了第二对相亲数17296和18416。几乎在同时期法国数学家笛卡儿指出了第三对相亲数9363584和9437056。惊人的是瑞士数学家欧拉于1750年一次公布了60对相亲数。人们以为这一下把相亲数都找完了。

谁料想，过了一个世纪，意大利年仅16岁的青年帕加尼于1866年公布了一对相亲数，它们比 220 和 284 稍大一点，这一对相亲数是 1184 和 1210。前面提到的几个大数学家竟无一人找到它俩！

最近，美国数学家在耶鲁大学的计算机上，对所有 100 万以下的数进行了检验，共找到了 42 对相亲数。下面列出 10 万以下的 13 对相亲数：

$220 = 2 \times 2 \times 5 \times 11$,

$284 = 2 \times 2 \times 71$;

$1184 = 2 \times 2 \times 2 \times 2 \times 2 \times 37$,

$1210 = 2 \times 5 \times 11 \times 11$;

$2620 = 2 \times 2 \times 5 \times 131$,

$2924 = 2 \times 2 \times 17 \times 43$;

$5020 = 2 \times 2 \times 2 \times 5 \times 251$,

$5564 = 2 \times 2 \times 13 \times 107$;

$6232 = 2 \times 2 \times 2 \times 19 \times 41$,

$6368 = 2 \times 2 \times 2 \times 2 \times 2 \times 199$;

$10744 = 2 \times 2 \times 2 \times 17 \times 79$,

$10856 = 2 \times 2 \times 2 \times 23 \times 59$;

$12285 = 3 \times 3 \times 3 \times 5 \times 7 \times 13$,

$14595 = 3 \times 5 \times 7 \times 139$;

$17296 = 2 \times 2 \times 2 \times 2 \times 23 \times 47$,

$18416 = 2 \times 2 \times 2 \times 2 \times 1151$;

$63020 = 2 \times 2 \times 5 \times 23 \times 137$,

$76084 = 2 \times 2 \times 23 \times 827$;

$66928 = 2 \times 2 \times 2 \times 2 \times 47 \times 89$,

$66992 = 2 \times 2 \times 2 \times 2 \times 53 \times 79$;

$67095 = 3 \times 3 \times 3 \times 5 \times 7 \times 71$,

$71145 = 3 \times 3 \times 3 \times 5 \times 17 \times 31$;

$69615 = 3 \times 3 \times 5 \times 7 \times 13 \times 17$,

$87633 = 3 \times 3 \times 7 \times 13 \times 107$;

$79750 = 2 \times 5 \times 5 \times 5 \times 11 \times 29$,

$88730 = 2 \times 5 \times 19 \times 467$.

毕达哥拉斯学派非常崇拜数36，一个原因是36等于前三个自然数的立方和：

$36 = 1^3 + 2^3 + 3^3$.

另一个原因是36是前四个奇数和前四个偶数之和：

$36 = (1+3+5+7) + (2+4+6+8)$.

毕达哥拉斯学派认为整个宇宙是建立在前四个奇数和前四个偶数基础之上的，数36就无限伟大和庄严。如果用36作誓言，那是最可怕的誓言。

数13在许多国家被认为是不吉祥的数，在这些国家绝不允许13个人在一张桌上吃饭。旅店也没有13层楼，每层楼也没有13号房间。为什么要忌讳13呢？据说耶稣有13个弟子，后来他的第13个弟子犹大出卖了他。人们憎恨犹大，连数13也跟着倒霉。

刻在骨头上的数

一个大于1的整数，如果除了它本身和1以外，不能被其他正整数所整除，这个整数就叫质数。如2,3,5,7,11等都是质数。质数也称素数。

人类在很早以前就知道质数了。现藏于比利时布鲁塞尔自然历史博物馆的两块出土骨头引起了考古学家的极大兴趣。骨头是从非洲刚果的爱德华湖畔的一个叫伊珊郭渔村发掘出来的。

用现代的科学方法鉴定，这两块骨头是公元前9000年到前6500年之间非洲人使用的骨具。一端的把手刻有规则的刻痕,在另一端附有一小块石英。考古学家推测这是古代居民用来雕刻或书写的工具。

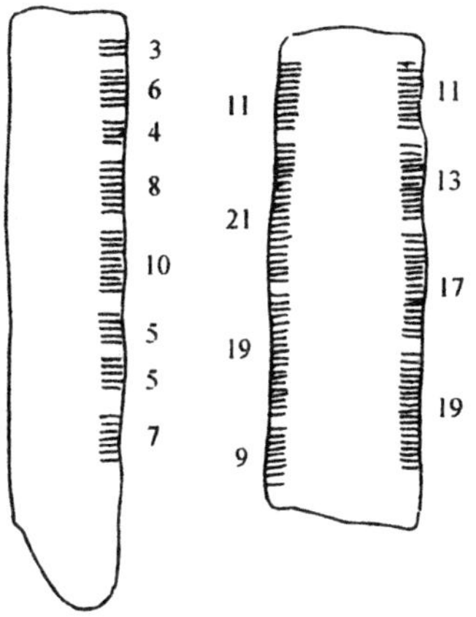

这骨具上的刻痕代表什么意思呢?在一块骨具上有8组刻痕,是由3,6,4,8,10,5,5,7等几组线条组成。其中3和6靠得很近,隔一段是4和8,然后是10和两个5,最后是7。科学家推测,刻痕人想要说明6,8,10分别是3,4,5的两倍。

另一块骨具的两侧都有刻痕,左侧是11、21、19和9;右侧是11、13、17和19。有人解释左侧是说明 $10+1=11$,$20+1=21$,$20-1=19$,$10-1=9$。右侧是10与20之间的所有质数。

两块骨头合在一起,就出现了5,7,11,13,17,19一组有顺序的质数。由此看来,差不多在1万年前,非洲人民就认识质数了。

如何从自然数中把质数挑出来?

两千多年前古希腊数学家、亚历山大图书馆馆长埃拉托色尼提出了一种寻找质数的方法:写出从1到任意一个你所希望达到的数为止的全部自然数。首先把从4开始的所有偶数下面画一短横,表示把这些数除掉;再把能被3整除的,下面没画短横的数再画上横,这些数有9,15,…接着在能被5整除的,下面没画横的数画横,这样的数有25,35,…一直这样做下去,最后得到一列下面没画横的数,这些数除1之外全都是质数。

$$1,2,3,\frac{4}{2},5,\frac{6}{2},7,\frac{8}{2},\frac{9}{3},\frac{10}{2},11,\frac{12}{2},13,\frac{14}{2},\frac{15}{3}$$

后来把这样寻找质数的方法叫埃拉托色尼筛法,它可以像从沙子里筛石头那样,把质数从自然数中筛出来。所有的质数表都是根据这个筛法原则编制出来的。

1909年,美国数学家莱默发表了不超过10000000的质数表。在维也纳科学院保存着居立克编制的不超过 100000000 的质数表的手稿。电子计算机出现之后,寻找质数的工作进展很快。20 世纪 60 年代初,美国数学家就宣布,在他们的电子计算机里,就存储着 500000000 个,也就是 5 亿个质数。嘿,可真够多的!

质数究竟有多少呢?

这个问题早在 2000 多年前,已经由古希腊著名数学家欧几里得很巧妙地解决了。欧几里得说,质数有无穷多个。如果质数只有有限个,必然存在着一个最大的质数p。可以把从 2 开始到p为止的所有质数相乘,然后再把它们的乘积加 1。这样得出的数,被 2 到p之间所有的质数除均余 1,所以这个数本身就是质数,它是一个比p更大的质数。因此,不可能存在一个最大的质数,这说明质数有无穷多个。

和数学家捉迷藏

数学家并不满足用筛法去寻找质数,因为用筛法求质数带有一定的盲目性,你不能预先知道要“筛”出什么质数来。数学家渴望找出质数的规律,以便更好地掌握质数。

从质数表中可以看出:

1 到 1000 之间有 168 个质数;

1000 到 2000 之间有 135 个质数;

2000 到 3000 之间有 127 个质数;

3000 到 4000 之间有 120 个质数;

4000 到 5000 之间有 119 个质数。

随着自然数的变大,质数越来越稀疏。

质数把自己打扮一番,混在自然数里,你很难从外表看出它有什么特征。比如 101,401,601,701 都是质数,但是 301 和 901 却不是质数。又比如,11 是质数,而 111,11111 以及由 11 个 1,13 个 1,17 个 1 排列成的数都不是质数,只有由 19 个 1,23 个 1,317 个 1 排列成的数是质数。

有人做过试验:

$1^2+1+41=43$, $2^2+2+41=47$,

$3^2+3+41=53$, $4^2+4+41=61$,…,

$39^2+39+41=1601$,

虽然这样的数都是质数,但是,$40^2+40+41=1681=41\times41$ 却不是质数。

1963 年,美国数学家乌兰教授在参加一次报告会时,对报告的内容不感兴趣,他一边听,一边在纸上打出许多方格子,按着逆时针方向转着圈往方格子里填写自然数。他又把质数画去,突然间他发现质数好像很喜欢排成直线。他又从 41 开始往下填,惊奇地发现一条对角线上的数都是质数。他按这个方法往下填,一直填到 1601 共有 40 个质数排在这条对角线上。但是,当乌兰教授再往下填时,却不再是质数了。

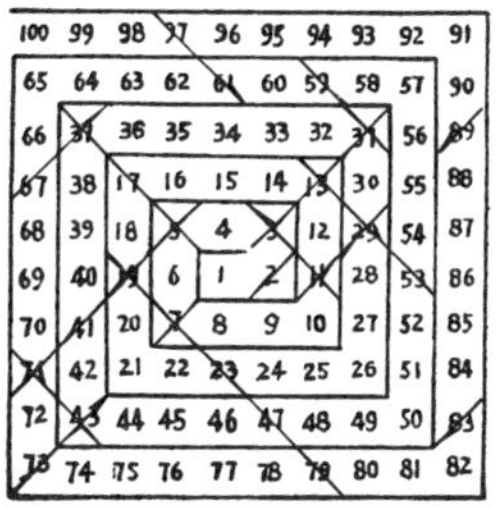

至今,数学家也没找到质数分布的确切规律。质数在和数学家捉迷藏。

下面给出的是 1000 以内的质数:

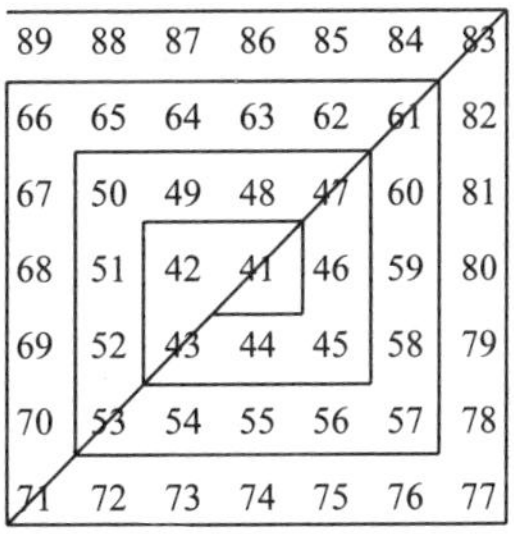

2,3,5,7,11,13,17,19,23,29,31,37,41,43,47,53,59,61,67,71,73,79,83,89,97;

101,103,107,109,113,127,131,137,139,149,151,157,163,167,173,179,181,191,193,197,199;

211,223,227,229,233,239,241,251,257,263,269,271,277,281,283,293;

307,311,313,317,331,337,347,349,353,359,367,373,379,383,389,397;

401,409,419,421,431,433,439,443,449,457,461,463,467,479,487,491,499;

503,509,521,523,541,547,557,563,569,571,577,587,593,599;

601,607,613,617,619,631,641,643,647,653,659,661,673,677,683,691;

701,709,719,727,733,739,743,751,757,761,769,773,787,797;

809,811,821,823,827,829,839,853,857,859,863,877,881,883,887;

907,911,919,929,937,941,947,953,967,971,977,983,991,997.

孪生质数之谜

一胎所生的哥俩叫孪生兄弟。你知道吗,质数也有孪生的。数学上把相差为2的两个质数叫"孪生质数"或"双生质数"。

孪生质数并不少见,3和5,5和7,11和13,17和19,29和31都是孪生质数,再大一点的有101和103,10016957和10016959,还有1000000007和1000000009。

人们已经知道:

小于100000的自然数中有1224对孪生质

数；小于 1000000 的自然数中有 8164 对孪生质数；小于 33000000 的自然数中有 152892 对孪生质数。

目前所知道的最大孪生质数对是：

1000000009649 和 1000000009651.

那么，双生质数会不会有无穷多对呢？这个问题至今没有解决。早就有人猜想孪生质数有无穷多对，但是至今没有人能证明。

孪生质数使数学家又想起了“三生质数”。如果三个质数甲、乙、丙中，乙比甲多 2，而丙又比乙多 4，那么质数甲、乙、丙就叫作“三生质数”。比如 5、7 和 11，11、13 和 17，17、19 和 23，101、103 和 107，10014491、10014493 和 10014497 等，都是三生质数。

三生质数会不会有无穷多呢？至今仍是一个谜。

看来好像很简单的问题，想给出个确切答案有时非常困难。

一个迷人的猜想

6 = 3 + 3，8 = 5 + 3，10 = 5 + 5，12 = 5 + 7，28 = 5 + 23，100 = 11 + 89。每一个大于 4 的偶数都可以表示为两个奇质数(除去 2 以外的质数)之和。这个事实被 200 多年前的哥德巴赫发现了。

哥德巴赫本来是普鲁士驻俄罗斯的一位公使，他的业余爱好是钻研数学。哥德巴赫和著名数学家欧拉经常通信，讨论数学问题。这种联系达 15 年之久。

1742 年 6 月 7 日，哥德巴赫写信告诉欧拉，说他想发表一个猜想：每个大偶数都可以写成两个奇质数之和。同年 6 月 30 日，欧拉给他回信说：“每一个大偶数都是两个奇质数之和，虽然我还不能证明它，但……”

后来，哥德巴赫根据 9 = 3 + 3 + 3，11 = 3 + 3 + 5，27 = 3 + 11 + 13，103 = 23 + 37 + 43，又提出，每一个大于或等于 9 的奇数，都可以表示为三个奇质数之和。

每一个大于 4 的偶数都可以表示成两个奇质数之和。对于哥德巴赫的这个猜想，有人对偶数逐个进行了检验，一直验算到三亿三千万，发现这个猜想都是对的。可是，偶数的个数无穷，几亿个偶数代表不了全体偶数。因此，这个猜想对于全体偶数是否正确，还不能肯定。

150 年过去了，直到 1900 年，哥德巴赫猜想仍没有解决。就在这一年，德国著名数学家希尔伯特，在第二届国际数学家会上把“孪生质数猜想”和“哥德巴赫猜想”作为 19 世纪最重要的问题提了出来。

20 世纪初，数学家发现直接攻破这个堡垒很困难，就采用了迂回战术。先从简单一点的外围开始。如果能先证明出，每个大偶数都是两个“质数因子不太多的数之和”，比如，50 = 5 × 7 + 3 × 5，说明偶数 50 可以表示为“各含有两个质数因数的数之和”，记作（2 + 2），这里的 2 是质数因数的个数。然后逐步减少每个数所含质数因数的个数，直到最后，每个数只含一个质数因数。也就是说，这两个数本身就是质数，这不就证出了哥德巴赫猜想了吗？

1920 年，挪威数学家布朗证明了每一个大偶数都可以表示为两个“质数因数个数都不超过 9 的”的数之和。简记为（9 + 9）；1924 年，数学家拉特马赫证明了（7 + 7）；1938 年，埃斯特曼证明了（6 + 6）；1938 年和 1940 年，布赫斯塔勃相继证明了（5 + 5）及（4 + 4）；1958 年，我国青年数学家王元证明了（2 + 3）；1962 年，王元和山东大学的潘承洞教授又证明了（1 + 4）；1965 年，维诺格拉托夫等人证明了（1 + 3）。包围圈越缩越小，工作也越来越艰巨，每往前走一步都是异常困难的。

1966 年，我国青年数学家陈景润向全世界宣布，他证明了（1 + 2）。离最终目的（1 + 1）只有一步之遥了。由于陈景润的证明过程太复杂，有 200 多页稿纸，所以他的证明过程没有全部发表。

1973年，陈景润发表了《大偶数表为一个素数及一个不超过两个素数的乘积之和》这篇重要论文。陈景润的论文，在国际数学界引起了极大的反响。一位外国数学家写信给陈景润说："你移动了群山！"

古今大数谈

在阿拉伯数字输入欧洲之前，欧洲普遍使用的是罗马数字。罗马数字中用L、C、D、M分别表示50、100、500、1000。

罗马数字不是进位制的，写起来非常麻烦，比如3888要写成：

M M M D C C C L X X X V Ⅲ

一个四位数要写上长长的一行。

罗马数字的符号，在民间流传的到1000就截止了，下一个数5000没有给出特殊的符号。可以推想，用罗马数字记一个上百万、上千万的数要写满一页纸。由于写出一个大数都很困难，人们很少去谈论大数。

古希腊著名学者阿基米德是历史上最早提出大数的人。他在《数沙者》一书中说道：有人认为，无论是在叙拉古城，还是在整个西西里岛，或者在全世界所有有人烟和无人迹的地方，沙子的数目是无穷的；也有人认为沙子数目不是无穷的，但是想表示沙子的数目是办不到的。但是我的计算表明，如果把所有的海洋和洞穴都填满了沙子，这些沙子的总数不会超过1后面有一百个零。

"1后面有一百个零"这个数是10^{100}，好大一个数！如果读出来，就是一万亿亿亿亿亿亿亿亿亿亿亿亿！日常遇到的大数很难超过它。比如，太阳很重，它的重量大约有两千亿亿亿吨，用科学记数法来写也只是2×10^{27}吨；河外星系的恒星有的距离我们100万万光年，也就是10^{10}光年，1光年表示光走一年所走过的距离，光速为3×10^{5}米/秒，一年约3×10^{7}秒，可算出这颗恒星离地球的距离是：

$3\times10^{5}\times3\times10^{7}\times10^{10}=9\times10^{22}$（米）.

这个数也比 10^{100} 小得多。

10^{100} 这个数很重要,有必要给这个大数专门起个名字。1940 年,爱德华·卡斯纳和詹姆士·纽曼把 10^{100} 叫作"古戈"(googol)。

有没有比 1 个古戈更大的数呢?当然有。数学上有个著名的"斐波那契数列",它是由 12 世纪意大利的莱昂纳多·斐波那契首先提出来的。他说:"有一对小兔,若第二个月它们成年,第三个月生下一对小兔,以后每月生下一对小兔,而所生的小兔也在第二个月成熟,第三个月生下另一对小兔,以后每月生下一对小兔,问一年后共有兔几对?"(这里假设每生下一对小兔必是一雌一雄,雌兔都可以生育,并且没有死亡)。

从第一个月开始,兔子的对数依次为 1,1,2,3,5,…一年后共有兔子 144 对,计 288 只。容易看出,从第三项开始每一项都等于前两项之和。按着 $F_n = F_{n-1} + F_{n-2}$(其中 F_n 代表这串数中的第 n 项,$n \geqslant 2$)的规律,可以把这串数一直写下去。这串数增大得非常快,到第 571 个月,即 F_{571} 已知大于一个古戈了:$F_{571} > 9.6 \times 10^{118}$。

古戈在实际生活中是个非常大的数,可是在数学研究中古戈又显得太小了。比如德国汉堡大学的计算中心,前几年发现了一个有 7067 位的大质数。只有 101 位的古戈,比起有 7000 多位的大质数,当然是"小巫见大巫"喽!为了能表示更大的数,数学家又规定了"古戈布来克斯"(googolplex)。1 个古戈布来克斯等于 $10^{10^{100}}$ 或写成 $10^{10^{10^2}}$,它有一万亿亿亿亿亿亿亿亿亿亿亿亿个零!它的零太多了,有人打过比喻,如果把每个核子当作一个零的话,一万亿个宇宙中全部核子个数,还不够 1 个古戈布来克斯的零的个数。

破碎数与完全数

“分数”在拉丁文中的意思是打破、断裂的意思。汉语“分”也是分开、部分的意思。古希腊欧几里得的《几何原本》中，真分数为$\mu\varepsilon\rho\eta$，也是部分的意思。

200多年前，瑞士数学家欧拉在《通用算术》一书中说：“要想把七丈长的一根绳子分成三等份，是不可能的。不可能的原因是找不到一个合适的数来表示它。如果我们把三等份所得的商（即$\frac{7}{3}$），也当作数的话，就使我们了解了一种特别的数。我们就把这种数叫作‘分数’或‘破碎数’。”

“分数”“破碎数”这两个名字直观而且生动。一个西瓜4个人分，不把西瓜“破碎”成4块能分吗？从分数的名字上就可以看出，分数来源于等分或除。

中国是使用分数最早的国家之一。早在2000多年以前，我国在计算每个月有多少天时，就出现了复杂的分数运算。我国古代主要研究分子小于分母的真分数，形象地把分子叫“子”（儿子），把分母叫“母”（母亲）。分子、分母反映了它们的大小关系。

古埃及也是很早就使用分数的国家。1858年，苏格兰的考古学家莱因特在埃及的卢克索的古玩市场上闲逛，一本用纸草做成的书吸引了他。“纸草”是尼罗河三角洲出产的一种水生植物，形状像芦苇，晒干剖开，摊开压平后，可以当“纸”写字。古埃及的文献主要写在这样的纸草上。莱因特买下了这本纸草书。书是长条形的，上面写着密密麻麻的象形会意文字。经研究，此书是4000年前古埃及的数学文献，作者是阿默士，书上有85道实用数学题的解答方法。后来就把这本纸草书叫“莱因特纸草书”或“阿默士纸草书”。此书现保存在英国的伦敦博物馆。

在“莱因特纸草书”上发现有古埃及分数。符号

表示$\frac{1}{2}$，

表示$\frac{2}{3}$，其余分子为1的单分子分数都用符号

下面画几道来表示。比如

表示$\frac{1}{5}$，

表示$\frac{1}{7}$。

古埃及人仅使用分子为1的单分子分数，也就是只表示若干份中的一份。为什么仅用单分子分数呢？恐怕要从实用上考虑。比如$\frac{7}{8}$用单分子分数表示是$\frac{7}{8}=\frac{1}{2}+\frac{1}{4}+\frac{1}{8}$，意思是7个面包8个人来平均分配，可以把其中的4个面包每个切成2份，2个面包每个切成4份，最后一个面包切成8份。8个人每人拿大、中、小各一块面包就行了。

单分子分数又叫“古埃及分数”。在“莱因特纸草书”的第一页，就排列着把分子是2的分数用古埃及分数表示的表，比如：

$$\frac{2}{5}=\frac{1}{3}+\frac{1}{15},\quad \frac{2}{11}=\frac{1}{6}+\frac{1}{66},$$
$$\frac{2}{29}=\frac{1}{24}+\frac{1}{58}+\frac{1}{174}+\frac{1}{232},$$
$$\frac{2}{61}=\frac{1}{40}+\frac{1}{214}+\frac{1}{448}+\frac{1}{610},$$
$$\frac{2}{99}=\frac{1}{66}+\frac{1}{198}.$$

古埃及人有没有一套系统展开古埃及分数的方法呢？现代数学家认为可能没有，因为有些展开式中古埃及分子的个数不是最少的。同一个分数用古埃及分数来表示，表达的方式不是唯一的。

比如：

$\frac{2}{3}=\frac{1}{2}+\frac{1}{6}$，因为 $\frac{1}{6}=\frac{1}{7}+\frac{1}{42}$，因此

$\frac{2}{3}=\frac{1}{2}+\frac{1}{7}+\frac{1}{42}$，又因为$\frac{1}{42}=\frac{1}{43}+\frac{1}{1806}$，因此

$\frac{2}{3}=\frac{1}{2}+\frac{1}{7}+\frac{1}{43}+\frac{1}{1806}$，沿用此法可以无限加长项数。

数学上把项数最少的展式叫最优展式。莱因特纸草书上的展式有一些不是最优的，说明古埃及分数的表示法还没形成一整套方法。

在研究古埃及分数的基础上，数学家提出了一个问题：能不能把一个真分数表示成最少项数的、不重复的古埃及分数？首先他们想把1表示成古埃及分数。

直到1976年，才发现了把1表示为分母是奇数，而项数又最少的古埃及分数的办法。一共有五种表示法，每一种表示法都有9项：

$$1=\frac{1}{3}+\frac{1}{5}+\frac{1}{7}+\frac{1}{9}+\frac{1}{11}+\frac{1}{15}+\frac{1}{35}+\frac{1}{45}+\frac{1}{231};$$

$$1=\frac{1}{3}+\frac{1}{5}+\frac{1}{7}+\frac{1}{9}+\frac{1}{11}+\frac{1}{15}+\frac{1}{21}+\frac{1}{135}+\frac{1}{10395};$$

$$1=\frac{1}{3}+\frac{1}{5}+\frac{1}{7}+\frac{1}{9}+\frac{1}{11}+\frac{1}{15}+\frac{1}{21}+\frac{1}{165}+\frac{1}{693};$$

$$1=\frac{1}{3}+\frac{1}{5}+\frac{1}{7}+\frac{1}{9}+\frac{1}{11}+\frac{1}{15}+\frac{1}{21}+\frac{1}{231}+\frac{1}{315};$$

$$1=\frac{1}{3}+\frac{1}{5}+\frac{1}{7}+\frac{1}{9}+\frac{1}{11}+\frac{1}{15}+\frac{1}{33}+\frac{1}{45}+\frac{1}{385}.$$

这五种表示法中前6项都相同。

研究完了1，自然想到2，2是否也能表示成古埃及分数呢？

谈到这个问题，还有一件有趣的事：分数又叫破碎数，而在2000多年前的古希腊发现了性质独特的“完全数”。古希腊用字母来表示数。每写出一个字、一个人的名字，总是和一个数联系。这样，两个人可以比较他们的名字所表示的数的性质。

在这种名字和数的游戏中，一个数的除数显得特别重要。古希腊人心目中最理想、最完全的数，是恰好由这个数的所有因数（本身除外）相加之和。比如6有四个因数1、2、3、6，除去本身6以外，还有1、2、3三个因数。6 = 1 + 2 + 3，恰好是所有因数之和，所以6是最理想、最完全的数。把这样的数叫作“完全数”。

6 是最小的一个完全数，接着又发现 28、496 和 8128 也是完全数：

$28=1+2+4+7+14$;

$496=1+2+4+8+16+31+62+124+248$;

$8128=1+2+4+8+16+32+64+127+254+508+1061+2032+4064$.

寻找完全数并不容易，人们用了近 2000 年才找到上述四个完全数。直到 1456 年才发现了第五个完全数 33550336，到了 19 世纪才找到了第九个完全数，它有 37 位：

2658455991569831744654692615953842176.

到 2006 年为止，一共找到了 44 个完全数。奇怪的是这 44 个完全数全是偶数。会不会有奇完全数存在呢？这个问题至今无人能回答。不过 1968 年布赖恩特 · 塔克曼宣布：如果存在奇完全数，它至少有 36 位数字。看来，靠手算是找不出来的了。

完全数有许多奇妙的性质，比如每一个完全数都可以写成连续自然数之和：

$6=1+2+3$;

$28=1+2+3+4+5+6+7$;

$496=1+2+3+4+5+\cdots+30+31$;

$8128=1+2+3+4+5+\cdots+126+127$.

除 6 外，完全数还可以表示成连续奇数的立方和：

$28=1^3+3^3$;

$496=1^3+3^3+5^3+7^3$;

$8128=1^3+3^3+5^3+7^3+9^3+11^3+13^3+15^3$.

完全数与古埃及分数还有关系，每一个完全数所有因数的倒数和都等于 2。

$\frac{1}{1}+\frac{1}{2}+\frac{1}{3}+\frac{1}{6}=2$;

$\frac{1}{1}+\frac{1}{2}+\frac{1}{4}+\frac{1}{7}+\frac{1}{14}+\frac{1}{28}=2$;

$$\frac{1}{1}+\frac{1}{2}+\frac{1}{4}+\frac{1}{8}+\frac{1}{16}+\frac{1}{31}+\frac{1}{62}+\frac{1}{124}+\frac{1}{248}+\frac{1}{496}=2.$$

半边黑半边红的数

在小学数学里，一般是先学小数后学分数。但是从历史上看，是先有分数后有小数，而且时间还相差得很久。

公元260年左右，我国数学家刘徽首先引出十进小数的概念。可惜刘徽以后的1000年里，没有更多的数学家去完善小数的概念。是什么原因阻碍了小数的发展呢？英国皇家学会会员、著名科学史学家李约瑟认为："《九章算术》对中国数学的影响之一，是完备的分数体系阻碍了小数的普及。"

在我国第一部数学专著《九章算术》中，使用了完整的分数体系解算数学问题，使人们感到似乎有了分数就行，不必要再引入小数了。

直到元代的刘瑾，才把小数的研究向前推进了一步。他在《律吕成书》中，提出了世界最早的小数表示法。他把小数部分降低一格来写。比如106368.6312写成：

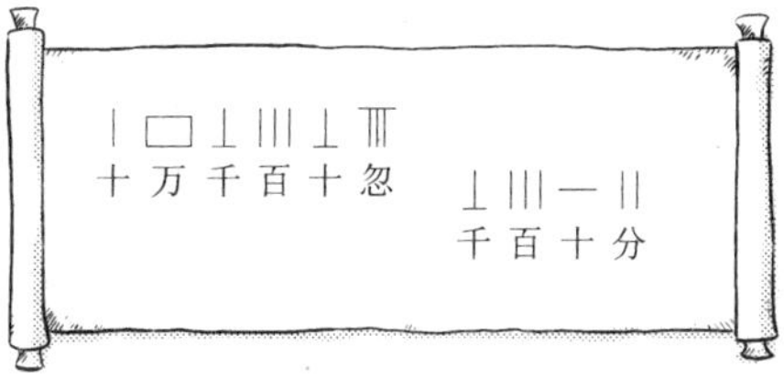

15世纪上半叶，政治家和学者兀鲁伯在撒马尔汗建立了天文台。大约在1420年，兀鲁伯聘请伊朗数学家阿尔·卡西到天文台工作。阿尔·卡西在天文台工作期间，写了大量数学和天文学的著作。在阿尔·卡西的《圆周的论文》里，第一次发现了小数，并且给出了小数乘、除法的运算法则。他使用垂直线把小数中的整数部分和小数部分分开，在整数部分上面写上“整的”。有时他把整数部分用黑墨水写，而小数部分则写成红色的。这个半边黑半边红的数就是小数。

17世纪初，在荷兰工作的工程师西蒙·斯蒂文，深入研究了十进制小数的理论，创立了小数的写法。在斯蒂文的小数写法中，用没有数字的圆圈把整数部分与小数部分隔开。小数部分每个数后面画上一个圆圈，记上表明小数位数的数字。比如把3.237写成3◯2①3②7③。

1593年在罗马出版了克拉维斯的《星盘》一书，书中第一次使用小数点“.”来作为整数部分和小数部分的分界。

小数的记号多种多样，比如把2.5写成2˙5、2’5、2、5、2‘5、2▲5等。

任何分数都可以化成有限小数或无限循环小数，但是小数中的无限不循环小数却不能化成分数，所以说小数是比分数范围更广的数。

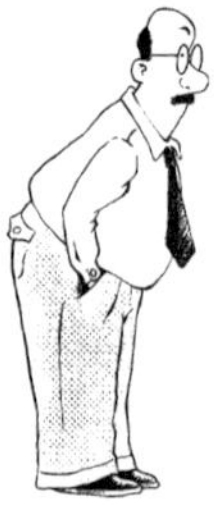

小数 { 有限小数 ; 无限小数 { 无限循环小数 ; 无限不循环小数 }

（有限小数、无限循环小数 } 分数）

下面是一个用小数解决的故事题：

“狐狸、小熊、小鹿、小猴正在分它们得到的1千克饼。怎样分好呢？狡猾的狐狸说：‘饼不多，我少分一点吧！先把饼的20%给我，小猴从我分剩的饼中分25%，小鹿从小猴分剩的饼中分30%，小熊再从小鹿分剩下的饼中分35%，最后剩下的一点点给我，怎么样？’大家觉得狐狸分得最少，就同意了。问狐狸、小猴、小鹿、小熊各分多少饼？”

解：20%就是 $\frac{20}{100}=0.2$，狐狸分走0.2千克饼后，剩下0.8千克饼了。我们就从小猴分得的饼算起。

小猴分得的饼为

$0.8\times0.25=0.2$（千克），

剩下 $0.8-0.2=0.6$(千克).

小鹿分得的饼为

$0.6\times0.30=0.18$(千克),

剩下 $0.6-0.18=0.42$(千克).

小熊分得的饼为

$0.42\times0.35=0.147$(千克),

剩下 $0.42-0.147=0.273$(千克).

狐狸分得的饼为

$0.2+0.273=0.473$(千克).

结果狐狸分得的饼最多,差不多有一半了。

黄金数和音乐数

黄金数不是指用黄金做成的数，而是指身价和黄金一样贵重的数——0.618。数学家把这个其貌不扬的数叫作黄金数。

人的身体里有黄金数。以一个正常人为例:

$$\frac{\text{肚脐到脚底的距离}}{\text{头顶到脚底的距离}}=0.618.$$

$$\frac{\text{眉毛到脖子的距离}}{\text{头顶到脖子的距离}}=0.618.$$

书本里也有黄金数。以小学生用的数学书为例:

$$\frac{\text{书的长}}{\text{书的长}+\text{书的宽}}=0.618.$$

建筑中仍有黄金数。以两个古建筑为例:

埃及闻名于世的金字塔,

$$\frac{\text{金字塔的高}}{\text{底座的边长}}=0.618.$$

希腊的阿丁城至今保留着一座2000年前的古庙,

$$\frac{\text{古庙的高}}{\text{古庙的宽}}=0.618.$$

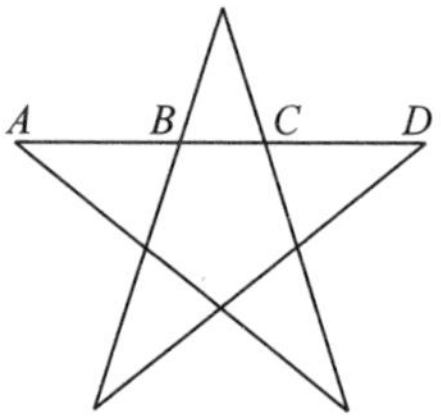

五角星里也有黄金数，

$$\frac{AB}{BD}=\frac{AC}{AD}=\frac{BC}{AB}=0.618.$$

我国著名数学家华罗庚生前推广使用优选法，取得很大成绩。优选法是一种多快好省的试验方法，举个例子：

用一种新农药防治害虫，喷洒之前需要兑水稀释。要兑多少水好呢？水兑多了，农药浓度太低，杀不死虫子；水兑少了，浪费农药，同时给作物带来了药害。农药和水的比例选取多少最合适，要通过试验来确定。

如果预先知道要兑的水是在药物的1000倍与2000倍之间，怎样才能用最少的试验次数，找出最理想的数据呢？我们把稀释倍数1000和2000看作线段AB的两个端点。第一次选取1618倍作为试验，其中1618是这样算出来的：

$$1000+(2000-1000)\times 0.618=1618.$$

写成一般公式：

左端点＋（右端点－左端点）×0.618.

如果稀释1618倍还不理想，水兑多了，治虫效果不好，可以进行第二次试验，仍用上面的公式：

$$1000+(1618-1000)\times 0.618=1382.$$

就是说，你用1382倍水进行稀释。用这个公式可以再往下试验，可以较快地找到合适的数据。

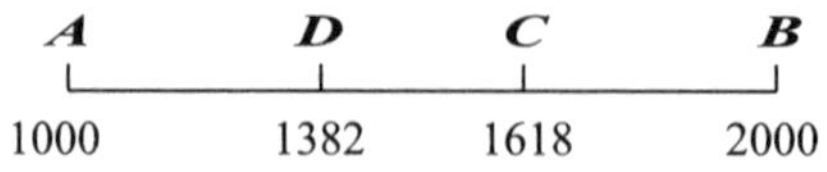

使用这种优选法试验，每次都取黄金数0.618，所以这种方法叫“0.618法”。啊！无所不在的黄金数。

毕达哥拉斯学派的创始人毕达哥拉斯是音乐理论的奠基人之一。毕达哥拉斯发现乐器三弦发音是否和谐,与三根弦的长度比有关系。如果三根弦的长度之比为3∶4∶6,那么弹奏起来声音就和谐。有人就把3,4,6这三个数叫“音乐数”。

2.形形色色的数学题

刻在泥板上的数学题

古代巴比伦王国的位置，在西亚底格里斯河和幼发拉底河的中下游地区，现在的伊拉克境内。巴比伦国家建立于公元前19世纪，是世界四大文明古国之一。

古巴比伦人使用特殊的楔形文字。他们把文字刻在泥板上，然后晒干。泥板晒干后和石头一样坚硬，可以长期保存。

从发掘出来的泥板上，人们发现了3000多年前古巴比伦人出的数学题：

“10个兄弟分100两银子，一个人比一个人多。只知道每一级相差的数量都一样，但是究竟相差多少不知道。现在第八个兄弟分到6两银子，问一级相差多少？”

如果10个兄弟平均分100两银子，每人应该分10两。现在第八个兄弟只分到了6两，说明老大分得最多，往下是一个比一个少。

按照题目所给定的条件,应该有以下关系:

老二得到的是老大减去一倍的差,

老三得到的是老大减去两倍的差,

老四得到的是老大减去三倍的差,

……

老十得到的是老大减去九倍的差。

这样,老大与老十共得银两

= 老二与老九共得银两

= 老三与老八共得银两

= 老四与老七共得银两

= 老五与老六共得银两

= 20 两。

已知老八得 6 两,可求出老三得 20 - 6 = 14(两),老三比老八多得 14 - 6 = 8(两)。另一方面,老三与老八相差 7 - 2 = 5(倍)的差,因此,

差 = 8 ÷ 5 = 1.6 (两).

答:一级相差 1.6 两银子。

古巴比伦的数学和天文学发展很快。他们除了首先使用六十进位制外,还确定一个月(月亮月)有 30 天,一年(月亮年)有 12 个月亮月。为了不落后太阳年,在某些年里用规定闰月的办法来纠正。

古巴比伦人了解行星的存在,他们崇拜太阳、月亮、金星,把数 3 看作是“幸福的”。晚些时候,他们又发现了木星、火星、水星、土星,这时数 7 被看作是“幸福的”。

古巴比伦人特别注意研究月亮。他们把弯月的明亮部分与月面全面积之比,叫作“月相”。在一块泥板上记载有关月相的题目:

设月亮全面积为 240。从新月到满月的 15 天中,头 5 天每天都是前一天的 2 倍,即 5,10,20,40,80。后 10 天每天都按照相同数值增加,问增加的数值是多少?

月亮全面积为 240，第 5 天月亮面积为 80，后 10 天月亮共增加的面积为 $240-80=160$。

因此，每天增加的数值为 $160 \div 10=16$。

答：增加的数值为 16。

写在纸草上的数学题

前面提到的“莱因特纸草书”，是古埃及人在 4000 年多前的一本数学书，上面用象形文字记载了许多有趣的数学题。比如：

$7,\ 7\times7,\ 7\times7\times7,\ 7\times7\times7\times7,\ 7\times7\times7\times7\times7,\cdots$

这些数字上面有几个象形符号：房子、猫、老鼠、大麦、斗。翻译出来就是：

有 7 座房子，每座房子里有 7 只猫，每只猫吃了 7 只老鼠，每只老鼠吃了 7 穗大麦，每穗大麦种子可以长出 7 斗大麦。请算出房子、猫、老鼠、大麦和斗的总数。

有趣的是古代俄罗斯民间也流传着类似的算术题：

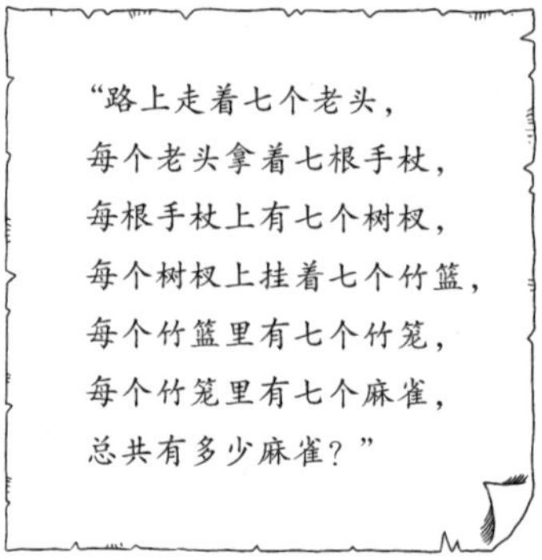

古俄罗斯的题目比较简单，老头数是 7，手杖数是 $7\times7=49$，树杈数是 $7\times7\times7=49\times7=343$，竹篮数是 $7\times7\times7\times7=343\times7=2401$，竹笼数是 $7\times7\times7\times7\times7=2401\times7=16807$，麻雀数是 $7\times7\times7\times7\times7\times7=16807\times7=117649$。总共有十一万七千六百四十九只麻雀。七个老头能提着 11

万多只麻雀遛弯儿，可真不简单啊！若每只麻雀按 20 克算，这些麻雀有 2 吨多重。

“莱因特纸草书”上在猫吃老鼠、老鼠吃大麦的问题后面有解答，说是用 2801 乘以 7。

求房子、猫、老鼠、大麦和斗的总数，就是求和 $7+7\times7+7\times7\times7+7\times7\times7\times7+7\times7\times7\times7\times7=7+49+343+2401+16807=19607.$

这同上面 $2801\times7=19607$ 的答数一样。古埃及人在 4000 多年前就掌握了这种特殊的求和方法。

类似的问题在一首古老的英国童谣中也出现过：

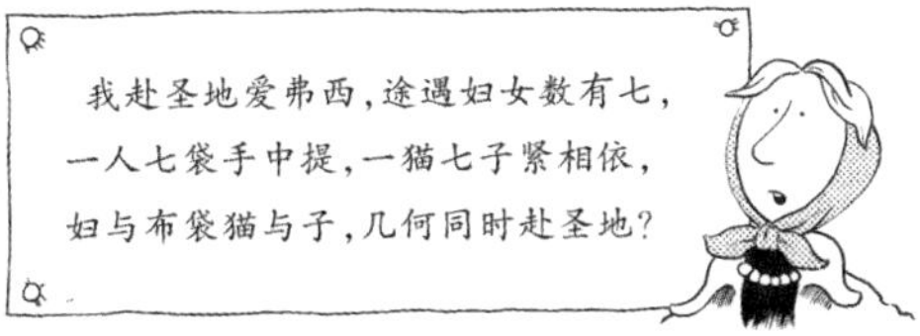

意大利数学家斐波那契在 1202 年出版的《算盘书》中也有类似问题：

“有 7 个老妇人在去罗马的路上。每个人有 7 匹骡子；每匹骡子驮 7 只口袋；每只口袋装 7 个大面包；每个面包带 7 把小刀；每把小刀有 7 层鞘。在去罗马的路上，妇人、骡子、面包、小刀和刀鞘，一共有多少？”

同一类问题，在不同的时代、不同的国家以不同的形式出现。但是，时间最早的还要数古埃及“莱因特纸草书”。

古埃及还流传着“某人盗宝”的题目：

“某人从宝库中取宝$\frac{1}{3}$，另一人又从剩余的宝中取走$\frac{1}{17}$，宝库中还剩宝 150 件，宝库中原有宝多少件？”

这个问题的提法与现行教科书上的题目很相像。可以这样来解：

设宝库中原有宝为 1，则第一人取走$\frac{1}{3}$，第二人取走$\left(1-\frac{1}{3}\right)\times\frac{1}{17}=\frac{2}{51}.$

宝库最后剩下 $1-\frac{1}{3}-\left(1-\frac{1}{3}\right)\times\frac{1}{17}=1-\frac{1}{3}-\frac{2}{51}=\frac{32}{51}.$

因此,宝库原有宝 $150 \div \frac{32}{51} = 150 \times \frac{51}{32} = 239\frac{1}{16}$.

列出综合算式为:

$$150 \div [1 - \frac{1}{3}(1 - \frac{1}{3}) \times \frac{1}{17}] = 239\frac{1}{16}.$$

"莱因特纸草书"还有这样一道题:

"有物品若干件,其$\frac{2}{3}$,其$\frac{1}{2}$,其$\frac{1}{7}$及其全部,共33件,求物品的件数。"

用算术法来解,可设全部为1,则物品的件数为:

$$33 \div (\frac{2}{3} + \frac{1}{2} + \frac{1}{7} + 1)$$
$$= 33 \div \frac{97}{42} = 33 \times \frac{42}{97}$$
$$= 14\frac{28}{97}.$$

答案是唯一的。但是纸草书上的答案却是 14,$\frac{1}{4}$,$\frac{1}{56}$,$\frac{1}{97}$,$\frac{1}{194}$,$\frac{1}{388}$,$\frac{1}{679}$,$\frac{1}{776}$。这是怎么回事?难道这道题有8个答案吗?

原来纸草书上是用古埃及分数的形式给出的答案,意思是 $14 + \frac{1}{4} + \frac{1}{56} + \frac{1}{97} + \frac{1}{194} + \frac{1}{388} + \frac{1}{679} + \frac{1}{776}$。不妨算出来看看:

$$14 + \frac{1}{4} + \frac{1}{56} + \frac{1}{97} + \frac{1}{194} + \frac{1}{388} + \frac{1}{679} + \frac{1}{776}$$
$$= 14 + \frac{14}{56} + \frac{1}{56} + \frac{1}{97} + \frac{1}{97 \times 2} + \frac{1}{97 \times 4} + \frac{1}{97 \times 7} + \frac{1}{97 \times 8}$$
$$= 14 + \frac{15}{56} + \frac{8+4+2+1}{97 \times 8} + \frac{1}{97 \times 7}$$
$$= 14 + \frac{15}{56} + \frac{15}{97 \times 8} + \frac{1}{97 \times 7}$$
$$= 14 + \frac{15}{56} + \frac{113}{97 \times 56}$$
$$= 14 + \frac{1568}{97 \times 56} = 14\frac{28}{97}.$$

这和我们算得的答案相同。

用诗歌写成的数学题

希腊是世界文明古国之一，它有着灿烂的古代文化。在《希腊文集》中有一些用诗歌写成的数学题。

在“爱神的烦忧”中，爱罗斯是古代希腊神话中的爱神，皮格马利翁是塞浦路斯岛的守护神。9位文艺女神中，欧忒耳珀管音乐，埃拉托管爱情诗，塔利亚管喜剧，忒耳西科瑞管舞蹈，墨尔波墨涅管悲剧，克利俄管历史，波吕许尼亚管颂歌，乌拉尼亚管天文，卡利俄珀管史诗。

爱神的烦忧

爱罗斯在路旁哭泣，
泪水一滴接一滴。
皮格马利翁向前问道：
“是什么事情使你如此悲伤？
我可能够帮助你？”
爱罗斯回答道：
“九位文艺女神，
不知来自何方，
把我从赫尔康山采回的苹果，
几乎一扫而光。
欧忒耳珀飞快抢走十二分之一，
埃拉托抢得更多——
每七个苹果中拿走一个。
八分之一被塔利亚抢走，
比这多一倍的苹果落入忒耳西科瑞之手。

墨尔波墨涅最是客气，
只取走二十分之一。
可又来了克利俄，
她的收获比这多四倍。
还有三位女神，
个个都不空手：
30 个苹果归波吕许尼亚，
120 个苹果归乌拉尼亚，
300 个苹果归卡利俄珀。
我，可怜的爱罗斯。
爱罗斯原有多少苹果？还剩 50 个苹果。”

这首 26 行的诗，给出了一道数字挺多的数学题。题目中原有苹果数不知道，经过 9 位文艺女神的抢劫，爱罗斯只剩下 50 个苹果。是“知道部分求全体类型”的数学题。

设爱罗斯原有苹果数为x.

依题意，得

$$\frac{1}{12}x+\frac{1}{7}x+\frac{1}{8}x+\frac{1}{4}x+\frac{1}{20}x+\frac{1}{5}x+30+120+300+50=x,$$

整理，得 $$\frac{143}{168}x+500=x.$$

$$\therefore\ x=33600\ (\text{个})$$

下面的“独眼巨人”中给出了另一种类型的数学题。

独眼巨人

这是一座独眼巨人的铜像。
雕塑家技艺高超，
铜像中巧设机关：

巨人的手、口和独眼，

都连接着大小水管。

通过手的水管，

三天流满水池；

通过独眼的水管——需要一天；

从口中吐出的水更快，

五分之二天就足够。

三处同时放水，

水池几时流满？

设水池的容积为1，三管同开流满水池所需时间为x天，

则 $\frac{1}{3}x+x+\frac{5}{2}x=1$.

$\therefore\ x=\frac{6}{23}$.

下面是我国的一首打油诗：

李白提壶去买酒：

遇店加一倍，

见花喝一斗。

三遇店和花，

喝光壶中酒。

试问壶中原有多少酒。

这首打油诗的意思是，李白的壶里原来就有酒，每次遇到酒店便将壶里的酒增加一倍；李白赏花时就要饮酒作诗，每饮一次喝去一斗酒(斗是古代装酒的器具)。这样反复经过三次，最后将壶中的酒全部喝光。问李白原来壶中有多少酒？

解这道题最好使用反推法来解：

李白第三次见到花时，将壶中的酒全部喝光了，说明他见到花前壶内只有一斗酒；进一步推出李白第三次遇到酒店前，壶里有$\frac{1}{2}$斗酒。按着这种推算方法，可以算出第二次见到花前，壶里有$1\frac{1}{2}$斗酒，第二次见到酒店前壶里有$1\frac{1}{2}\div 2=\frac{3}{4}$斗酒；第一次见到花前壶里有$1\frac{3}{4}$斗酒，第一次遇到酒店前，壶里有$1\frac{3}{4}\div 2=\frac{7}{8}$斗酒。

原来壶里有$\frac{7}{8}$斗酒。

写在遗嘱里的数学题

在按遗嘱分配遗产的问题中，有许多有趣的数学题。

俄国著名数学家斯特兰诺留勃夫斯基曾提到这样一道分配遗产问题：“父亲在遗嘱里要求把遗产的$\frac{1}{3}$分给儿子，$\frac{2}{5}$分给女儿；剩余的钱中，2500卢布偿还债务，3000卢布留给母亲。遗产共有多少？子女各分多少？”

设总遗产为x卢布.

则有 $\frac{1}{3}x+\frac{2}{5}x+2500+3000=x$,

解得：$x=20625$.

儿子分 $20625\times\frac{1}{3}=6875$（卢布），

女儿分 $20625\times\frac{2}{5}=8250$（卢布）.

结果是女儿分得最多，得8250卢布，儿子次之，得6875卢布，母亲分得最少，得3000卢布。看来父亲最喜爱自己的女儿。

下面的故事最初在阿拉伯民间流传，后来传到了世界各国。故事说：一位老人养了17只羊，老人去世后在遗嘱中要求将17只羊按比例分给三个儿子。大儿子分$\frac{1}{2}$，二儿子分$\frac{1}{3}$，三儿子分$\frac{1}{9}$。在分羊时不允许宰杀羊。

看完父亲的遗嘱，三个儿子犯了愁。17是个质数，它既不能被2整除，也不能被3和9整除，又不许杀羊来分，这可怎么办？

聪明的邻居得到这个消息后，牵着一只羊跑来帮忙。邻居说："我借给你们一只羊，这样18只羊就好分了。"

老大分 $18\times\frac{1}{2}=9$(只)，

老二分 $18\times\frac{1}{3}=6$(只)，

老三分 $18\times\frac{1}{9}=2$(只).

合在一起是$9+6+2=17$，正好17只羊。还剩下一只羊，邻居把它牵回去了。

羊被邻居分完了。再深入想一想这个问题，我们会发现遗嘱中不合理的地方。如果把老人留的羊作为整体1的话，由于

$$\frac{1}{2}+\frac{1}{3}+\frac{1}{9}=\frac{17}{18}.$$

所以或者是三个儿子不能把全部羊分完，还留下$\frac{1}{18}$，哪个儿子也没给；或者是要比他所留下的羊再多出一只时，才可以分。聪明的邻居就是根据$\frac{17}{18}$这个分数，又领来一只羊，凑成$\frac{18}{18}$，分去$\frac{17}{18}$，还剩下$\frac{1}{18}$，就是他自己的那只羊。

再看一道有关遗嘱的题目：

某人临死时，他的妻子已经怀孕。他对妻子说："你生下的孩子如果是男的，把财产的$\frac{2}{3}$给他；如果是女的，把财产的$\frac{2}{5}$给她，剩下的给你。"说完就死了。

说也凑巧，他妻子生下的是一男一女双胞胎。这一下财产将怎样分？

可以按比例来解：

儿子和妻子的分配比例是 $\frac{2}{3}:\frac{1}{3}=2:1$,

女儿和妻子的分配比例是 $\frac{2}{5}:\frac{3}{5}=2:3$.

由此可知女儿、妻子、儿子的分配比例是2∶3∶6,按这个比例分配就合理了。

用民谣写成的数学题

在世界各地流传着一些用民谣形式写成的数学题。

美国民谣:

一个老酒鬼,名叫巴特恩,
吃肉片和排骨共用钱九角四分。
每块排骨一角一,每片肉价只七分,
连排骨带肉片吃了整十块哟,
问问你:吃了几块排骨几片肉,我们的巴特恩?

可以这样来解算:

假设巴特恩吃的是10片肉片的话,他一共花70分钱。用94分减去70分,得差24分。这24分钱是什么呢?

由于巴特恩吃的不都是肉片,有排骨,而一块排骨比一片肉片贵 $11-7=4$(分)。这24分是排骨和肉片差价得到的。可以求出巴特恩吃的排骨数:

$(94-7\times10)\div(11-7)$

$=24\div4=6$(块).

$10-6=4$(片).

巴特恩吃了6块排骨、4片肉片。

中国也有类似的民谣:

一队强盗一队狗，
两队并作一队走，
数头一共三百六，
数腿一共八百九，
问有多少强盗多少狗？

这道题和《孙子算经》中的“鸡兔同笼”是同一种类型题。只不过，把鸡换成强盗，把兔换成狗就是了。具体算法是：

$(360 \times 4 - 890) \div (4 - 2) = 275$，

$360 - 275 = 85$.

强盗有275人，狗有85条。

还有首中国民谣：

几个老头去赶集，
半路买了一堆梨，
一人一个多一个，
一人两个少两梨。
究竟有几个老头几个梨？

设人数为x，则梨为$x+1$个。依题意，得：

$2x = (x + 1) + 2$，

$x = 3$，

$x + 1 = 4$.

“寒鸦与树枝”是一首俄罗斯的民谣：

飞来几只寒鸦，
落到树枝上停歇。
要是每根树枝上

落下一只寒鸦,
那么就有一只寒鸦
缺少一根树枝;
要是每根树枝上
落下两只寒鸦,
那么就有一根树枝
落不上寒鸦。
你说共有几只寒鸦?
你说共有几根树枝?

可以这样来解:

如果每根树枝上落两只寒鸦,比每根树枝落一只寒鸦共多出 $2+1=3$(只)寒鸦,而这时每根树枝上所落寒鸦只数的差为 $2-1=1$(只)。

用多出来的寒鸦数除以每根树枝寒鸦的差数,就等于树枝数。

因此,

$(2+1)\div(2-1)=3\div1=3$(根).

寒鸦数为 $3+1=4$(只).

答案是有 3 根树枝,4 只寒鸦。

下面这首民谣也很有趣,是中国民谣:

牧童王小良,放牧一群羊。
问他羊几只,请你细细想。
头数加只数,只数减头数。
只数乘头数,只数除头数。
四数连加起,正好一百数。

其实头数和只数是一回事,因此,只数减头数得 0,只数除头数得 1。

这样一来,有:

$$只数 \times 只数 + 2 \times 只数 = 99.$$

使用试验法,可得只数等于9,因为

$$9 \times 9 + 2 \times 9 = 99,$$

故羊有9只。

大文豪出数学题

19世纪末,俄国大文豪托尔斯泰也很喜欢数学。他曾在短篇小说《人需要很多土地吗?》中写了这样一个情节:答应分给农夫一天所能走完路程的长度来圈定土地。问:农夫走什么路能得到土地最多?正方形、六边形还是圆形?

(提示:在周长一定的条件下,什么形状的几何图形面积最大?答案是圆形。)

下面是托尔斯泰喜欢的第一道数学题:

"割草队要收割两块草地,其中一块比另一块大一倍。全队在大块草地上收割半天之后,分为两半,一半人继续留在大块草地上,另一半人转移到小块草地上。留下的人到晚上就把大草地全收割完了,而小块草地还剩下一小块未割。剩下的那一小块要第二天一个人花一整天才能割完。问割草队有几个人?"

托尔斯泰本人是怎样解算的呢?据当时的见证人秦格尔教授讲:托尔斯泰认为,既然大块草地上割草队全体割了半天,接着全队的一半人又割了半天。很清楚,这一半人在半天内收割了大块草地的$\frac{1}{3}$。另一方面,小块草地相当于大块草地的$\frac{1}{2}$。以大块草地为1，那么在小块草地上，半队人割了半天后剩下的草地为$\frac{1}{2}-\frac{1}{3}=\frac{1}{6}$。根据题设，这剩下的$\frac{1}{6}$，一个人一天割完了，这样就得到一个人割草的效率为一天割大草地的$\frac{1}{6}$。

大、小草地合在一起是$1+\frac{1}{2}=\frac{3}{2}$，割草队割了一天总共割了$\frac{3}{2}-\frac{1}{6}=\frac{9}{6}-\frac{1}{6}=\frac{8}{6}=\frac{1}{6}\times 8$，说明割草队共有8人。

托尔斯泰解算得十分巧妙，说明他数学功底很深。托尔斯泰还很注重数学题的直观解法。据秦格尔教授回忆："托尔斯泰一生喜欢有趣而又不太难的数学习题，割草问题在托尔斯泰年轻时，就从我父亲那里得到了。当有一次我和他谈起了这道题时——当时他已经是一位老人了——托尔斯泰对这道题可以用图解法求解感到满意。"

这个图的左边代表大块草地，右边代表小块草地。小块草地是大块草地的一半。一个人一天割了$\frac{1}{6}$，因此，每个正方形都代表两个人一天所割的草。第一天一共割了4个正方形，说明割草队有8个人。

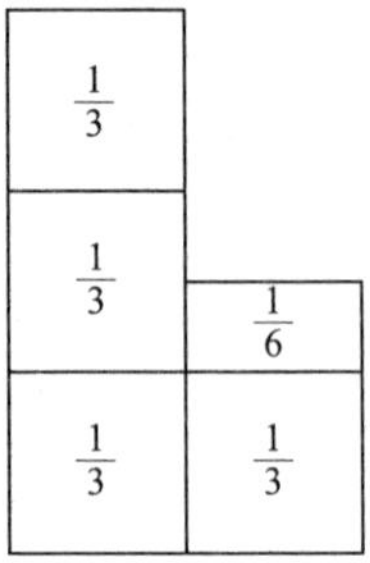

托尔斯泰喜欢的第二道数学题：

"兄弟五人平分父亲遗留下来的三所房子。由于房子无法拆分，便同时分给老大、老二和老三。为了补偿，三个哥哥每人付出800元给老四和老五，于是五人所得完全相同。问三所房子总值多少？"

托尔斯泰的解法简单明了：三个哥哥共给两个弟弟$800\times 3=2400$（元），两个弟弟平分后各得$2400\div 2=1200$（元），这也就是每个人平分到的钱数。$1200\times 5=6000$（元），这是三所房子的总值。

托尔斯泰喜欢的第三道数学题：

“木桶上方有两个水管，单独打开其中一个，24 分钟可流满水桶；若单独打开另一个，则 15 分钟可流满水桶。木桶底上还有一个小孔，水可以从孔中往外流，一满桶水用两小时流完。若同时打开两个水管，水从小孔中也同时流出，经过多少时间水桶才能装满？”

托尔斯泰是这样解的：当两个水管同时打开，1 分钟后木桶里有多少水？

从一个水管（15 分钟流满木桶那一个）1 分钟流出的水占木桶容积$\frac{1}{15}$，从另一个水管（24 分钟流满木桶的那一个）1 分钟流出的水占木桶容积$\frac{1}{24}$，而 1 分钟从小孔流出的水为木桶容积的$\frac{1}{120}$。

因此 $\frac{1}{15}+\frac{1}{24}=\frac{8+5}{120}=\frac{13}{120}$，

$\frac{13}{120}-\frac{1}{120}=\frac{12}{120}=\frac{1}{10}$.

即 1 分钟木桶中积有的水为木桶容积的$\frac{1}{10}$，几分钟木桶中的水才能满？

$$\frac{1}{\frac{1}{10}}=10.$$

即 10 分钟可以装满。

为了纪念这位热爱数学的大文豪，后来有人用托尔斯泰生和死的年份也编了一道数学题：

伟大的俄罗斯作家托尔斯泰享年 82 岁。他在 19 世纪中度过的比在 20 世纪中度过的多 62 年。请问：托尔斯泰生于哪一年？死于哪一年？

可以先求出托尔斯泰死于哪一年，也就是求出他在 20 世纪度过了多少年：

$(82-62)\div 2=20\div 2=10$，

即他在 20 世纪度过了 10 年，所以死于 1910 年，而生于 $1900-72=1828$ 年。

诗人与数学题

19世纪俄国著名诗人莱蒙托夫，不仅擅长写诗，还喜欢做数学题和数学游戏。

1841年初，莱蒙托夫在邓金斯基团队服役，部队在阿那波驻防。军官们无事可做，常聚在一起闲聊。一位上了年纪的军官讲到，有位主教能够心算非常复杂的数学问题。老军官转身问道："莱蒙托夫，您的看法如何？听说，您也是一位不错的数学家！"

"这没什么了不起。"莱蒙托夫回答说，"如果你们高兴，我也可以给你们表演复杂的数学计算。"

大家都高兴地说："您表演吧！"

莱蒙托夫站起来神秘地说："请你们事先想好一个数，按照我的要求做数学运算，我可以说出最后的答数。"

"好吧，试试看。"一位军官怀疑地笑了笑说，"事先想好的数应该多大？"

莱蒙托夫说："多大都可以。为了您便于计算，不妨先以两位数为限。"

"好啦，我已经想好了一个两位数。"这位军官把想好的数告诉给身旁的一位妇女。

莱蒙托夫说："在这个数上加25。"军官在纸上写了起来。

莱蒙托夫接着说："再加上125，减去37，再减去你最初想的那个数，余数乘5再除以2。"军官算了一阵子，算出答数。

莱蒙托夫笑着说："如果我没弄错，答数是$282\frac{1}{2}$。"那个军官几乎跳了起来，莱蒙托夫如此迅速和准确的计算，使他大吃一惊。

那个军官连连点头说："$282\frac{1}{2}$完全正确！我原来想的数是50。您能不能再表演一次？"

"好的。"莱蒙托夫又要那个军官想好一个数，做了一系列数学运算之后，又正确地说出了最后的答数。

莱蒙托夫计算的秘密在哪儿？

秘密在于莱蒙托夫在计算最后答数时，并没有用到军官事先想好的数，把计算过程写出来就一目了然啦！

设那个军官事先想好的数为x，可得算式：

$$(x+25+125-37-x)\times 5\div 2=282\frac{1}{2}.$$

从式中看出x减去x等于0，只要你记住运算顺序："想好的数加25，加125，减37，减想好的数，乘5，除2"，再记住"答数$282\frac{1}{2}$"，任何人都可以做这个数学游戏。

莱蒙托夫活了多大年纪呢？

由于莱蒙托夫一生喜爱数学，后来有人用他的生卒年代编了一道数学题：

"伟大的俄国诗人莱蒙托夫是19世纪的人。他生于19世纪，也死于19世纪。根据下述条件，说出他生于哪一年？死于哪一年？

(1) 他诞生与逝世的年份，都是四个相同的阿拉伯数字组成，但排列位置不同；

(2) 他诞生的那一年，四个阿拉伯数字之和为14；

(3) 他逝世的年份，其阿拉伯数字的十位数是个位数的四倍。"

可以这样来考虑：

既然"生于19世纪，死于19世纪"，那么他生和死的年代的前两位数字一定是 18；根据“他诞生的那一年，四个阿拉伯数字之和为 14。”而百位和千位数字之和为 $1+8=9$，可知个位和十位数字之和是 $14-9=5$；

由于“诞生和逝世的年份，都是四个相同的阿拉伯数字组成”，又由于“他逝世的年份，其阿拉伯数字的十位数是个位数的四倍。”可以得知，莱蒙托夫死于 1841 年，生于 1814 年，仅仅活了 27 岁！

俄国另一位大诗人贝涅吉克托夫也非常喜欢数学题，他曾写过一本数学题集。这本书中有些很有趣的数学题，请看其中的一道题：

“卖鸡蛋的某妇人，派她三个女儿去市场出售她的 90 个鸡蛋。她给了最聪明的大女儿 10 个鸡蛋，给了二女儿 30 个鸡蛋，小女儿 50 个鸡蛋。

妇人对三个女儿说：‘你们先商量好售价，然后就不要让步。你们都得坚持同样的价钱，但是我希望我的大女儿运用她的智慧，即便是按照你们共同商定的价钱，仍能把她自己那 10 个鸡蛋卖得的钱数同二女儿卖掉 30 个鸡蛋的钱数相同，并教会二女儿把她那 30 个鸡蛋卖得的钱数同三女儿卖掉 50 个鸡蛋的钱数相同。注意，你们三个人所卖的总钱数和每次鸡蛋卖的钱数都要相同。还有，我希望你们卖鸡蛋时，90 个鸡蛋不能低于 90 分。’

你说说，这三个女儿是怎样完成这个任务的？”

诗人是这样来解决这个问题的：

三个女儿在去市场的路上边走边商量。后来二女儿、三女儿都请大女儿出主意。大女儿想了想说：“妹妹们，咱们以前都是 10 个蛋 10 个蛋地卖，这次咱们不这样干了，改成 7 个蛋 7 个蛋地卖。每 7 个蛋一份，咱们给每一份订一个价钱，按照妈妈的嘱咐，咱们三个人都得遵守，一分钱也不让价，每份卖 3 分钱，你们说怎样？”

二女儿说：“那可太便宜了。”

大女儿说：“我们把 7 个一份按份出售的鸡蛋卖完后，提高剩下来的蛋的价钱呀！我已经注意到，今天市场上卖鸡蛋的除我们三人外，再没有别人卖了。因此，不会有人压低我们的价钱了。那么，剩下的这些蛋，只要有人急用，货又剩得不多了，价钱自然要上涨。咱们就是要在剩下的那几个蛋上赚回来。”

三女儿问：“剩下那几个蛋卖什么价钱呢？”

大女儿果断地说：“每个蛋卖 9 分。就这个价。急等鸡蛋下锅的买主是会出这个价钱的。”

二女儿摇摇头说：“太贵了点。”

“那有什么！”大女儿回答说，“可是我们 7 个一份的鸡蛋卖的不是太便宜了吗？两者刚好抵消。”大家都同意了。

到了市场，姐妹三人各找地方坐下来卖她们的鸡蛋。买东西的男男女女，看到鸡蛋如此便宜，都跑到三女儿那儿去买。三女儿把 50 个鸡蛋分成 7 个一份共分成 7 份，每份 3 分共卖了 21 分，筐子里还剩下一个鸡蛋；二女儿有 30 个鸡蛋，7 个一份共卖给了 4 个顾客，筐子里还剩下两个鸡蛋，卖了 12 分；大女儿则卖了一份 7 个蛋，卖了 3 分钱，还剩下了 3 个蛋。

这时，市场上赶来了一位女厨师，是奉主人之命来买鸡蛋的，她的任务是必须买到 10 个鸡蛋，因为主人的儿子特别喜欢吃鸡蛋，而他刚刚回来探亲。女厨师在市场上转来转去，可是鸡蛋都已卖光，卖鸡蛋的三个摊子上一共只剩下 6 个鸡蛋：一个摊子只有 1 个，另一个摊子只有 2 个，还有一个摊子只有 3 个。

女厨师先跑到大女儿的摊子前问：“这三个鸡蛋卖多少钱？”

大女儿回答：“每个鸡蛋 9 分钱。”

女厨师瞪着大眼睛说：“你怎么啦？发疯啦？要这么多钱！”

大女儿爱理不理地说：“随您的便，少一个钱也不卖，就剩这几个了。”

女厨师又跑到只剩下2个鸡蛋的二女儿摊前问:“什么价钱?”

二女儿说:“9分钱一个。言不二价。蛋都卖光了。”

女厨师赌气又跑到三女儿摊前问:“你这个鸡蛋卖多少钱?”

三女儿回答:“9分钱一个。”

一点办法也没有,女厨师只好用高价买下了这仅有的6个鸡蛋。

于是,女厨师付了27分给大女儿,买下她的3个鸡蛋。这样连同原先卖出的3分,大女儿一共卖了30分钱;二女儿的2个鸡蛋拿到了18分,连同以前卖的12分钱,共得30分钱;三女儿剩下的一个蛋卖了9分,连同以前卖的21分,也拿到了30分钱。

三姐妹回到家里,每人交了30分钱给妈妈,并向妈妈讲述她们是怎样卖的。的确,她们在价钱上遵守了共同的条件:不论是10个鸡蛋还是50个鸡蛋,都卖得同样的钱数。

妈妈非常满意,特别为大女儿的智力出众感到高兴。

你看,贝涅吉克托夫编的数学题,不仅有趣,而且故事还挺曲折。

用童话编成的数学题

从古至今,用童话形式写成的数学题可真不少。瑞士著名数学家欧拉,曾经用童话形式编了许多有趣的数学题,许多国家也流传着一些古老的童话形式的数学题。

俄罗斯曾流传着这样一道题:一大群雁在飞,一只雁碰上它们,叫道:“你们好,一百只雁!”带头的雁回答说:“不,我们不是一百只雁!如果我们再增加百分之百,再增加百分之五十,再增加百分之二十五,最后再加上你才够一百只,你说我们有多少只?”

这是一道百分数的应用题,可以这样来解:

设原来雁数是100%,后来陆续增加了100%,50%,25%和1只。

总共的百分数是:100% + 100% + 50% + 25% = 275%.

也就是说，原来大雁只数的275%是100－1＝99(只)。原来的雁数为：

$99\div 275\%=99\div \frac{275}{100}=99\div \frac{11}{4}=99\times \frac{4}{11}=36$(只).

所以，原来有36只雁。

下面这道题是著名数学家欧拉编的：

“毛驴和骡子驮着若干袋重量相等的面粉，一起在路上走着。毛驴抱怨它驮的东西太沉重了。

‘你还抱怨什么？’骡子对毛驴说，‘如果把你的一袋面粉给我，我的负担将比你的重一倍；如果把我的一袋面粉给你，我们俩的负担刚好相等。’

你知道驴和骡子各驮多少袋面粉吗？”

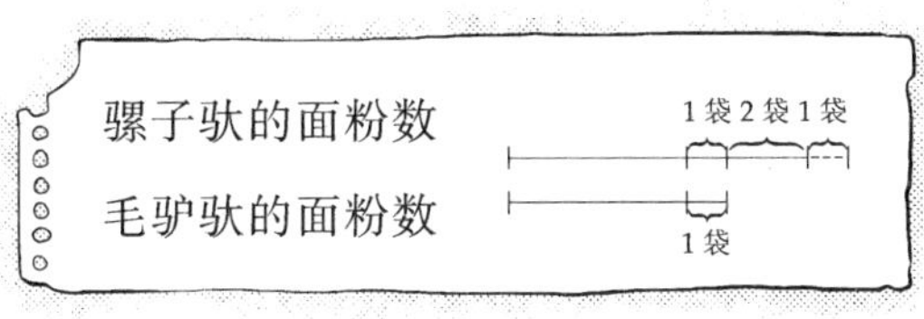

这道题利用图形最容易了解。根据“如果把我的一袋面粉给你，我们俩的负担刚好相等”，可以知道骡子原来比毛驴多驮两袋面粉。

再根据“如果把你的一袋面粉给我，我的负担将比你的重一倍”，可以知道毛驴给骡子一袋面粉后，骡子所驮的面粉数比毛驴多四袋面粉，这恰好是毛驴剩下的面粉数。这样4＋1＝5就是毛驴原来驮的面粉数。5＋2＝7是骡子原来驮的面粉数。

用竹棍摆成的数学题

前面已经提到过，中国古代的数学家用一些小竹棍摆成不同的形式来表示不同的数目，并进行各种计算，这叫作“筹算”。在《孙子算经》中就给出了摆竹棍的方法。《孙子算经》共3卷，成书在祖冲之之前，大约是公元5世纪。内容主要讲数学的用途，浅显易懂，有许多有趣的数学题。下面的“鸡兔同笼”“河边洗碗”“折绳量木”“三鸡啄粟”，都选自这本书。

（一）鸡兔同笼

原题是：“今有雉兔同笼，上有三十五头，下有九十四足，问雉兔各几何？”

“雉”也叫作“野鸡”，雄的羽毛华丽，脖子上有白色环纹，很漂亮。这道题的意思是：“今有鸡和兔同笼，从上面数有头35个，从下面数有脚94只，问鸡和兔各有多少只？”

《孙子算经》上的解法很巧妙，它是按公式

$$兔数=\frac{1}{2}\times 足数-头数$$

来算的。具体计算如下：

$$\begin{aligned}兔数&=\frac{1}{2}\times 94-35\\&=47-35\\&=12\ (只).\end{aligned}$$

$$\begin{aligned}鸡数&=头数-兔数\\&=35-12\\&=23\ (只).\end{aligned}$$

这个公式怎样来的呢？

把足数除以2以后，每只鸡只剩下一足，每只兔剩下两足了。减去头数，就相当于每只鸡、兔再减去一足，鸡足减完了，剩下的每只兔只有一足了。此时，所剩足数恰好等于兔子的头数。

“鸡兔同笼”问题的解法不止一种，下面介绍另外一种解法。

由于每只兔子比每只鸡多两足，假如把兔子也算作两足的话，那么鸡兔共有2×35＝70足。

由总足数94减去70，剩下的应该是兔子数的两倍。因此，

兔子数 $= 94 - 35 \times 2) \div 2$

$\quad = (94 - 70) \div 2 = 12$（只）.

鸡数 $= 35 - 12 = 23$（只）.

前两种方法如果与方程比较起来，还是用方程来解最简单：

设兔子有x只，则鸡有$(35 - x)$只。

由于兔子有四足，鸡有两足，总共有 94 足。可列出方程：

$4x + 2(35 - x) = 94$

$4x + 70 - 2x = 94$

$2x = 24$

$x = 12.\quad 35 - x = 23.$

答：兔有 12 只，鸡有 23 只。

（二）河边洗碗

有一名妇女在河边洗刷一大摞碗。一个过路人问她："怎么刷这么多碗哪？"她回答："家里来客人了。"过路人又问："家里来了多少客人？"妇女笑着答道："2 个人给一碗饭，3 个人给一碗鸡蛋羹，4 个人给一碗肉，一共要用 65 只碗，你算算我们家来了多少客人？"

题目给出了碗的总数以及客人和碗的关系。如果能求出每人占多少只碗，就可以求出客人的数目。

每人占多少只碗呢？

2 个人给一碗饭，每人占$\frac{1}{2}$只碗；

3 个人给一碗鸡蛋羹，每人占$\frac{1}{3}$只碗；

4 个人给一碗肉，每人占$\frac{1}{4}$只碗。

合起来，每人占$\left(\frac{1}{2} + \frac{1}{3} + \frac{1}{4}\right)$只碗。

客人数为 $65 \div \left(\frac{1}{2} + \frac{1}{3} + \frac{1}{4}\right)$

$$= 65 \div \frac{13}{12}$$

$$= 65 \times \frac{12}{13} = 60\ (人).$$

(三)折绳量木

“有一段木头,不知它的长度,拿来一根绳子量木头的长。把绳子拉直来量,绳子多 4 尺 5 寸;如果将绳子对折过来量,绳子又短 1 尺。问这段木头有多长?”

《孙子算经》上的这道题十分有趣。解这道数学题的关键是找出绳子拉直和绳子对折的关系。

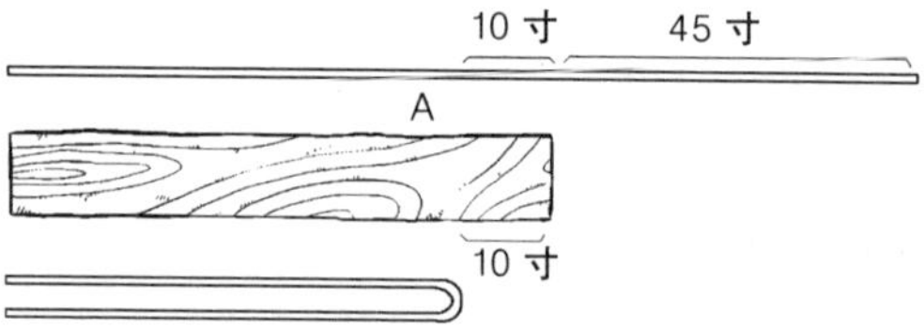

从上图可以看出,半根绳长等于 45 + 10 (寸)。因为绳子可以看成由 A 点对折的。这样整根绳长就等于(45 + 10) × 2 (寸),而木头长为

$$(45 + 10) \times 2 - 45 = 65\ (寸).$$

答:木头长为 6 尺 5 寸。

(四)三鸡啄粟

一只公鸡、一只母鸡和一只小鸡在一起啄食了 1001 粒粟米。当小鸡啄食 1 粒粟米时,母鸡啄食 2 粒,公鸡啄食 4 粒。粟米的主人要求这些鸡的主人偿还粟米。问三只鸡的主人各该偿还粟米多少?

解答这道题时,关键是求出每只鸡啄食粟米的比例。由于小鸡啄食 1 粒时,母鸡啄食 2 粒,公鸡啄食 4 粒,所以如果把 1001 粒粟米分成 7 份的话,小鸡啄食了 1 份,母鸡和公鸡各啄食了 2 份和 4 份。

小鸡啄食了 $1001\div(1+2+4)$

$=1001\div7$

$=143$（粒）.

母鸡啄食了 $143\times2=286$（粒），

公鸡啄食了 $143\times4=572$（粒）.

古印度数学题

古印度有许多有才华的数学家。他们在解数学题时，常使用的一种方法叫反演法，就是从已知条件逐步往回推。

古印度数学家大阿利耶波多在6世纪曾给出类似下述的问题：

“美丽少女，请你告诉我，按照你理想的正确反演法，什么数乘以3，加上这个乘积的$\frac{3}{4}$，然后除以7，减去此商的$\frac{1}{3}$，减去52，加上8，除以10，得2。”

根据反演法，我们从2这个数开始往回推，凡是加，你就减；凡是乘，你就除。于是有：

得2， 2

除以10， 2×10

加上8， $2\times10-8$

减去52， $2\times10-8+52$

减去此商的$\frac{1}{3}$， $(2\times10-8+52)\times\frac{3}{2}$

除以7， $(2\times10-8+52)\times\frac{3}{2}\times7$

加上这个乘积的$\frac{3}{4}$，

$(2\times10-8+52)\times\frac{3}{2}\times7\div\left(1+\frac{3}{4}\right)$

乘以3，

$(2\times10-8+52)\times\frac{3}{2}\times7\div\left(1+\frac{3}{4}\right)\div3$

最初的数是：

$$(2\times10-8+52)\times\frac{3}{2}\times7\div\left(1+\frac{3}{4}\right)\div3$$

$$=64\times\frac{3}{2}\times7\times\frac{4}{7}\times\frac{1}{3}$$

$$=128.$$

如果按原题条件验算一下，得：

$$\left[128\times3\times\left(1+\frac{3}{4}\right)\div7\times\frac{2}{3}-52+8\right]\div10$$

$$=\left(384\times\frac{7}{4}\times\frac{1}{7}\times\frac{2}{3}-52+8\right)\div10$$

$$=(64-52+8)\div10$$

$$=20\div10=2.$$

128 合乎题目条件。

我们对于古印度数学的知识多半来源于婆什迦罗所著的《丽罗娃提》(即《历算书》)一书。关于这本书还有一个有趣的传说：算命的人预言，如果婆什迦罗唯一的女儿不在某一个吉利日子的某一时辰结婚，不幸的命运就会降临。到了那天，正当新娘子等待着"时刻杯"(一种计时的工具)中的水平面下沉时，一颗珍珠不知什么原因从她的头饰上掉了下来，滚到杯孔上，于是水不再流出了，因而幸福的时刻未被注意地过去了。女儿为此而不愉快，为了安慰女儿，婆什迦罗以她的名字命名这本书。

古印度的许多数学题是很有趣的。比如：

"一条长 82 安古拉(古印度长度单位)的强有力的、不可征服的、极好的黑蛇，以$\frac{5}{14}$天爬 $7\frac{1}{2}$安古拉的速度爬进一个洞，而蛇尾每$\frac{1}{4}$天长$\frac{11}{4}$安古拉。数学家们，请告诉我：这条大蛇何时全部进洞？"

黑蛇不断往洞里爬，蛇尾也不停地向后长，要求出黑蛇身体全部爬进洞的时间。可先分别求出黑蛇向洞里爬行的速度和蛇尾生长的速度。

黑蛇爬行速度：$7\frac{1}{2}\div\frac{5}{14}=\frac{15}{2}\times\frac{14}{5}=21.$

蛇尾生长速度: $\frac{11}{4}\div\frac{1}{4}=\frac{11}{4}\times4=11.$

两者的速度差: $21-11=10.$

全部进洞时间: $80\div10=8$ (天).

写出综合式子:

$80\div\left(\frac{15}{2}\times\frac{14}{5}-\frac{11}{4}\div\frac{1}{4}\right)=8$ (天).

古印度数学题中分数问题占很大比例。比如:

"在一堆杧果中, 国王取$\frac{1}{6}$, 王后取余下的$\frac{1}{5}$,三个王子分别取逐次余下的$\frac{1}{4}$、$\frac{1}{3}$和$\frac{1}{2}$,最年幼的小孩取剩下的 3 个杧果。您对解各种各样的分数问题是很聪明的,告诉我杧果的总数吧! "

假设杧果总数为 1,那么国王取$\frac{1}{6}$;王后取余下的$\frac{1}{5}$,即 $\left(1-\frac{1}{6}\right)\times\frac{1}{5}=\frac{1}{6}$;三个王子分别取逐次余下的$\frac{1}{4}$、$\frac{1}{3}$和$\frac{1}{2}$,即$\left(1-\frac{2}{6}\right)\times\frac{1}{4}=\frac{1}{6}$, $\left(1-\frac{3}{6}\right)\times\frac{1}{3}=\frac{1}{6}$, $\left(1-\frac{4}{6}\right)\times\frac{1}{2}=\frac{1}{6}$。

计算结果告诉我们,国王、王后和三个王子都取得了总数的$\frac{1}{6}$,合在一起为$\frac{5}{6}$。这样小孩得到的也是总数$\frac{1}{6}$。因此,杧果总数为

$3\div\frac{1}{6}=18$ (个).

古印度有一部称作《巴卡舍里原稿》的数学书,无名氏所写,1881 年出土于西印度的巴卡舍里。它是由 70 页贝叶组成的。对于它的成书年代有许多猜测,估计在 3—12 世纪。原稿有这样一道题:

"一个商人在三个不同的地方为某批货物缴税,在第一个地方,缴该货物的$\frac{1}{3}$;在第二个地方,付余下的$\frac{1}{4}$;在第三个地方,付再余下的$\frac{1}{5}$。总计缴税 24。问原来货物的总数是多少? "

可设原来货物的总数为 1，

则在第一个地方，缴$\frac{1}{3}$，

在第二个地方，缴$\left(1-\frac{1}{3}\right)\times\frac{1}{4}=\frac{1}{6}$，

在第三个地方，缴$\left(1-\frac{1}{3}-\frac{1}{6}\right)\times\frac{1}{5}=\frac{1}{10}$，

总计缴税$\frac{1}{3}+\frac{1}{6}+\frac{1}{10}=\frac{3}{5}$。因此，货物总数是：

$24\div\frac{3}{5}=24\times\frac{5}{3}=40.$

3. 解题动画片

两分钱到哪儿去了

——谈别把自己搞糊涂了

先来讲个故事：

“卖鱼啦！就剩这几条了，五角钱全拿走。”卖鱼老人在不停地吆喝。

“五角钱全拿走？便宜！”三个同路人商量一下，想买这几条鱼。可是，三个人口袋里的钱，都是面值两角的，而卖鱼老人又没零钱可找。怎么办？

三个人中年龄较大的说：“咱们每人出两角钱，买下这几条鱼算了。”另外两个人都同意，就凑了六角钱，买下了鱼。

卖鱼老人拿着这六角钱，越想越不合适。怎么能多收一角钱呢？于是他把两角钱换成了零钱，去追买鱼的人。

追着追着，前面出现了一条河。河上有条渡船。老人问摆渡的少年：“有三个提着鱼的人过河了吗？”

少年说:“他们刚刚过河,您赶快去追!”老人上了船,付给少年两分钱摆渡钱。过河后,没多远就追上了买鱼的人。

老人气喘吁吁地说:“停一停,刚才你们多给了我一角钱,我坐船过河用了两分,回去还要坐船花两分,一共四分。一角钱去掉四分,还剩六分。每人恰好退两分钱。”老人给了每人两分钱就回去了。

三个人中年龄较大的夸奖说:“卖鱼老汉真诚实,一角钱还要追这么远的路来退还。”

年纪最轻的却摇摇头说:“不对呀!咱们每人拿出两角钱,老人又退给每人两分钱,每人实际只拿出一角八分钱,三个人共拿出五角四分钱。卖鱼老人坐船来回花去四分,合在一起才是五角八分钱,怎么比六角钱少两分呢?”

咦?真的少了两分钱!这两分钱跑到哪里去了?

请问:究竟少不少两分钱?如果少了,老人什么地方算错了?如果不少,年纪最轻的买鱼人又在哪儿算错了?

认真思考一下就会发现,是年龄最轻的买鱼人算法不对,他自己把自己搞糊涂了。

原来每人拿两角钱,共六角钱。卖鱼老人退给每人两分钱以后,每人实际拿出了一角八分钱。三个人总共花去的钱是五角四分,其中五角是买鱼的钱,四分是老人来回坐船的钱,这不是正对么!一分钱也不差!

年纪最轻的买鱼人怎么算错了呢?他没有分清花去的五角四分和没有花掉的六分钱,把老人坐船的四分钱重复加在已花的五角四分钱(包括鱼钱和船钱)里面,还硬要和原来的六角钱对上账。我们知道,六角钱和五角四分钱的差额六分钱,老人已经退给了买鱼人,因此再算鱼钱也好,船钱也好,都应该在五角四分钱中考虑,不必再和六角钱对上账了。

在做应用题时,我们有时也会犯类似的错误。先看下面一道题:

“某工厂今年生产了1200台机器,今年比去年多生产$\frac{1}{5}$,求该工厂去年的产量。”

如果这样来做：用今年的产量减去今年比去年多生产的台数，剩下就是去年的产量。

列出算式：

$$1200-1200\times\frac{1}{5}=1200\times\left(1-\frac{1}{5}\right)$$

$$=1200\times\frac{4}{5}=960\ (台).$$

这样算就错了！错在哪里呢？错在今年比去年多生产的台数不是 $1200\times\frac{1}{5}$。$1200\times\frac{1}{5}$是今年产量的$\frac{1}{5}$，而题目给出的是“今年比去年多生产$\frac{1}{5}$”，要求的是去年产量的$\frac{1}{5}$，去年的产量是多少呢？不知道！这正是题目要求的答案。

年轻的买鱼人是把“花掉的钱”和“没花掉的钱”混淆在一起了。上面的做法中把“今年比去年多”和“去年比今年少”混淆了。看来，做题目前要认真分析题目，把什么是已知条件、什么是未知条件搞清楚，不然的话，就会把自己搞糊涂了。

上题的正确做法是：

$$1200\div\left(1+\frac{1}{5}\right)=1200\div\frac{6}{5}=1200\times\frac{5}{6}$$

$$=1000\ (台).$$

答：去年的产量是 1000 台。

怎么避免这类错误呢？

除了认真审题、正确理解数学用语外，还可以用比较的方法。

首先想一下，什么题目应该用第一算式：

$$1200\times\left(1-\frac{1}{5}\right).$$

根据这个算式，可以编这样一道题：“某工厂今年生产了 1200 台机器，去年比今年少生产$\frac{1}{5}$，求该工厂去年的产量。”

把后编的题和原来的题逐字进行比较，不难发现两者的差别。下面再给出几个算式,你能给它们编出正确的题目来吗?

(1) $1200 \div (1 - \frac{1}{5})$,

(2) $1200 \times (1 + \frac{1}{5})$,

(3) $1200 \div (1 + \frac{1}{5}) - 5$,

(4) $1200 \times (1 - \frac{1}{5}) + 5$.

如果你都编对了,再遇到这类题目就不会把自己搞糊涂了。

狐狸的骗术

——谈掌握解题规律

先来讲个故事:

兔子、松鼠和刺猬一共采回 110 个草莓。兔子采得最多,刺猬采得最少。刺猬建议:兔子分得的草莓数应该是松鼠的两倍,而松鼠应该比自己多分 10 个。兔子和松鼠同意这样分,可是具体怎样分,谁也不会。三只小动物真发愁。

狐狸来了。狐狸说:"这个好办,我来替你们分。假设兔子分得 1。"

兔子连忙问:"我只分得 1 个草莓?"

狐狸摇摇头说:"不,不,我是说把你分得的草莓数当作 1 份,这才好算。"

松鼠问:"那我分多少?"

狐狸说:"由于兔子分得的草莓数是你的两倍,兔子得 1,你就得$\frac{1}{2}$。"

松鼠哭丧着脸说:"怎么,我才分到半个草莓?"

狐狸赶紧解释:"不,不,你是兔子分得草莓数的$\frac{1}{2}$,绝不是半个!"

刺猬刚要问,狐狸抢先说:"你比松鼠少分 10 个,如果给你增加 10 个,你也恰好分得$\frac{1}{2}$。"

狐狸在地上边说边写:“我先求出兔子分得的草莓数:

$(110+10)\div(1+\frac{1}{2}+\frac{1}{2})=120\div2=60$ (个).

松鼠分得 $60\times\frac{1}{3}=30$ (个).

刺猬分得 $30-10=20$ (个).”

三只动物分完草莓以后,发现一点不差,都非常感谢狐狸。每只动物拿出 10 个草莓送给狐狸,狐狸取得了它们的信任。

一天,刺猬背回来 1 千克饼,兔子又请狐狸帮着分一下,答应也分给狐狸一份。

狐狸看了看饼,用舌头舔了下嘴唇说:“我们一共是四个,我少分一点吧!先把饼的$\frac{1}{5}$给我,兔子从我分剩下的饼中分$\frac{1}{4}$,松鼠从兔子分剩的饼中分$\frac{1}{4}$,刺猬再从松鼠分剩下的饼中分$\frac{1}{3}$,最后剩下的一点点给我。这样分怎么样?”大家以为狐狸分得最少,就同意了。

狐狸开始计算了:

狐狸先分走$\frac{1}{5}$,就是 $1\times\frac{1}{5}=0.2$ (千克).

剩下 $1-0.2=0.8$ (千克);

兔子分得饼是 $0.8\times\frac{1}{4}=0.2$ (千克).

剩下 $0.8-0.2=0.6$ (千克);

松鼠分得饼是 $0.6\times\frac{1}{4}=0.15$ (千克).

剩下 $0.6-0.15=0.45$ (千克);

刺猬分得饼是 $0.45\times\frac{1}{3}=0.15$ (千克).

剩下 $0.45-0.15=0.3$ (千克).

狐狸一共分得饼是 $0.2+0.3=0.5$ (千克),结果一半的饼都被狐狸分走了。

三个小傻瓜为什么会上当?主要是没有弄清问题的内在规律。在上次分草莓时,是拿兔子分得草莓数当作 1,这个 1 在解题当中是始终不变的；而在分饼时，狐狸分的$\frac{1}{5}$是1千克饼的$\frac{1}{5}$，兔子分得$\frac{1}{4}$，好像比狐狸多，可是兔子分的是0.8千克饼的$\frac{1}{4}$，也是0.2千克，而狐狸还要拿剩下的，结果兔子得到的反而少了。松鼠、刺猬就更少了。

在做数学题时，同样要掌握题目的内在规律。以四则应用题中的“工程问题”为例，工程问题的基本关系是：

工作量 ÷ 工作效率 = 工作时间。

现在来看一组题目：

(1) 一项工程，甲独做5天完成，乙独做7天完成。现由甲、乙合作，几天完成？

(2) 一项工程，二人合作8天完成。若甲独做12天完成，乙独做几天完成？

(3) 甲1天做的工作等于乙2天做的工作，等于丙3天做的工作。今有一项工程，甲3天可完成，问乙、丙合作几天完成？

(4) 一项工程，甲6天能完成它的$\frac{3}{4}$，乙8天能完成它的$\frac{2}{5}$，问甲、乙合作几天完成？

认真分析一下这四道题，不难发现，它们都是在工作量设为1的前提下，变换工作效率来求工作时间。解这类题的关键是正确求出题目所需要的工作效率。不妨列出各题的算式来分析一下：

(1) $1\div\left(\frac{1}{5}+\frac{1}{7}\right)$；

(2) $1\div\left(\frac{1}{8}-\frac{1}{12}\right)$；

(3) $1\div\left(\frac{1}{2\times3}+\frac{1}{3\times3}\right)$；

(4) $1\div\left[\frac{\frac{3}{4}}{6}+\frac{\frac{2}{5}}{8}\right]$.

在题(1)中，关键是求甲、乙合作的工作效率。

甲、乙合作的工作效率=甲的工作效率+乙的工作效率，即

$\frac{1}{5}+\frac{1}{7}$；

在题(2)中，由于求乙独做几天完成，关键是求乙的工作效率，即$\frac{1}{8}-\frac{1}{12}$；

在题(3)中，甲1天等于乙2天的工作量，甲3天可做完的工程，乙需要2×3天才能做完，乙的工作效率为$\frac{1}{2\times 3}$。而丙的工作效率为$\frac{1}{3\times 3}$。乙、丙合作的工作效率为$\frac{1}{2\times 3}+\frac{1}{3\times 3}$；

在题(4)中，甲6天能完成整个工程的$\frac{3}{4}$，甲的工作效率为$\frac{\frac{3}{4}}{6}$；乙的工作效率为$\frac{\frac{2}{5}}{8}$；甲、乙合作的工作效率为$\frac{\frac{3}{4}}{6}+\frac{\frac{2}{5}}{8}$。

你看，这四道题都是在工作效率上变换花样。难道只能在工作效率上做文章，不能在工作量和工作时间上做文章吗？不，都可以做文章，再来看两道题：

(5) 一项工程，甲独做8天完成，乙独做10天完成。甲独做了3天后，余下的甲、乙二人合做，还需要几天完成？

(6) 一项工程，甲独做50天完成，乙独做75天完成，现在甲、乙合作，但中途乙因事离开几天，从开工后40天把这项工程做完，问乙中途离开几天？

在题(5)中，由于甲独干了3天，所剩工作量是$1-\frac{1}{8}\times 3$，因此甲、乙合作所需的时间为：

$$\left(1-\frac{3}{8}\right)\div\left(\frac{1}{8}+\frac{1}{10}\right).$$

在题(6)中，可考虑假设乙不离开。40天完成的工作量为$\left(\frac{1}{50}+\frac{1}{75}\right)\times 40$，这个数必然大于1。此时$\left(\frac{1}{50}+\frac{1}{75}\right)\times 40-1$就是若乙不离开，40天内完成的工作量。把它除以乙的工作效率，就得到乙离开的天数，即

$$\left[\left(\frac{1}{50}+\frac{1}{75}\right)\times 40-1\right]\div\frac{1}{75}.$$

仅就“工程问题”来看，工作效率可以变花样，工作量和工作时间也可

以变花样。但万变不离其宗，只要掌握了它的规律，问题总是能解出来的。

他俩何时左脚同时着地

——谈作图对解题的帮助

有一个人，看见一男一女并排走路。初看时，他们恰好都用右脚同时迈步。后来他又发现男的迈 2 步，女的要迈 3 步才能跟上。他想到了一个问题：两个人这样走下去，从他们都用右脚开始起步到两人同时左脚着地为止，女的应该走多少步呢？

乍一看，这个问题挺容易：男的迈 2 步，女的要迈 3 步，2 和 3 的最小公倍数是 6，女的只要迈 6 步就可以和男的同时左脚着地。

可是仔细一想，问题并不那么简单。女的迈 6 步，男的自然应该迈 4 步，两个人都用右脚起步，走了偶数步，应该是右脚同时着地。那么刚才说的女的和男的同时左脚着地就显然不对了。

让男的迈 6 步对不对？男的迈 6 步，女的要迈 9 步才能跟上男的 6 步。可是，男的迈 6 步是右脚着地，女的迈 9 步是左脚着地，也不符合题意。这个答案还是不对。

看来，用求最小公倍数解决这个问题行不通。那么，用什么办法才能解决这个问题呢？

我们不妨先画个图来看看：

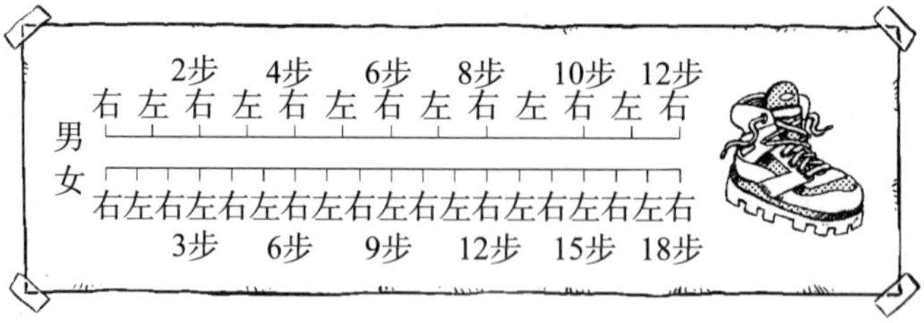

从图上一看,问题就清楚了:男女两人无论如何都不可能出现同时左脚着地的情况。因此,这个问题无解。

如果不画图,也许你还要费一番脑筋呢!

作图可以帮我们弄清题目中的已知条件和未知条件的关系以及已知条件之间的关系,可以使你少走弯路,更快地找到解题方法。比如:

“化工厂第一周用掉它所储藏原料的$\frac{1}{3}$,第二周用掉剩余的$\frac{1}{3}$。又知道第一周比第二周多用掉$\frac{1}{5}$吨。问化工厂储藏的原料是多少吨?”

先画一个示意图,设化工厂所储藏的原料为1。

第一周用料为$\frac{1}{3}$,第二周用料为$\frac{2}{3}\times\frac{1}{3}$,又知道第一周比第二周多用掉$\frac{1}{5}$吨,这是已知部分求全体的问题。因此,化工厂储藏的原料是

$$\frac{1}{5}\div\left(\frac{1}{3}-\frac{2}{3}\times\frac{1}{3}\right)=\frac{1}{5}\div\frac{1}{9}=1\frac{4}{5}\ (吨).$$

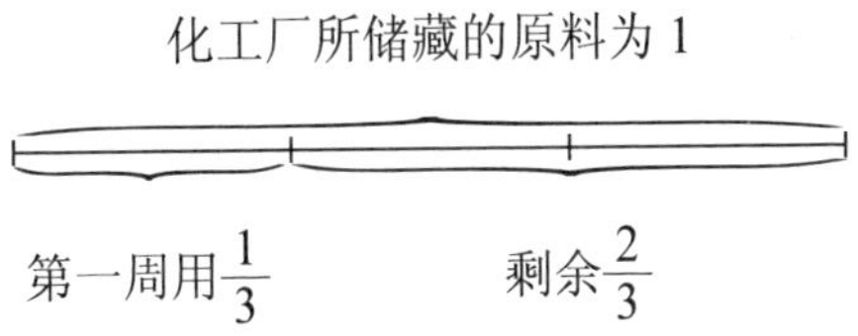

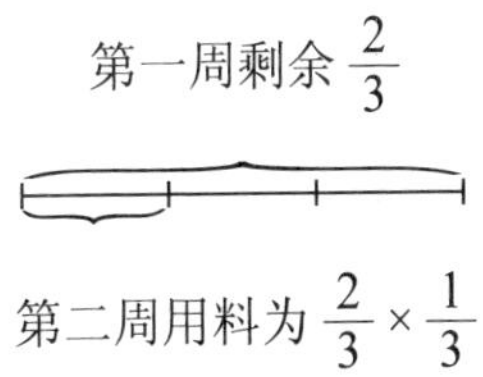

作图还可以帮助我们审题,避免把相近的问题混在一起,张冠李戴。比如:

“A、B两个村庄相距185千米,甲、乙两个人驾车由A、B两地同时相对出发。3小时以后两人还相距20千米。知道甲的速度是每小时30千米,求乙的速度。”

不妨先画个图分析一下:

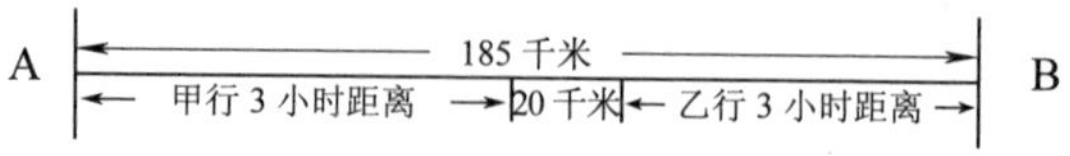

由图可以直接看出：

乙行 3 小时的距离

= 全程 − 甲行 3 小时的距离 − 两人相差距离

$= 185 - 30 \times 3 - 20 = 75$（千米）.

乙行速度 $= 75 \div 3 = 25$（千米 / 时）.

如果把这个题变成：

"A、B 两地相距 185 千米，甲、乙两人骑车同时从 A 地往 B 地进发。3 小时以后，乙比甲少行 20 千米。知道甲 3 小时走了全程的$\frac{3}{5}$，问乙的速度是每小时多少千米？"

这个问题好像与前面的问题差不太多，但是画出示意图，就会看出它们完全不同。后一个问题的示意图：

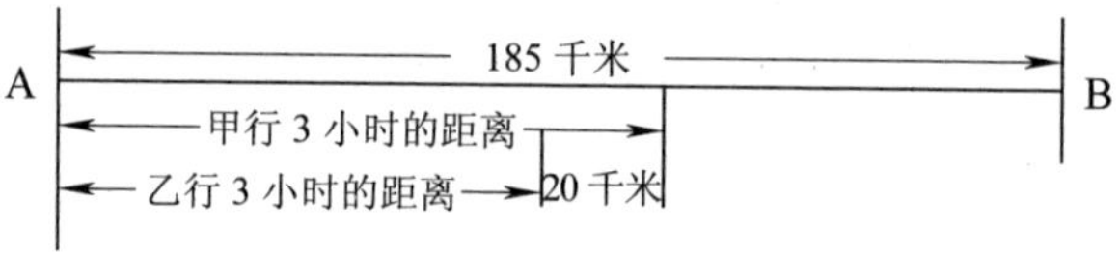

乙行 3 小时的距离= 甲行 3 小时的距离 − 两人相差的距离

$= 185 \times \frac{3}{5} - 20 = 91$（千米）.

乙行的速度 $= 91 \div 3 = 30\frac{1}{3}$（千米/时）.

作图可以帮助我们理解题意，探求解题思路。作图的方法可以多种多样，目的是把问题中的各种条件更形象、更直观地表现出来。比如：

"甲、乙两个排字工人，排字速度的比是 3 : 5。甲、乙两人合作 6 小时，刚好排了全部稿件的$\frac{2}{3}$，剩下的由甲单独排完。问还需要几小时？"

由于题目已给出甲单独排字的工作量是全部稿件的$\frac{1}{3}$，关键是求出甲的工作效率。可以先画个图。

乙 6 小时排出的稿件为 $\frac{2}{3}\times\frac{5}{8}$

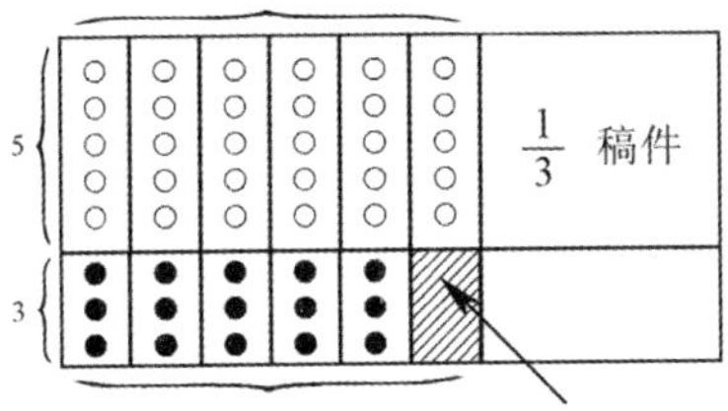

甲 6 小时排出的稿件为 $\frac{2}{3}\times\frac{3}{8}$　　甲 1 小时排出的稿件：$\frac{2}{3}\times\frac{3}{8}\times\frac{1}{6}$

用一个长方形的面积代表全部稿件，取长方形面积的$\frac{2}{3}$表示 6 小时甲、乙合作完成的稿件。把长方形面积的$\frac{2}{3}$再六等分，每一等份表示甲、乙合作 1 小时完成的工作量。再把这一等份分成 3∶5，其中甲占 3 份，乙占 5 份，总共是 8 份。

从图上可以看出甲的排字效率为：

$$\frac{2}{3}\times\frac{3}{8}\times\frac{1}{6}=\frac{1}{24}.$$

也就是甲 1 小时可以排完全部稿件的$\frac{1}{24}$。这样，甲单独排完剩下的稿件所用的时间是：

$$\left(1-\frac{2}{3}\right)\div\left(\frac{2}{3}\times\frac{3}{8}\times\frac{1}{6}\right)=\frac{1}{3}\div\frac{1}{24}=8\ (\text{小时}).$$

因此，甲再需要 8 小时就能排完剩下的稿件。

怎样数石子

——谈探求最简捷的解法

先来做个游戏：

用 12 块石子摆一个长方形，每个石子的顺序编号如图。从 1 号石子处出发，按顺时针方向走 3 步，到 4 号石子处；再从 4 号石子处按逆时针方向走 5 步，到 11 号石子处。这就是走法。

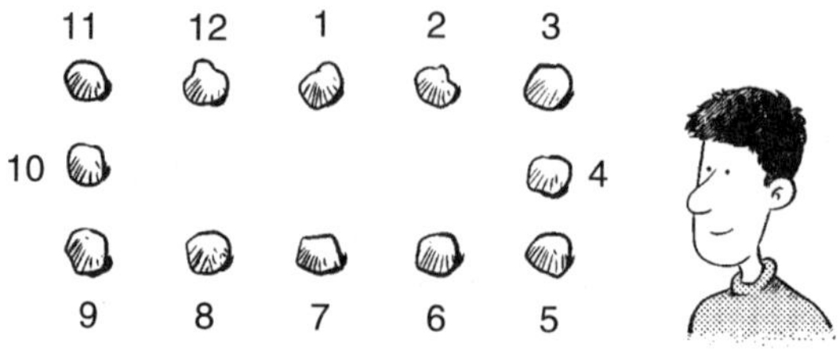

如果请你从 1 号石子处出发，按顺时针方向走 108 步；接着从那里按逆时针方向走 382 步；再以那里为起点，按顺时针方向走 411 步；再按逆时针方向走 529 步，问最后落在哪号石子处？

怎样计算呢？难道一块石子一块石子去数吗？不行！这要数 1430 次，真会数晕了！

不妨这样考虑：一共有 12 块石子，第一步是让你按顺时针方向走 108 步，显然要绕着长方形转上几圈，而圈数对解决这个问题不起什么作用。因此，应该把所转的整圈数除去。办法是用 12 去除前进的步数。

$108 \div 12 = 9$，余数是 0，说明从 1 号石子处出发，按顺时针方向转 9 圈又回到 1 号石子处；

$382 \div 12$，商 31 余 10，说明从 1 号石子处出发，按逆时针方向转了 31 圈又 10 步。31 圈不起作用，从 1 号石子处按逆时针方向走 10 步就到了 3 号石子处；

$411 \div 12$，商 34 余 3，说明从 3 号石子处出发，按顺时针方向转 34 圈又 3 步，到了 6 号石子处；

$529 \div 12$，商 44 余 1，说明从 6 号石子处出发，按逆时针方向转 44 圈又 1 步，到了 5 号石子处。这就是最后的结果。

这种方法比直接去数好多了，主要考虑的是前进方向和余数，对所转的圈数可以不计。

还有更好一点的解决办法吗？有。由于一共转了四次，也就是按顺时

针和逆时针方向各转了两次。首先把按相同方向前进的步数加起来:

按顺时针方向两次所走的步数: $108+411=519$;

按逆时针方向两次所走的步数: $382+529=911$.

然后用大数减去小数: $911-519=392$。也就是说,按逆时针方向所走的步数比按顺时针方向所走的步数多392步，相当于从1号石子处出发，按逆时针方向走了392步。$392\div12$得商32余8。32仍可不计。那么,从1号石子处按逆时针方向走8步,恰好落到5号石子处。

对同一个问题有不同的解法。从解决上面的问题中,不难发现哪个简捷,哪个繁杂。因此,在做数学题的时候,不要满足于"题做出来了",还要看一看所用的方法是不是最简捷的。留心探求简捷的解题方法是很重要的,它能使我们更深刻地理解概念,灵活地运用所学到的知识。

请你分析一道题:

"在一个边长为10厘米的正方形中,分别以各边中点为圆心,以各边长为直径向内做四个半圆,取圆周率$\pi=3.14$,问阴影部分面积是多少? "

一种方法是取正方形的$\frac{1}{4}$来考虑,正方形的$\frac{1}{4}$面积,是由$\frac{1}{4}$圆面积和S_1构成。

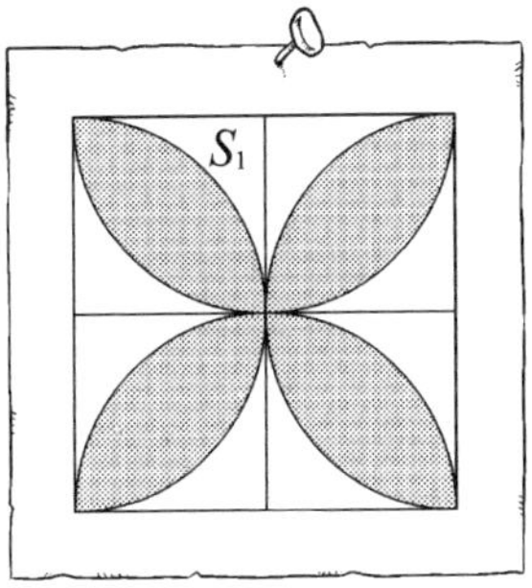

$\frac{1}{4}$正方形面积等于$10\times10\div4=25$(平方厘米),$\frac{1}{4}$圆面积等于$\pi\times5\times5\div4=19.625$(平方厘米),所以$S_1=25-19.625=5.375$(平方厘米)。又因为在$\frac{1}{4}$正方形中有两个$S_1$,$\frac{1}{4}$正方形中的阴影部分面积等于$\frac{1}{4}$正方形面积减去两个$S_1$面积,即

$5\times5-2\times5.375=14.25$(平方厘米).

整个正方形中阴影部分面积便是

$14.25\times4=57$(平方厘米).

另一种考虑方法：取正方形的一半，它的面积是由半个圆面积和两个S_1构成，因此

$$2S_1=\frac{1}{2}\text{正方形面积}-\frac{1}{2}\text{圆面积}$$
$$=\frac{1}{2}\times10\times10-\frac{1}{2}\times\pi\times5\times5$$
$$=10.75\text{（平方厘米）}.$$

阴影部分的面积等于正方形面积减去$2S_1$的4倍，即

$$10\times10-2S_1\times4=100-10.75\times4=57\text{（平方厘米）}.$$

比较一下两种计算方法，第二种方法比第一种好一些，好就好在计算比较简捷。可是，仔细一琢磨，这还不是最简捷的算法。下面再提出一种思考方法：

在图中画有4个半圆，这4个半圆不但把整个正方形全部覆盖住，还有重叠部分。这重叠部分恰好是阴影部分。因此，从四个半圆面积中减去正方形面积，就得到了阴影部分的面积：

$$(\pi\times5\times5\div2)\times4-10\times10=57\text{（平方厘米）}.$$

这是不是更简捷一些呢？

再来看一个例子：

某校有学生692人，每4人站一横排，各排相距1米向前行进。现知道每分钟走86米。问通过86米长的桥，从第一排踩上桥面到排尾离桥，需要几分钟？

一种考虑方法：先求出总共的横排数，即

$$692\div4=173\text{（排）}.$$

第一排过桥需要1分钟；

第二排需要$(86+1)\div86$分钟；

第三排过桥需要$(86+2)\div86$分钟；

依此类推，最后一排过桥需要

$(86+172)\div 86=258\div 86=3$ (分钟).

另一种方法:假设第一排已经走到桥边。这时最后一排离桥有多远呢? 因为各排相距 1 米,所以他们距离桥为 173 − 1 米。因此,过桥时间为:

$[(173-1)+86]\div 86=3$ (分钟).

综合算式为:

$[(692\div 4-1)+86]\div 86=3$ (分钟).

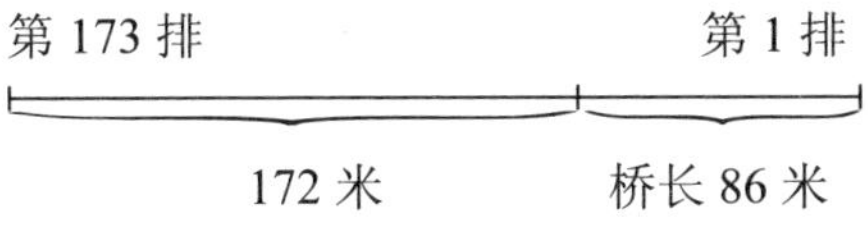

画个口袋装胡桃

——谈自己出题考自己

在一本俄罗斯儿童小说中,有这样一个故事:

维佳正在做一道数学题,题目是这样的:

一个男孩子和一个女孩子到果园去采胡桃。他们一共采了 120 个。女孩子采的比男孩子少一半。问男孩子和女孩子各采了多少个胡桃?

维佳把题看完了,止不住地笑。他想这个问题太简单了,120 应该用 2 除,得 60。也就是说女孩子采了 60 个。现在需要知道男孩子采了多少。120 个减 60 个,也是 60。不过这样不对,他俩采的一样多啦!

应该怎样做呢? 维佳又用 2 去除 60,得 30 个。这样男孩子采 60 个,女孩子采 30 个,女孩子采的正好是男孩子的一半。可是总数才 90 个,又不对!

维佳一连算了好几遍,还是算不出来。他实在没有办法,就在纸上画了一棵胡桃树,树上画了 120 个胡桃,树下画了一个男孩子和一个女孩子正在采胡桃。维佳给男孩子的上衣一边画一个口袋,又在女孩子的裙子上画一个口袋。画到这里,维佳忽然间眼睛一亮,120 个胡桃装在 3 个口袋里，男孩子两个口袋，女孩子一个口袋，总共3个口袋。啊！应该把120个胡桃分成3份！女孩子1份，男孩子2份。这个问题到这里才算彻底明白了。

维佳是怎样把这道题做出来的呢？他是不断地给自己提出问题，把自己"考"明白的。

从这个故事里，我们得到了一个启发：

平时在做题的时候，要学会自己给自己出题，这不仅能学好数学，还能培养自己分析问题和解决问题的能力，掌握一种好的思考方法。下面以"比的应用题"为例，具体谈谈如何自己考自己。

"甲、乙两数的和是5，甲数和乙数的比是1∶3，求甲、乙两数。"

这大概算是最简单的问题了。如果把5分成1+3=4等份，甲占其中的1份，乙占其中的3份。那么，

甲数是 $5\times\frac{1}{1+3}=\frac{5}{4}$，乙数是 $5\times\frac{3}{1+3}=\frac{15}{4}$.

做完上面这道题，应该给自己提出一个问题："如果知道甲数和乙数的比是1∶3，又知道甲数是5，如何求乙数？"这个问题也不难，由于乙数是甲数的3倍，甲数是5，乙数必然是15。

你再继续问自己："知道甲数和乙数的比是1∶3，又知道乙数比甲数多6，如何求甲数和乙数？"甲占一份，乙就占三份，乙比甲多两份，一份就是3。这样甲数是3，乙数是9。

你再接着问自己："两个数的比会做了，三个数、四个数以及更多的数的比会不会做呢？"不妨随意编一道题：

“已知甲、乙、丙三个数的和是10，甲、乙、丙三个数的比是1∶2∶3，求这三个数。”

这个问题和第一个问题是一样的，计算方法也相同，自然是会做的。这个问题可以有些变化吗？可以。比如：“已知甲、乙、丙三个数的和是10，甲与乙的比是5∶4，丙与乙的比是2∶6，求这三个数。”这个问题与前一个问题有些不同。如果能把两两的比变成三个数的连比，不就会解了吗？究竟从哪入手呢？仔细一想，不难看出起决定作用的是乙。先求出乙在两个比中所占份数的最小公倍数。由于4和6的最小公倍数是12，因此有甲∶乙=5∶4=15∶12，丙∶乙=2∶6=4∶12，这样甲∶乙∶丙=15∶12∶4。往下的问题就不难解决了。

几个数的比，会不会换一种样子出现呢？请看下面的一个问题，比如：

“学校买了一批电影票，决定分给三个班，并按人数分配。甲班有36人，乙班有32人，丙班有28人，已知分给甲班的票数比分给乙、丙两班的票数的和少12张，问学校共买多少张票？”

由于题目中说的是“按人数分配”，而不是每人一张，所以是个比例问题。可是，题目没有直接给出比来，只给了三个班的人数。这三个班人数的比为甲∶乙∶丙=36∶32∶28=9∶8∶7。由$8+7-9=6$，$12\div 6=2$，得$2\times(9+8+7)=48$，知全校买了48张票。类似的题目还有很多。

自己考自己，就是把同类问题放在一起分析。经常动脑分析比较，脑筋就会越来越灵活了。

好提怪问题的爷爷

——谈学会思考和追问

爷爷总爱提些怪问题考小毅。回答爷爷的问题可不容易了，要动脑动手，还要经得起追问。

（一）一个西瓜大家分

有一回爸爸买回一个大西瓜，妈妈出差没在家。小毅拿出刀刚要切西瓜，爷爷开口了："你怎样切这个西瓜？"

"我把它切成相等的三块，每人一块。"

爷爷问："每人分得这个西瓜的几分之几呀？"

小毅答："每人分$\frac{1}{3}$呀！"

"不这样分，我让你分成不相等的三块，你会分吗？"

小毅想了一下说："会分，我把它切成这样的三块，您分$\frac{2}{5}$，爸爸也分$\frac{2}{5}$，我分$\frac{1}{5}$。"

爷爷说："你这种分法是分母相同，都是5，我让你分成不相等的三块，要求三个分数的分子都是1，分母都不相同，你会分吗？"

小毅拍着脑袋想了一会儿说："有了，把西瓜切成这样不相等的三块：给您半个西瓜，就是$\frac{1}{2}$；给爸爸$\frac{1}{3}$个西瓜；我分一块，就是$\frac{1}{6}$。"

"好！"爷爷接着又问，"如果你妈妈在家，要你把西瓜切成不相等的四块。我还要求这四个分数的分子都是1，分母不相同，你怎样分？"

"这个……"小毅想了一会儿，想出了答案，可是他没敢马上说。因为爷爷还会问，姑姑来了分五份怎样分？叔叔来了分六份怎样分？得想个办法，找出规律才行，不能靠瞎碰数。

小毅终于找到了规律。你愿意也找一找吗？

（二）小羊吃草

小毅画了一张画，是一只小羊在绿茵茵的草地上吃草。他拿着画给爷爷看。

爷爷笑眯眯地说："根据你画的画，我问你一个问题：在直径40米的圆形牧场上，圆心处竖立一根木棒。用一根10米长的绳子，一头拴在木棒上，一头拴住小羊。那么,羊能够吃草的地方占牧场面积的几分之几?”

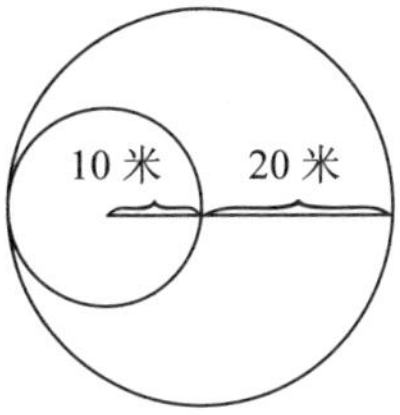

小毅笑着说:“这么简单的问题啊!牧场的面积为$\pi \times 20 \times 20 = 400 \times \pi$,羊吃草的地方也是圆形的,面积为$\pi \times 10 \times 10 = 100\pi$,它占牧场面积的$\frac{1}{4}$呗!”

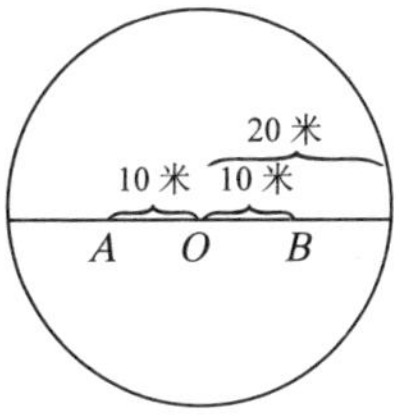

爷爷点点头又问:“如果把木棒竖在距离圆心 10 米远的地方呢?”

小毅先画了个图,看了看图说:“还是占$\frac{1}{4}$呀,只不过把小圆移了个地方。”

“对!”爷爷也画了个图,标出字母和数字。爷爷问:“还是那个圆形牧场。在圆心O的左右 10 米的A、B处各竖立一根木棒,木棒上都钉着一个铁环。有一根 30 米长的绳子,穿过两个铁环,两头各拴一只小羊。你说两只小羊能够吃到草的地方占牧场的几分之几呢?”

小毅吃惊地问:“哎呀!这绳长还可以变化哪!”

爷爷笑着说:“那才有意思啊!”

“这……”小毅思索着答案。

(三)叠纸盒

爷爷拿出一个废纸盒,把纸盒拆开说:“如果不算粘贴用的小边,这个立方体小盒,是由六个连在一起的正方形组成的,对吧?”小毅点点头。

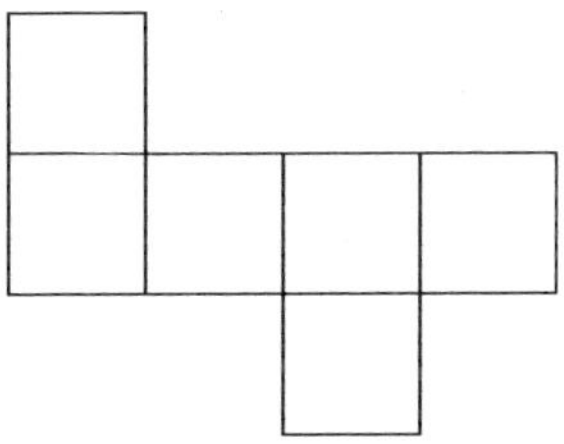

爷爷问:“这六个正方形是不是不管怎样排列,都能折叠出一个纸盒呢?”

“不成,如果六个正方形连成一条线,就折叠不成纸盒了。”

“你画一画,把能折叠成纸盒的图都画出来。”

小毅很快画出了3个图,说:“爷爷,加上刚才纸盒拆开时的图形,一共有4种。”

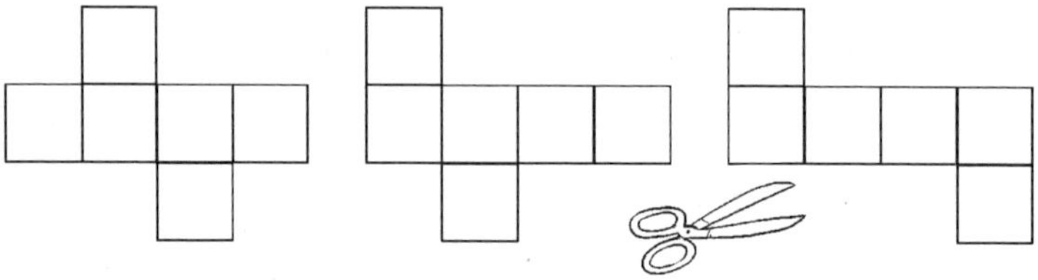

爷爷看着小毅画的3个图,点点头说:“你画得都对。不过,能折叠成纸盒的图形可不止4种,而是11种。”

“11种?”小毅又画又折,好一阵才算凑齐了。

(四)取杏核

爷爷买来好多大白杏,真好吃!爷爷把杏核拣出来一些,洗了洗,分成数目相等的两堆。

爷爷说:“小毅,咱俩玩一次取杏核游戏吧。每次取一个杏核,从哪一堆里取都行。谁拿到最后一个杏核,谁就算胜了。你先取吧!”

“行!”小毅随便从一堆里取一个杏核,爷爷从另一堆里取了一个。就这样你一个我一个,最后一个被爷爷取到了。小毅不服气,又和爷爷玩了两次,每次还是小毅先取,结果爷爷都胜了。

“噢!先取就输。”小毅对爷爷说,“这次您先取。”

爷爷笑着说:“可以。我先吃个杏,再玩。”爷爷吃完杏,顺手把杏核放到一堆里,然后取了一个杏核。小毅从另一堆取了一个杏核,爷孙俩你一个我一个拿了起来。谁想到这次又是爷爷取得了最后一个。

小毅问:“爷爷,你这里面搞什么把戏呀?”

爷爷笑了笑说:“一开始我把杏核分成相等的两堆,那么这两堆合在一起，杏核数是奇数呢？还是偶数？”

“偶数呀！”

“偶数能被2整除，所以谁后取谁胜利。”

小毅这才明白，原来爷爷先取的时候，又多放了一个杏核，这使总数变成奇数，当然谁先取谁胜。

爷爷又问：“还是数目相等的两堆杏核，如果让先取者在一堆里取一个，同时在另一堆里取两个，那么后取者怎样取才能获胜？”

这个问题小毅还要想想再说，不然爷爷又会问，这堆取两个，同时另一堆取三个的时候怎么办？

（五）买西瓜

小毅跟爷爷去买西瓜。在一个西瓜摊前，售货员说，买一个大西瓜要两元，买三个小的也是两元。

爷爷问小毅：“你说买一个大的好呢，还是买三个小的好呢？”

“我先量量它们的直径再说。”小毅掏出尺子量了一下说，“大西瓜直径8寸，三个小一点的西瓜的直径都是5寸，我说买这三个小西瓜合算。”

“为什么？”

小毅用手摸了摸脑袋说：“大西瓜直径比小西瓜直径长不了多少，可小西瓜多呀。”

爷爷笑着说：“光看个数多不行，你用球体积公式算算看。”

“好吧。”小毅开始心算，“球体积为 $\frac{4}{3}\pi R^3$，或 $\frac{1}{6}\pi D^3$。R是半径，D是直径。怎么算省事呀？”

爷爷说：“你求它们体积的比，可以省去用$\frac{1}{6}$和π乘了。”

“对！”小毅边算边说，“大西瓜体积比上三个小西瓜体积之和是 $8\times8\times8:3\times5\times5\times5=512:375$。哎呀！买这三个小西瓜吃亏多了！”

售货员说:“我再给你一个小西瓜,一共四个怎么样?”

小毅说:“四个? $512:4\times5\times5\times5=512:500$,嗯,这还差不多。”

爷爷说:“还应该买大的。”

小毅说:“这回大的和四个小的体积差不了多少了!”

爷爷摇摇头说:“我不是指体积。”

“不指体积,又是指什么?”小毅捉摸不透。

本节的答案

(一)一个西瓜大家分

利用公式 $\frac{1}{b}=\frac{1}{b+1}+\frac{1}{b(b+1)}$ 可以把切得的西瓜块数逐渐加多。比如 $1=\frac{1}{2}+\frac{1}{3}+\frac{1}{6}$,如果把$\frac{1}{3}$块再分成两块,可以把3代入公式中的$b$,得

$$\frac{1}{3}=\frac{1}{3+1}+\frac{1}{3\times(3+1)}=\frac{1}{4}+\frac{1}{12}.$$

因此,$1=\frac{1}{2}+\frac{1}{4}+\frac{1}{12}+\frac{1}{6}.$

(二)小羊吃草

占牧场面积的$\frac{1}{2}$。实际上,每只羊吃草的最大范围还是以10米为半径的圆,因此,两个小圆合起来的面积是牧场面积的$\frac{1}{2}$。

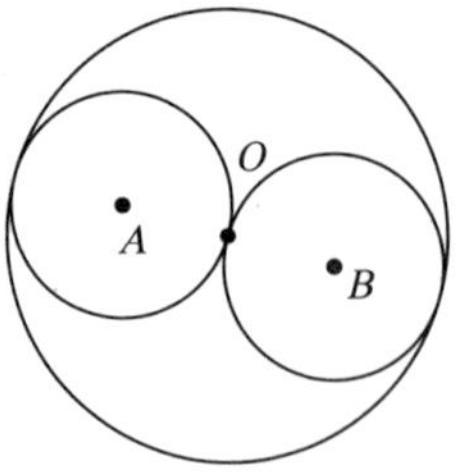

（三）叠纸盒

还有以下 7 种：

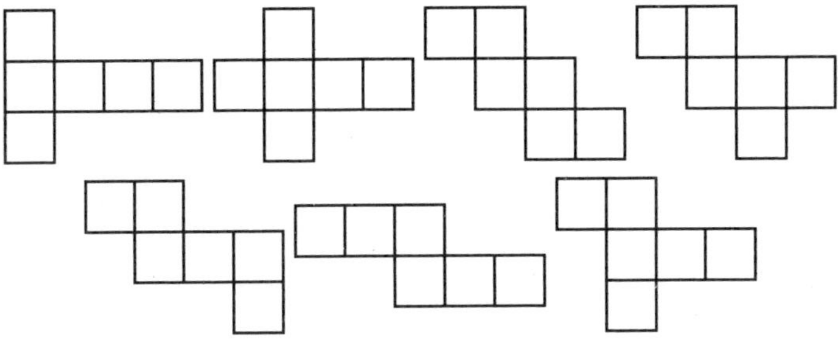

（四）取杏核

后取者要根据这个原则：自己取完之后，两堆数目保持相等。

（五）买西瓜

根据球的表面积公式πD^2，可知四个小西瓜合在一起的瓜皮，几乎比大西瓜的瓜皮多一倍。因此买大西瓜合算。

4. 数学 ABC

能被 2,3,5,7,9,11,13 整除的数

事先能知道一个数能不能被另一个数整除，是很重要的，它能使我们少走许多冤枉路。下面给出能被 2,3,5,7,9,11,13 这七个整数整除的规律。

(1) 一个数能不能被 2,5 整除，要看这个数的末位数字能不能被 2,5 整除。

末位数是偶数的数，一定能被 2 整除；末位数是 0 或 5 的数，一定能被 5 整除。

(2) 一个数能不能被 3 整除，要看这个数的各位数字之和能不能被 3 整除。

比如 372 的各位数字之和为 $3+7+2=12$，12 能够被 3 整除，因此 372 可以被 3 整除。

这种做法的道理是什么呢？因为

$$\begin{aligned}372&=300+70+2\\&=3\times100+7\times10+2\end{aligned}$$

$=3\times(99+1)+7\times(9+1)+2$

$=3\times99+3+7\times9+7+2$

$=(3\times99+7\times9)+(3+7+2)$

$=9\times(3\times11+7)+(3+7+2).$

容易看出第一部分 $9\times(3\times11+7)$ 肯定能被 3 整除，只要第二部分 $(3+7+2)$ 能被 3 整除，该数就可以被 3 整除了。因为 $3+7+2=12$ 可以被 3 整除，所以 372 能被 3 整除。

(3) 一个数能不能被 9 整除，要看这个数的各位数字之和能不能被 9 整除。

(4) 一个数能不能被 7，11，13 整除，要看末三位数字所表示的数与末三位以前的数字所表示的数，它们的差能不能被 7，11，13 整除。

比如 16807 的末三位数字所表示的数是 807，末三位以前的数字所表示的数是 16，它们的差（谁大谁当被减数）$807-16=791$，791 可以被 7 整除，因此 16807 可以被 7 整除。

这又是什么道理呢？

因为 $7\times11\times13=1001$，用 1001 乘任何三位数所得之积，都等于将这个三位数的三个数字，再重复一次所得到的六位数。

比如：$807\times1001=807807$，

$101\times1001=101101$，

$999\times1001=999999.$

这些乘积都含有 7，11，13 的因数，它们都能被 7，11，13 整除。

对于 16807 来说，将末三位数字所表示的数 807 乘以 1001，并求这个积与 16807 的差：

$$807\times1001-16807=\boxed{807}\;807-\boxed{16}\;807=\boxed{791}\;000,$$

亦即　$16807=807807-791000$。右端的 807807 肯定能被 7 整除，只要 791 能被 7 整除，整个右端就可以被 7 整除，因而左端的 16807 也就可以被 7 整除。这里的 791 就是 807 与 16 的差。

如果数字太长了,可以连续几次地使用这个方法。比如判断 259867432 能不能被 11 整除。末三位数字所表示的数是 432,末三位以前的数字所表示的数为 259867。求差:

259867 − 432 = 259435.

差是六位数，判断它能不能被 11 整除有困难。我们对差再用一次这种判定方法。

对于 259435 再求差 435 − 259 = 176。由于 176 可以被 11 整除，因此 259435 能被 11 整除。再往前推一步,259867432 也能被 11 整除。

判断一个数能不能被 11 整除,还有一种方法:先求出这个数奇位上的数字之和与偶位上的数字之和,然后再求出这两个和之差,看看这个差能不能被 11 整除。比如 87846,奇位上数字之和是 8+8+6=22,偶位上数字之和是 7+4=11。其差 22 − 11=11 能被 11 整除,所以 87846 能被 11 整除。

使人发狂的运算

什么运算能使人发狂?

乘法！简单的乘法会使人发狂吗?

前面我们介绍过罗马数字。罗马数字用Ⅰ,Ⅴ,Ⅹ,L,C,D,M分别表示1,5,10,50,100,500,1000。罗马数字记数用的不是位置记数法,而是符号累积,比如3888用罗马数字记是:

M M M D C C C L Ⅹ Ⅹ Ⅹ Ⅴ Ⅲ.

这种笨拙的记数法在12世纪以前盛行于欧洲,有的国家直到16世纪还在使用。

用罗马数字进行乘法运算是相当困难的。比如做乘法235×4,235写成C C Ⅹ Ⅹ Ⅹ Ⅴ,4写成Ⅳ,第一步将C C,Ⅹ Ⅹ Ⅹ,Ⅴ分别重复写4遍:

C C　　C C　　C C　　C C

Ⅹ Ⅹ Ⅹ　　Ⅹ Ⅹ Ⅹ　　Ⅹ Ⅹ Ⅹ　　Ⅹ Ⅹ Ⅹ

Ⅴ　　Ⅴ　　Ⅴ　　Ⅴ

第一行共有8个C,将其中5个C缩写成D(500),第二行的10个Ⅹ缩写成C(100),第三行缩写成Ⅹ Ⅹ(20),缩写后写成:

D　C　C　C

C　Ⅹ　Ⅹ

Ⅹ　Ⅹ

再进一步合并,得到乘积是C M Ⅹ L(其中C M是900,Ⅹ L是40),即940。

上面做的仅仅是一位数乘法。如果是多位数乘多位数,计算的繁难程度可想而知。

中世纪的欧洲人厌恶这种烦琐的计算,有人写了一首诗(见右图)。

诗中提到的"黄金律",是已知一个比例式的三项,求第四项的方法,既要用乘法,又要用除法。

乘法计算后来又出现了一种所谓"格子算法"。我国明代学者吴敬所著的《九章算法比类大全》和程大位的《算法统宗》中,都讲述了这种算法。

吴敬生活在当时商业发达的钱塘(现在的杭州市)，是钱塘一带著名的数学家。许多官吏请他解决各种数学问题。他用了10年时间整理完成了十卷本的《九章算法比类大全》。该书有一种“写算”乘法，是以前我国数学书中从未见过的乘法。

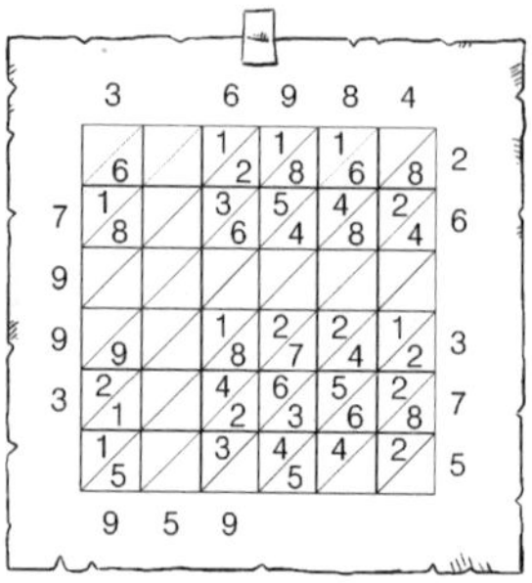

先画一些方格，格的多少根据数字位数的多少来确定。选择一个方向画上每个方格的一条对角线。将被乘数横写在方格的上面，乘数写在方格的右侧，遇0空位。

拿右侧的最上面的数依次乘方格上面的被乘数，乘积按十位数与个位数填写在对应的方格对角线上下，再按对角线斜行相加，从右下角加起。例如 306984 × 260375 = 79930959000，将306984写在方格上面，260375写于方格右侧，最后乘积为79930959000。

在《算法统宗》里也有类似的算法，程大位给它起了一个很好听的名字，叫“铺地锦”，并编成歌，其中的两句是：

“写算铺地锦为奇，不用算盘数可知。

照式画图代乘法，厘毫丝忽不须疑。”

九九表和九九歌

做乘法首先要会背九九表。九九表是何时开始使用的呢？

九九表在我国古代叫九九歌。关于它有这样一个故事：传说春秋时期，齐桓公曾经设立招贤馆征求天下人才。可是等了很久，一直没有人来应征。过了一年多，才来了一个人，他把“九九歌”献给齐桓公，作为表示才学的献礼。齐桓公觉得此人十分可笑，就对这个人说：“九九歌也能拿出来表示才学吗？”

来人很有礼貌地回答说：“会九九歌确实够不上什么才学，但是如果您对我这个只懂得九九歌的人都能以礼相待的话，还怕天下高明人才不投奔到您这儿来吗？”

齐桓公觉得此人说得有理，就把他迎进招贤馆，并给予隆重的招待。这个消息不胫而走，果然，不到一个月的时间，就有许多贤才从四面八方来到了齐国。

这个故事说明，九九歌的出现不会晚于春秋战国时期，在那时九九歌已经广为流传了。最早的九九歌是大数排在前面的，从“九九八十一”开始到“二二而四”止。到《孙子算经》已经扩充至“一一如一”，这大约是公元 5 至 10 世纪的事了。大约在 13—14 世纪的宋朝，九九歌的顺序才反转过来，变成和现代所使用的一样，由“一一得一”开始，至“九九八十一”结束。

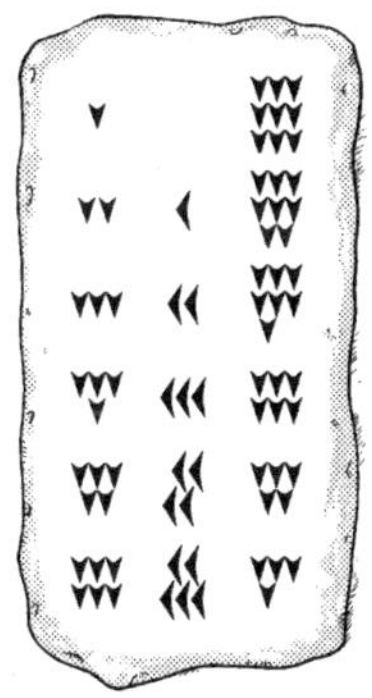

从 3000 多年前古巴比伦人刻写的泥板上，发现了右图。这显然是一个九九表，从“一九得九”开始，接下去是“二九十八”、“三九二十七”、“四九三十六”，最后是“六九五十四”。可见古巴比伦人也知道九九表。

珠算一代宗师

“珠算”一词，最早见于东汉徐岳写的《数术记遗》一书(约 2 世纪)，但许多学者认为此书是北周一位名叫甄鸾的人依托伪造而自己注释的。《数术记遗》中记载了 14 种古代算法，提到的计算工具有 13 种之多，而用算珠的就有“太一算”、“两仪算”、“三才算”“九宫算”和“珠算”5 种。据甄鸾的注释，“珠算”把木板刻为 3 部分，上、下两部分是停珠用的，中间一部分是作定位用的；每位各有 5 颗可以移动的算珠，上面一颗珠与下面 4 颗珠用不同的颜色来区别；上面的一颗珠相当于 5 个单位，下面的 4 颗珠每一颗相当于 1 个单位。由此可见，当时的珠算与现今通行的珠算有所不同，但它已具备了现代珠算的雏形。

我国最早的珠算术没有流传下来。据明代数学家程大位在《算法统宗》(1592) 中记载，从 1078 年到 1162 年间，就有《盘珠集》《走盘集》《通微集》和《通杭集》4 部著作与珠算有关，可惜它们一本都没有存留下来。元代刘因在他的《静修先生文集》(1297) 中有一首题为《算盘》的五言绝句。元末陶宗仪在《南村辍耕录》(1366) 一书中，用俗语形容婢仆侍不勤像“算盘珠”那样，“拨之则动”。在《元曲选》中，有“去那算盘里拨了我的岁数”一句唱词。现存最早载有算盘图的书是明洪武四年 (1371 年) 新刻的《魁本对相四言杂字》。因此可以认为，我国珠算盘在元末明初已经定型，并普遍使用了。

算盘的结构也有很大学问。在十进位制数，任何一个数位上的数字都不大于 9，一般说来，每一位上应该有 9 个算珠。筹算的表示方法启发了数学家，6 可以写成⊤，7 可以写成π，也就是说同样是一根算筹，竖放表示 1，而横放则表示 5。依照筹算的摆法，用一根横梁把算盘分成上、下两部分。上面一个珠表示 5，下面一个珠表示 1。这样一来，每一档上边有 1 珠，下面有 4 珠，就能够表示任何一个数位上的数字了。

在做多位数乘、除演算过程中，有时候有某一位的数字大于 9 而不便进入左边一位的情况，在筹算中可以用 2 个 5 来表示，如 14 摆成 $\overline{\overline{||||}}$。为了使用方便，仿照筹算在算盘上边放了 2 个珠，下面放了 5 个珠。这样，每一档就由最大表示 9，扩展到最大表示 15，对于做一般的乘除运算就没有困难了。日本的算盘横梁上只放 1 个珠，在做多位数乘法时，有许多的不方便。所以，经过上千年的演变，确定了中国算盘的现在式样：用横梁把每一档分成上、下两部分，上两珠下五珠。

中国珠算的算法主要是口诀。明代以来，珠算逐渐取代了筹算，珠算算法及口诀也逐渐趋于完善。在这种变化的过程中，贡献最大的是明代数学家程大位 (1533—1606)。

程大位是安徽休宁人，少年时期就极爱读书，对书法和数学很感兴趣，一生没有做过官。20 岁起，他便在长江中下游一带经商。因商业计算的需要，他非常留心数学，遍访名师，搜集很多数学书籍，刻苦钻研，并把心得随时记录下来。约 40 岁时，他弃商回家，专心研究珠算。他参考各家学说，加上自己的见解，于 60 岁时完成其杰作《直指算法统宗》（简称《算法统宗》）。

《算法统宗》全书共 17 卷，万历二十年（1592 年）刻印。书中把各种算法都编写成口诀形式，便于人们学习和使用；内收 595 道数学应用题，全用珠算进行解答。该书流传极为广泛和长久，不仅对中国民间普及珠算起了很大的作用，而且于明朝末年传入朝鲜、日本及东南亚各地，对这些地方珠算术的传播和发展，也起到了极大的促进作用。人们把程大位誉为“珠算一代宗师”。

神算程大位

程大位因善于计算而闻名，在民间流传着许多关于他的有趣故事。

明代万历年间，徽州休宁县城有一家银匠铺。张秀才拿了几件金钏来到银匠铺，要用这几件金钏改制几件其他金器，恰好李秀才也拿了几件金钗来加工改制。张秀才和李秀才认识，两人把金钏、金钗都放在柜台上，然后就吟诗答对，高谈阔论。

小银匠将金钏、金钗分别过秤，向两位秀才说：“金钏九成二两，金钗七色相同。”意思是金钏重二两，含纯金 90%；金钗也是重二两，含纯金 70%。

小银匠听这两位秀才摇头晃脑说得十分有趣，一时听走了神，把张秀才的金钏和李秀才的金钗放在一起给销熔了。

张秀才大怒，他指着小银匠的鼻子叫道：“我的金钏是九成金，你现在熔成为四两八成金，你要把这四两金子都赔偿给我！”

李秀才一把揪住小银匠的衣领说:“我也不多要,你把我的金钗还我!如果你交不出来,我要把你送交县衙门,治你的罪!”

小银匠知道自己办错了事,苦苦哀求两位秀才息怒,他答应把两位秀才的金子分出来。可是分来分去,总是分不清楚。正在危难之际,从看热闹的人群中挤出一个人来。来人对小银匠说:“你不要为难,我已经给你分出来了。”

张秀才、李秀才本想乘机敲诈一下小银匠,没想到半路杀出来个“程咬金”。两位秀才打量来人,见他身材矮小,身着布衣,年纪约五十来岁。

张秀才一指来人,问:“你有什么能耐,敢吹如此大牛?”

小银匠一见来人,立即跪拜在地:“多谢神算相救!”

来人不是别人,正是远近闻名的神算程大位。程大位对小银匠说:“分张秀才八成色金二两二钱五分,分李秀才八成色金一两七钱五分。”

张秀才急说:“分得不对,我分少了!”

李秀才忙说:“我分得更少!”

程大位不慌不忙,从怀中取出算盘,然后边说边打算盘:“张秀才,原来你有九成色金二两,内含纯金 $2\times0.9=1.8$(两)。现还你八成色金二两二钱五分,内含纯金 $2.25\times0.8=1.8$(两)。一分金子也没有少给你!”

张秀才忙点头:“是,是。”

转身又对李秀才说:“原来你有七成色金二两,内含纯金 $2\times0.7=1.4$(两)。现还你八成色金一两七钱五分,内含纯金 $1.75\times0.8=1.4$(两)。少不少?”

李秀才点头:“不少,不少。”

两位秀才各自拿了金子离去,小银匠对程大位千恩万谢。

休宁县的县太爷听说程大位善算,忙派衙役把程大位请到了城外南河上游。原来这位县太爷是个清官,他要为百姓办件好事,将南河上游之水改道,灌溉下游千余亩田地。为此,县官向本城的大财主、大商人摊派了15000个工的钱和粮。当县官将这笔钱粮交给师爷承办时,师爷却说至少要20000个工的钱和粮。当时休宁县连年干旱,赋税又重,百姓叫苦连天。

此时再增加 5000 个工的钱和粮，实在是难以做到。

县太爷请程大位来，是想请程大位对开掘改道的工程重新丈量计算，看看这 15000 个工的钱和粮究竟够不够。

在丈量过程中，师爷随时不离程大位左右，小声告诉程大位，如按 20000 个工来承包，多出来的钱愿与程大位平分。程大位假装听不懂，不去理师爷，认真丈量。

根据丈量的结果，程大位掏出了算盘。只听算盘珠“噼啪”响过一阵后，程大位说：“县太爷，据我测算开掘这段河道，只需 14194 个工。”

师爷不服，他对程大位说：“你一定是偷工减料了！否则，不会少用这么多工。”

程大位平静地问：“你对这段河道情况熟悉吗？”

师爷一拍胸脯说：“当然熟悉！”

程大位说：“我问你几个问题。”

师爷把嘴一撇说：“有问必有答，你难不倒我！”

“河长？”

“7550 尺。”

“上宽？”

“54 尺。”

“下宽？”

“40 尺。”

“河深？”

“12 尺。”

“每个工一日可开多少尺？”

“300 立方尺。”

“请师爷给算一下。”说完程大位把算盘递给师爷。

师爷也不含糊，接过算盘边说边算：“河道是个梯形，其面积是上底加下底乘高除以 2，也就是 $(54+40)\times 12\div 2=564$，河道总工作量是 564

$\times 7550 = 4258200$，所需工是

$4258200 \div 300 = 14194$。”

算盘珠“噼啪”响过，师爷也傻了眼。

师爷没话可说，只得怏怏而退。县太爷大喜，立即聘请程大位为开河总管，完成了这件好事。

程大位智斗日本商人

明代安徽休宁县是个商埠，不少外国商人也到休宁经商。

日本商人毛利在我国江南一带经商，到休宁时听说此地有个神算程大位。毛利慕名将程大位请到酒馆，两人分宾主坐定。

毛利说：“久闻程先生为江南第一神算，我要多向先生讨教。”

程大位说：“不敢，不敢，在下才疏学浅。”

毛利眼珠一转，吟诗一首：

肆中听得语盈盈，薄酒名醨厚酒醇。
好酒一瓶醉三客，薄酒三瓶醉一人。
共同饮了一十九，三十三客醉醺醺。
试问高明能算士，几多醨酒几多醇？

程大位立刻答道：“醨酒九瓶，醇酒十瓶也！”

毛利倒吸一口凉气，心想，程大位人称神算，果然名不虚传。不过，他不甘心。

毛利问：“先生这个答数是怎样算出来的？”

程大位微微一笑说：“我先设醨酒有天瓶（我国古代不用x、y来表示未知数，而是用天、地来表示未知数）。那么醇酒就有（19－天）瓶。‘好酒一瓶醉三客’，醇酒醉倒了3（19－天）人；‘薄酒三瓶醉一人，’醨酒醉倒了$\frac{天}{3}$

人。‘共同饮了一十九，三十三客醉醺醺。’可列方程

$$3(19-天)+\frac{天}{3}=33,$$
$$9(19-天)+天=99,$$
$$8天=72,$$
$$天=9(瓶).$$

醨酒9瓶醉倒3人，醇酒19－9＝10(瓶)醉倒30人，一共醉倒33人。”

毛利点了点头，此时门外有两个小贩在卖水果。毛利眼珠又一转，吟诗一首：

九百九十九文钱，甜果苦果买一千，
甜果九个钱十一，苦果七个四文钱，
试问甜苦果几个，又问各该几个钱？

程大位不慌不忙从口袋里掏出算盘，拨动几下算珠，答道：

甜果六百五十七个，该钱八百零三文。
苦果三百四十三个，该钱一百九十六文。

毛利听罢，暗暗称奇。他又问：“先生又是如何算得？”

程大位答：“‘甜果九个钱十一’，每个甜果$\frac{11}{9}$文；‘苦果七个四文钱’，每个苦果$\frac{4}{7}$文。我设甜果有天个，苦果必有(100－天)个。由‘九百九十九文钱，甜果苦果买一千’可列出方程

$$\frac{11}{9}天+\frac{4}{7}(1000-天)=999,$$
$$77天+36000-36天=62937,$$
$$41天=26937,$$
$$天=657(个).$$

而1000－657＝343(个)。这就是‘甜果六百五十七个’，‘苦果三百四十三个’。有了果数，又知每果值多少钱，每种果花多少钱就极易算啦！”

“佩服，佩服！”毛利虽然嘴说佩服，眼睛却四处乱看，他看到墙上有张壁面，画的是一列盐船，首尾相接，一道难题又在毛利脑中酿成，他吟道：

四千三百五十盐，大小船只要齐肩，
五百盐装三大只，三百盐装四小船，
请问船只多少数，每只船载几多盐？

程大位手拨算盘“噼啪”响，瞬间答道：

大船一十八只，装盐三千，
小船一十八只，装盐一千三百五十。

毛利“呼”地一下站了起来说：“先生讲明算法！”

程大位晃了晃算盘说：“此题更加容易。‘大小船只要齐肩’意思是大船和小船的只数一样多。每只大船装盐$\frac{500}{3}$，每只小船装盐$\frac{300}{4}$，可求出大船只数：

$$4350 \div \left(\frac{500}{3}+\frac{300}{4}\right)$$
$$=522 \div 29$$
$$=18\ (只).$$

小船也是18只。

大船装盐 $\frac{500}{3} \times 18 = 3000$，

小船装盐 $\frac{300}{4} \times 18 = 1350$.”

毛利听完，万分钦佩，重整杯盏，请程大位坐在上首，倒地便拜，口称老师。他向程大位请教算术和珠算的学问，同时也了解了程大位自学成才的艰难历程。

程大位将自己关于珠算的专著《算法统宗》共17卷赠予毛利，毛利如获至宝，阅罢对程大位佩服得五体投地，他没料到中国民间竟有如此能人。后来，他把《算法统宗》翻译成日文，明末传入日本，18世纪又传入越南和欧洲。

长度单位的由来

我国已经统一使用米制作为长度单位。人类为了找到一个适用的长度单位，费了不少周折。

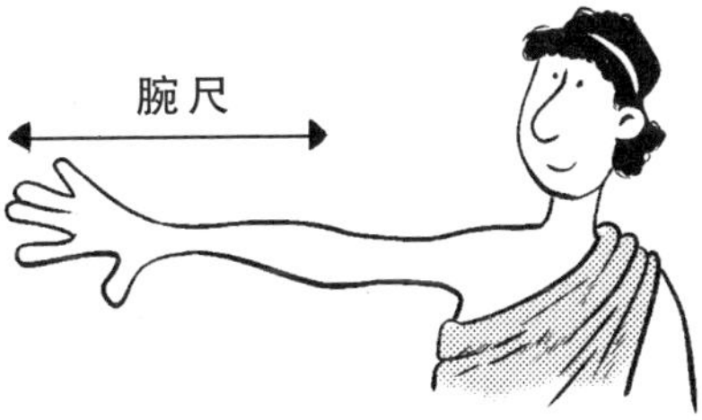

人们很早就想寻找一种可靠的、不变的尺度，作为量度距离的统一标准。最初是以人体作为标准。从3000多年前古埃及的纸草书中，发现了人前臂的图形。用人的前臂作为长度单位叫“腕尺”。著名的胡夫大金字塔，塔高约150米，就是按古埃及王胡夫的前臂作为腕尺建造的，塔高为320腕尺。

考古学家发现一块公元前6世纪的古希腊大理石饰板，图案是一个人向两侧伸展手臂，两个中指尖的距离定为长度单位1“哷”。

“哩”的原词是“thousand”，意思是1000步的距离。古罗马恺撒大帝时代规定，把罗马士兵行军时的1000双步定为1“哩”。

公元 9 世纪撒克逊王朝亨利一世规定，他的手臂向前平伸，从鼻尖到指尖之间的距离定为1“码”。

“呎”的原词是“足”的意思。公元8世纪末，古罗马帝国的查理曼大帝把他的一只脚长定为 1 呎。呎作为长度单位传入英国后，英国人对呎又重新作了规定，从麦穗中取出 36 粒较大的麦粒，将它们头尾相接直线排列的长度定为 1 呎。呎传到德国后，德国人把走出教堂的 16 名男子，各出左脚，前后相接，取总长度的$\frac{1}{16}$作为 1“呎”。

10 世纪英国国王埃德加，把他的拇指关节之间的长度定为 1“吋”。

相传我国古代大禹治水时，曾用自己的身体长度作为长度标准，进行治水工程的测量。唐太宗李世民规定，以他的双步，也就是左右脚各走一步作为长度单位，叫作“步”，并规定一步为五尺，三百步为一里。后来又规定把人手中指的当中一节定为 1“寸”。

到了 18 世纪，人们开始感到这种用人体作为长度标准缺点很多。由于人的高矮不同，造成长度单位也不同，非常混乱。比如，同样是腕尺，最早的腕尺大约长 46 厘米，后来古埃及国王米尼兹为了表现他的尊贵，把腕尺加长了 14%。

人们迫切希望找到一种长度固定不变的度量单位，终于想起了地球。当时认为地球的大小和形状不会变化，如果用地球上的一段距离作为长度单位，就可以得到固定不变的度量单位。

我国清朝的康熙皇帝，于 1709 年到 1710 年在东北地区进行大规模的大地测量。由于当时的长度单位不统一，康熙皇帝规定取地球子午线 1 度为 200 里，每里为 1800 尺。

1789 年，法国政府委托法国科学院制定长度标准。法国科学院的著名数学家达朗贝尔和皮埃尔 · 梅香主持这项工作。他们从加莱海峡开始，经过巴黎，越过比利牛斯山，一直到地中海的福尔门特拉岛，进行实地测量，得出 1 米等于 0.513074 督亚士（法国古尺）。米尺采用十进制，长度固定，使用方便，因此很快得到别的国家承认。

1875年，17个国家的外交代表在法国巴黎签署了“米制公约”，正式确定米尺为国际通用尺，并用铂铱合金(其中90%的铂，10%的铱)做成长1020毫米、宽和高各为20毫米的X型标准尺，在尺的中间面的两端各刻三条线，在0℃时，其中两条线的距离恰好为1米。这个标准尺现在保存在巴黎国际计量局的地下室。

随着科学技术的发展，科学家发现地球的形状和大小也在变化，因此米尺也不够准确；另外，国际米尺原型在刻画上也存在着缺陷，影响了米尺的准确性。

1960年，第十一届国际计量大会上，决议废除1889年以来所沿用的国际米尺原型，把同位素氪86气体放电时产生的一种橙色光谱波长的1650763.73倍作为1米。这种光尺精确度很高，误差只有十亿分之二，如果用它来量地球到月球的距离，误差不超过1米。

为什么各月的天数不都一样

现在我们使用的日历，有的月30天，有的月31天，有的月28天或29天。为什么各月的天数不都一样呢？

公元前46年，古罗马统帅儒略·恺撒制定历法。由于他生于7月，为了表示他的伟大，决定将7月改叫“儒略月”，连同所有单月都定为31天，双月定为30天。因为2月是古罗马处死犯人的月份，为了减少处死的人数，将2月减少了一天。所以，2月平年29天，闰年30天。

恺撒的继承人奥古斯都生在8月。出于同样的目的，他仿照恺撒的做法，把8月增加了一天，定为“奥古斯都月”，并把8月、10月、12月也改为31天。为了保持一年365天不变，他将9月和11月改为30天，还多出一天怎么办呢？他又从2月里减少了一天，于是2月变成28天了，只有闰年才29天。

这样，就形成了现在的1、3、5、7、8、10、12月等七个月大，2、4、6、9、11等五个月小的格局。除2月外，大月为31天，小月为30天。

那么，闰年的2月为什么要多一天呢？

把地球围绕太阳转一周的时间定为一年，又规定一年有365天。但是，实际上地球围绕太阳转一周不正好是365天，而是365天5小时48分46秒。多出来这5小时怎么办呢？

5小时48分46秒×4=20小时192分184秒

=23小时15分4秒.

也就是说四年累积起来，差不多可以凑够一天了。于是四年一闰，在闰年的2月加一天。这样一来，凡是能被4整除的年份，如1984、1988、1992、…、2000年都是闰年。

四年一闰是四年中增加24小时，而实际只多了23小时15分4秒，增加一天后多出的44分56秒怎么办？再来算算：

44分56秒×100=4400分5600秒

=74小时53分20秒.

合3天多2小时53分20秒。也就是说四年一闰的差数积累400年，又少了三天多，这样每隔400年要少设三个闰年才行。所以，又规定整百年的年份，必须能被400整除的才算闰年，如1600、2000、2400年算闰年，而1700、1800、1900年虽然可以被4整除，但不能被400整除，也不算闰年。

这样规定后，400年只差2小时53分20秒，这点差距要到3000年后才来调整。

你知道吗？除闰年外，一年中的第一天同最后一天的星期几总是相同的。另外，除闰年外，1月1日是星期几，10月1日也一定是星期几。

这两个问题很容易解释：一年的第一天与最后一天相差 $365-1=364$ 天，而 $364\div7=52$。这就是说，一年的第一天与最后一天正好相差 52 个星期，所以同是星期几。第二个问题中，10 月 1 日与 1 月 1 日相差九个月，其中 1、3、5、7、8 月为 31 天，4、6、9 月为 30 天，2 月为 28 天，相加后被 7 除，得

$$(31\times5+30\times3+28)\div7=273\div7=39.$$

这说明，10 月 1 日与 1 月 1 日正好相差 39 个星期，所以，它们同为星期几。

十二生肖是怎样排列的

我们看书会看到“子时”“寅时”，这些词代表什么呢？原来这是我国古代一种记时方法，和现代所说的“中午 12 点”“下午 3 点”相似。

我们知道，在我国的十二生肖中，鼠排在第一，猪排在最末。有一种说法认为，我国古代，一昼夜分为十二个时辰，一个时辰等于现在的两小时。古人根据对动物出没活动时间的认识，把十二个时辰配上十二种动物，用动物的特性来给时辰命名。

子：子夜 11 时到第二天 1 时，这时候，老鼠最为活跃，“子”与鼠搭配成为“子鼠”。

丑：牛吃足了草，在凌晨 1 时到 3 时还在“倒嚼”，准备凌晨耕地，所以“丑”就同牛搭配成为“丑牛”。

寅：据说老虎在凌晨 3 时到 5 时最凶猛，所以“寅”与虎搭配为“寅虎”。

卯：从凌晨 5 时到 7 时，太阳还没露面，月亮（又称玉兔）还在天上，所以“卯”同月宫神话中唯一的动物玉兔相搭配，称为“卯兔”。

辰：龙是神话中的动物，传说早晨 7 点到 9 点是群龙行雨的时候，所以“辰”就同龙相搭配成为“辰龙”。

巳：蛇常常隐蔽在草丛中，据说早晨从 9 点到 11 点，蛇不在人行路上游动，不会伤人，这样“巳”就同蛇相搭配成为“巳蛇”。

午：上午11时到下午1时，太阳当头。根据古代“阴阳说法”，午时阳气达到极限，阴气将产生。马跑离不开地，是“阴”类动物。于是“午”就同马相搭配成为“午马”。

未：下午1时到3时，据说羊吃了这时候的草，并不影响草的再生，所以“未”就同羊相搭配成为“未羊”。

申：下午3时到5时，是将晚未晚的时候，猴子喜欢在这时候啼叫，所以猴与“申”相搭配成为“申猴”。

酉：下午5时到7时，傍晚来临，鸡开始归窝，“酉”就同鸡联系在一起成为“酉鸡”。

戌：下午7时到晚9时，黑夜来临，狗开始看家、守夜，“戌”就与狗相搭配成为“戌狗”。

亥：晚9点到11点，夜渐渐深了，万籁俱寂，猪睡得更熟，“亥”就同猪相搭配成为“亥猪”。

还有一种说法认为，十二生肖是根据这些动物足趾的奇偶数来排列的。鼠趾长得很奇特，同一体上却有单有双，没有适当位置安插，只能将它排在第一。然后，按足趾奇偶数间隔排列，依次是：牛（四趾）、虎（五趾）、兔（四趾）、龙（五趾）、蛇（无趾为零，零为偶数）、马（一趾）、羊（四趾）、猴（五趾）、鸡（四趾）、狗（五趾）、猪（四趾）。

上面两种说法，不管哪一种都和十二种动物紧紧相连，非常有趣。

规矩和方圆

我国考古学者曾发掘出公元2世纪汉代的浮雕像，其中有女娲手执规，伏羲手执矩的图像。在司马迁所写的《史记》中，也提到夏禹治水的时候“左准绳（左手拿着准绳）”，“右规矩（右手拿着规矩）”。在甲骨文里，就发现有“规”和“矩”这两个字。其中“规”字很像一个人手执圆规在画图，“矩”字像两个直角，可以说极尽象形文字之妙。

“规”，就是圆规，是用来画圆的工具；“矩”很像现在的直角尺，是用来画方形的工具。正如俗话所说：“不以规矩不能成方圆。”

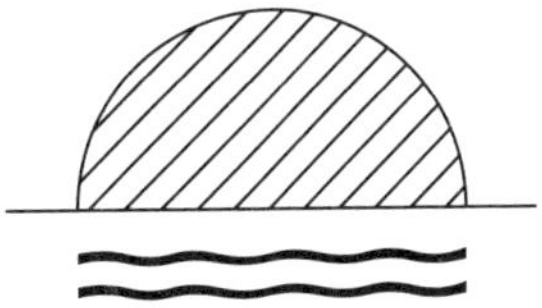

据数学史家考证，人类最早是用树杈来画圆的。这种原始圆规由于半径固定不变，只能画一种大小的圆。我国的《墨经》大约是公元前4世纪至公元前3世纪的作品。在这本书中最早给出了圆的定义：“圜(yuán)，一中同长也。”这里所说的“圜”，就是圆。这句话的意思是：圆，就是圆周上的点到圆心的距离都相等(同长)。这个定义和现代圆的定义基本上相同。

因为圆有许多重要的性质，人类很早就认识了圆，使用了圆。

把车轮做成圆形的，是因为圆周上的点到圆心的距离相等，车子行驶起来平稳；还因为圆轮在滚动时摩擦力小，车子走起来省力。

把碗和盆做成圆形的，一方面是圆形物体制作起来比较容易，又没棱没角不易损坏；另一方面是用同样大小的材料做碗，数圆形的碗装东西最多。

在非洲流传着一个古老的神话：一个酋长要分给纪塔娜女神一块土地，这块土地的大小可以用一张灰鼠皮围起来。酋长心想，一张小小的灰鼠皮能围出多大一块土地？纪塔娜女神把灰鼠皮剪成许多小细条，再把这些小细条顺次连接起来成为一条长绳。她用这条灰鼠皮长绳靠着海岸围出一个很大的半圆形，分得了很大的一块土地。

纪塔娜女神为什么要围成半圆形呢？原来，用一定长度的绳子来围出一块面积，数围成的圆面积最大。纪塔娜又巧妙地利用海岸线，所以围出了一块很大的土地。

把桶盖和下水道盖做成圆形的，是因为圆形的盖子，不管你怎样盖法都不会掉进里面去。而方形和椭圆形的盖子，盖得不合适，就会掉进去。

有的拱形门和屋顶做成半圆形的，是因为圆形拱门抗压能力强。

圆的外形对称而和谐。我国大型舞剧《丝路花雨》在国内外演出都很成功。据舞蹈设计者说，主角英娘的舞蹈，一招一式，举手投足，都循着由圆弧组成的曲线而动，有圆的特征，因此能给人以美的享受。

圆周率π的由来

圆的周长和圆的直径的比叫圆周率。尽管圆的直径不同，圆有大有小，但是对于所有的圆来说，圆周率都相等。从这个角度来讲，圆周率是刻画圆这类图形最重要的数据。

圆周率用π表示。在计算中，我们常取圆周率为3.14。圆周率真的等于3.14吗？不是的。由于圆周率π是一个无限不循环小数，在计算中一般取3.14作为它的近似值。

早在3500年前，古巴比伦人就知道取直径的3倍为圆周长，他们取得的π值为3。在公元前2世纪问世的我国天文数学专著《周髀(bì)算经》中，提出“径一周三”，意思是说直径为一个单位长时，圆周为三个单位长，也取π等于3。古埃及人使用的圆周率是3.16。古罗马人使用的圆周率是3.12。著名的古希腊学者阿基米德，曾把π取为$3\frac{1}{7}$。

古人是如何求出以上这些π值的，现在知道得不多。有确切史料记载的，是我国魏晋时期的学者刘徽创造的用割圆术求圆周率的方法，在数学史上占有重要的地位。后人把刘徽创造的求圆周率方法叫作“刘徽割圆术”。

刘徽是怎样“割圆”的呢？他首先在圆内作一个内接正六边形，由于圆内接正六边形的每条边长都等于半径，因此，六边形的周长等于3倍的直径长，也就是说圆内接正六边形的周长与圆直径的比为3。刘徽指出《周髀算经》中的“径一周三”不是圆的“周率”，而是圆内接正六边形的“周率”。

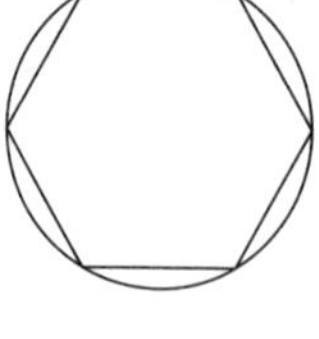

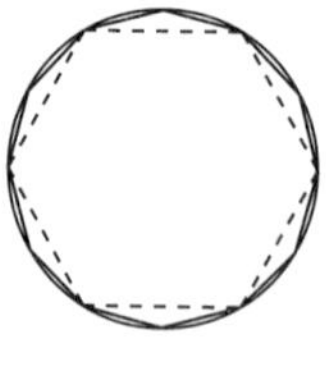

刘徽对古代取$\pi = 3$不满意，认为过于粗糙。他把圆内接正六边形每边所对的弧平分，用刘徽的话说就是割圆，把割到的六个点，与圆内接正六边形的六个顶点顺次连接，得到一个圆内接正十二边形，圆内接正十二边形的周长，更接近圆的周长。

刘徽用这种成倍地增加圆内接正多边形边数的方法，一直算到圆内接正 192 边形，算得圆周率的近似值是 3.14。刘徽割圆术是科学的。刘徽的贡献不只是提供了更精确的圆周率，还在于他为计算圆周率提供了正确的方法。

刘徽之后，我国又有许多学者研究过圆周率，其中最有成就的，要算南北朝时期的祖冲之。他计算的圆周率，准确到小数点后第七位：

$$3.1415926 < \pi < 3.1415927.$$

要是用这个圆周率去计算一个半径为 10 千米的圆面积，误差不超过几平方米。

祖冲之计算圆周率，使用一种叫“缀(zhuì)术”的方法。可惜这种方法早已失传，无从查考。如果像有些专家推测的，缀术就是割圆术，那么祖冲之要算出圆内接正 24576 边形的周长，才能得出小数点后第七位的数字。计算这样一个圆内接正多边形的周长是相当繁杂的，除去加、减、乘、除，还要乘方和开方，开方尤其麻烦。估计他计算的时候，需要保留 16 位小数。当时还没有算盘，只能用一种叫作“算筹”的小竹棍摆来摆去进行计算，可见花费劳动之大！祖冲之是世界上第一个把圆周率算到小数点后第七位的数学家。差不多过了 1000 年，西方才有人把圆周率计算得更为精确。

祖冲之不仅以小数形式表示了圆周率，他还以分数形式来表示圆周率，提出“约率”为$\frac{22}{7}$，“密率”为$\frac{355}{113}$。约率的意思是精确度比较低，$\frac{22}{7}$大

约等于3.142，相当于刘徽求出的圆周率；密率的意思是精确度比较高，$\frac{355}{113}$大约等于3.1415929，小数点后有六位准确数字。这已经相当精确了。用分数表示圆周率给运算带来了方便。人们为了纪念祖冲之的伟大功绩，把3.1415926叫“祖率”。

圆周率π是一个无限不循环小数，许多人希望算出更精确的圆周率。比如16世纪德国有个叫鲁道夫的人，他几乎花费了毕生的精力，把圆周率算到了小数点后面35位。鲁道夫死后，按照他的遗嘱把他计算的圆周率刻在墓碑上：

3.14159265358979323846264338327950288

进入19世纪，许多人迷恋于计算更多位数的圆周率。

1841年，英国的威廉·卢瑟福计算π到208位小数，后来发现只有前152位是正确的；1844年，德国著名的心算家达瑟把π值准确地算到200位；1853年，卢瑟福再接再厉把π值算到400位小数；1873年，英国人尚克斯把π算到707位小数，长时间保持了这个纪录。

计算机的出现，使圆周率π的计算又有了新的突破。1949年，马利兰德在阿伯丁的弹道研究所，使用电子计算机，计算π值到2037位。以前，人们对尚克斯计算的707位小数没去复核验算，因为尚克斯花费了20年的时间才算出来的，想要验算至少也要花费10年以上的工夫。1945年，美国人弗格森用电子计算机对这707位小数进行了验算，发现尚克斯只算对了527位小数。第528位小数应该是4，但尚克斯却算成了5，这样，后面的数字就全错了。

1957年，伦奇和香克斯（不是那个出差错的香克斯）用了8小时43分在电子计算机上算出π值到100265位，突破了10万位。

1973年，法国数学家盖劳德用了23小时18分钟，把π算到了100万位，法国为它出版了一本厚达400页的专著。

1984年，东京大学的田村和金田利用超高速计算机，把圆周率计算到10013395位小数，即突破了1000万位！他俩还打算突破1亿位小数。

2002 年，日本东京大学信息基础中心又宣布，他们已将圆周率计算到了小数点后 12411 亿位，其中小数点后第 1 万亿位是数字“2”。假设 1 秒钟读 1 位，读完这个圆周率需要花 4 万年！

数学家为什么没完没了地去算圆周率π的值呢？是想寻求π值中有什么规律。他们发现：

从π的第 710100 位开始，连续出现了七个 3，即 3333333；从第 3204765 位开始，又出现七个连续的 3；

在π的第一个 1000 万位小数中，除了数字 2 和 4 以外，每个单个数字都有同样长度的数字串。例如，3，5，7，8 各有两个长度为 7 个的数字串；0，1，6 则各有一个这样的数字串；9 却有四个这样的数字串；

在 1000 万位小数中，由六个同样数字组成的数字串，一共有 87 个。从第 762 位开始就出现了 999999 数字串；

在 1000 万位小数中没有发现数字序列 0123456789。圆周率π中会不会有这样的数字序列呢？谁也不知道。有的数学家说，为了弄清这个问题，哪怕把π算到 10 亿位小数也是值得的。

扔出个π来

1777 年的一天，法国数学家布丰约请许多朋友到家里，要做一次试验。

布丰在桌上铺好一大张白纸，白纸上画满了一条一条等距离的平行线。他又拿出一大批等长的小针，每根小针的长度都是平行线距离的一半。

布丰说：“请大家把这些小针一根一根往这张白纸上随便扔吧。”客人们你看看我，我看看你，谁也弄不清楚他要干什么。他们把小针一根一根往纸上乱扔，扔完了把针捡起来再扔。客人一边扔，布丰在一旁紧张地记数。统计的结果是，共投掷 2212 次，其中与直线相交 704 次，布丰做了一个除法 $\frac{2212}{704} \approx 3.142$。

布丰说："诸位，这个数是圆周率π的近似值。"客人们觉得十分奇怪。这种乱扔和圆周率π怎么会有关系呢？

布丰解释说："大家怀疑这个试验？你们还可以再做，每次都会得出圆周率的近似值，而且投掷的次数越多，求出的圆周率近似值越精确。"这就是著名的"布丰试验"。

1901 年，意大利人拉泽雷尼共投针 3408 次，求得 $\pi = 3.14159292$。

这个试验也是概率论研究的对象之一。概率论是近代数学的重要分支。

π的节日

每年的 3 月 14 日是什么日子？这是一个很普通的日子呀！

不，国际上已经公认每年的 3 月 14 日是"Pi Day"，是"π的纪念日"。既然是节日，就要举行庆祝活动。什么时候庆祝呢？有三种选择：下午 1 点 59 分，下午 15 点 09 分，凌晨 1 点 59 分。有的国家在 3 月 1 日下午 4 点 15 分开始庆祝。总之是折腾 314159 这六个数。

也有人提出把 7 月 22 日定为"π的近似值日"，因为 $\frac{22}{7}$ 是π的近似值。

"π的纪念日"怎么过呢？最常见的方式是，学校的数学爱好者在 3 月 14 日聚集起来，围坐在一起谈论有关π的话题，座谈结束时，每个人都吃一个派(馅饼)。到下午 1 点 59 分，大家开始吃午饭，通常要吃比萨(pizza)、馅饼(pie)、松子(pinenuts)，因为这些食物的名称中都含有“pi”。

吃饱喝足要开展文娱活动了，先唱《圆周率之歌》。它是把π的小数点后 109 位全部唱出来，旋律还挺优美。唱完歌该看电影了，必看的是美国科幻电影《π》，电影讲述了一个类似《达·芬奇密码》的故事。

由于人们太喜欢圆周率π了，在许多文艺作品中，也经常见到它的踪影。美国喜剧《终极笑探》中的女间谍，代号“3.14”。美国系列剧《星际迷航》中，史波克命令一台被邪恶意识入侵的电脑，计算到π的小数点后最后一位。实际上，π是个无理数，是无限不循环小数，不可能有最后一位，电脑是无法完成的。

2005 年瑞典女歌手凯特·布什发行专辑《虚无缥缈》，其中有一首歌名为《π》。歌里一直唱到 π 的小数点后 137 位，但不知为什么，歌词中缺少了第 79 位和第 100 位的两个数字。

美国弗吉尼亚一个叫麦克·基斯的工程师为圆周率写了一首诗，从某种意义上讲，这是一封情书，一封长达 4000 字的情书。诗从头到尾每个单词的长度(单词的字母数)，都与圆周率的每个数字相对应，比如说，圆周率前几位是 3.1415，诗中第一个单词为 3 个字母，第二个单词为 1 个字母，第三个单词为 4 个字母，第四个单词为 1 个字母，第五个单词为 5 个字母，实际上，读这首长诗就是在背圆周率。

捆地球的绳子

假设地球上既无山，又无海，完全像个大圆球。现在想用一根很长很长的绳子，沿着赤道用绳子捆上一圈，问绳长多少?

地球半径大约是 6400 千米，可以求出赤道长为：

$2\pi R = 2 \times 3.14 \times 6400 = 40192$（千米）.

由于绳子是紧紧捆在地球的赤道上，因此，绳长也是 40192 千米。

如果绳长加长 1 米，绳子围成一个大圆圈之后，就要离开赤道有一段距离，形成围绕地球的一个等距离的圆环。问圆环和地球之间的间隔有多大？

对于 4 万多千米来说，仅仅延长 1 米，会有多大的间隔？即使能有些间隙，恐怕也只是在显微镜下才能看见。

计算一下吧！

延长 1 米绳长变成 40192001 米，则有

$$\begin{aligned}&\frac{40192001}{2\pi}-6400\\&=\frac{40192000}{2\pi}+\frac{1}{2\pi}-6400\\&=6400+\frac{1}{2\pi}-6400\\&=\frac{1}{2\pi}=0.159(\text{米}).\end{aligned}$$

啊！间隔会有约 16 厘米，差不多有一支铅笔长。简直是不可思议！

僧侣铺地面所想到的

3000 多年以前，古埃及的尼罗河经常泛滥，洪水冲走了房屋、牲畜，也冲毁了标志各部族土地界限的界碑。洪水退走之后，各部族要重新测量、标记自己的土地，这就需要计算各种形状土地的面积。古埃及人掌握着测量图形面积的许多公式。

怎样测量面积呢？

先想想长度是怎样测量的。首先要选择一个固定长度，作为长度单

位，比如 1 米。然后就像布店卖布一样去丈量一下，看看这条线段包含有多少长度单位（米），就说这条线段有几米长。

测量面积也需要先选择一块固定的面积，作为面积单位。选择什么作为面积单位更合适呢？古埃及僧侣在给神庙的地面铺方砖时，遇到了一个问题：当方砖预先制好后，地面的长和宽各选为多少，才能使得铺满地面的方砖为整数块？

在铺垫长方形地面时，如果横向铺 26 块方砖，纵向铺 24 块方砖，就说长方形地面的面积包含有 $26 \times 24 = 624$ 块方砖的面积。

方砖铺地启发了人们，选择边长为 1 米的正方形面积，作为测量面积的单位，叫 1 平方米。如果一块平面图形包含有几个这样的正方形，就叫它的面积有几平方米。

测量长度需要一把尺子，测量面积是否也需要准备一块正方形的面积呢？方砖铺地告诉我们，用不着准备这样的正方形。对于长方形来说，只要用尺子量一下它的长和宽各是多少米，长乘宽就是长方形的面积，即

长方形面积 = 长 × 宽.

长方形的面积会求了，其他图形的面积怎么求呢？古希腊人创造了一种割补法，可用来求其他图形的面积。

从平行四边形的一端切下一个直角三角形S，贴补到另一端S'处，这样就可以把平行四边形变成长方形而面积不变。长方形的宽就是平行四边形的高。因此有：

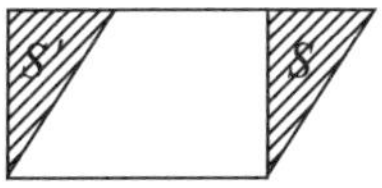

平行四边形的面积 = 底 × 高.

沿着三角形的一边，对接上一个与它完全一样的三角形，得到一个平

行四边形。所以

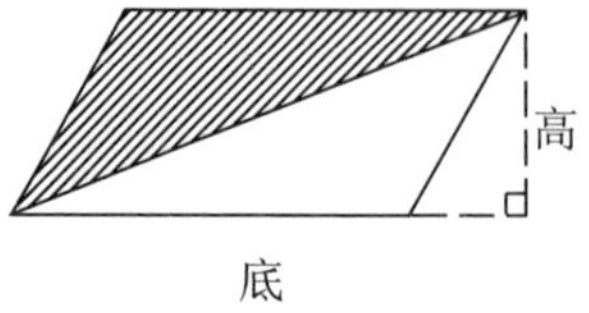

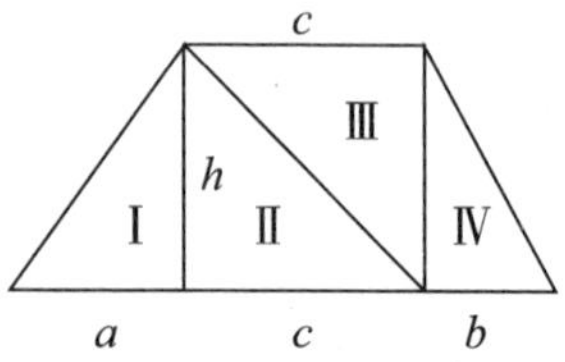

三角形的面积 $=\frac{1}{2}\times$ 底 $\times$ 高.

三角形是多边形的基础,因为任何一个平面多边形都可以割成几个三角形。比如，可以把梯形割成四个三角形Ⅰ、Ⅱ、Ⅲ、Ⅳ。梯形的面积就等于这四个三角形的面积之和。由三角形公式可写成:

$$\text{梯形的面积}=\frac{1}{2}a\times h+\frac{1}{2}c\times h+\frac{1}{2}c\times h+\frac{1}{2}b\times h$$

$$=\frac{1}{2}(a+c+c+b)\times h$$

$$=\frac{1}{2}[c+(a+c+b)]\times h$$

$$=\frac{1}{2}(\text{上底}+\text{下底})\times\text{高}.$$

分数、除法、比是一回事吗

有一个问题:

$\frac{2}{3}$是一个分数,又表示一个比——二比三,还表示除法——二除以三。这样看来,分数、比、除法,不就是一回事吗?

如果是一回事，为什么叫三个不同的名称，干脆都叫除法不就完了吗？

看来，名称不同，说明它们并不一样。

什么叫分数？把单位分成若干等份，表示它的一份或几份的数叫作分数。分数同整数和小数一样，是一个数。

什么叫除法？它同加法和减法一样，是一种运算。由于数和运算不是一回事，所以分数和除法不一样。

如果看见了$\frac{2}{3}$，是把它看作分数呢，还是看作除法？

一般说来，$\frac{2}{3}$表示一个分数；除法有它自己的记号，2 除以 3 写作 $2\div3$。

什么叫比？比较两个数，求甲数是乙数的几倍或几分之几。表示两个数的倍数关系，叫作两数的比。比也有它自己的记号，2 比 3 写作 $2:3$。

比号和除号只差一横道。不仅如此，比和除在许多情况下有相同的含意。

既然含意相同，有了除法又要比做什么？

比有比的用处。引进比的概念，是为了得到比例的概念。两个比的比值相等，就构成比例关系。例如$\frac{2}{3}$和$\frac{4}{6}$就构成比例关系：$\frac{2}{3}=\frac{4}{6}$。

不知道你注意过没有，和某个比成比例的比有无穷多个，如：

$$\frac{1}{2}=\frac{2}{4}=\frac{3}{6}=\frac{4}{8}=\cdots=\frac{1234}{2468}\cdots$$

这个事实很重要。例如直角三角形有三条边、两个锐角。可是边和角有什么关系呢？当角A确定了，夹角A的两条边虽然长短可以不相同，它们长度的比却都相同：

$$\frac{AC}{AB}=\frac{AC_1}{AB_1}=\frac{AC_2}{AB_2}=\cdots$$

所以角A确定了，夹角A的两边之比就确定了；反过来，夹锐角A两边的比确定了，角A也就确定了。

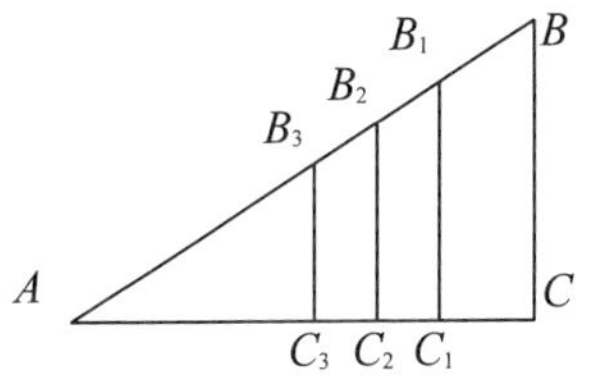

总之，分数、除法、比有它们不同的一面，

分数是数，除法是运算，比表示一种倍数关系。但是，它们也有相同的一面。为了方便，有时我们也把分数线当作除号使用。例如，繁分数化简，就是把分数线当作除号来使用的，如

$$\frac{\frac{4}{5}}{\frac{2}{3}}=\frac{4}{5}\div\frac{2}{3}=\frac{4}{5}\times\frac{3}{2}=\frac{6}{5}=1\frac{1}{5}.$$

这样在$\frac{a}{b}$（$b\neq 0$）形式下，分数、除法、比又有统一的一面。

犹太人和“宇宙法则”

犹太人有5000年的悠久历史，其中也深藏有许多神秘的东西。一个被称为“宇宙法则”的神秘的比，被世界各地的犹太人世代相传。这个神秘比是“78：22”。

“宇宙法则”和中国的八卦、太极图有些类似，反映出人们对客观世界的一种认识。

“宇宙法则”认为：世界上的一切事物都是按着78：22存在的。比如，地球大气中氮和氧的比是78：22；我们身体里水和其他物质的比是78：22；犹太人很会做生意，他们在做生意时喜欢用78：22来分析买卖当中的相互比例。比如，世界上是放债的人多，还是借债的人多？按一般人想象，应该是借债的人多。但是犹太人老早就知道，放债的人远远多于借债的人，他们的比是78：22，这是因为银行是靠很多人的储蓄存款来维持运转的，而存款人就是放债的人。银行再把钱借给需要钱的人，借钱的人总是少数。他们认为到银行存钱的人和借钱的人之比大约是78：22。

犹太人认为世界上的财富总是掌握在少数人手里，世界上78%的财富掌握在占人口总数22%

富人手里；占人口总数78%的普通人，只拥有世界上22%的财富。

犹太人做起事来总是信心十足，他们相信世界上只有22%的人掌握了“宇宙法则”，他们是战无不胜的！

0是不是偶数

小学数学规定，能被2整除的整数叫作偶数；不能被2整除的整数叫作奇数。

到中学学过代数之后，把奇偶数的概念扩大到负整数上，仍然规定能被2整除的整数是偶数，不能被2整除的整数是奇数。由于0可以被2整除，所以0是偶数。

0为什么不能做除数

数学书中一再强调，做除法时0不能做除数；在分数里0不能做分母。这是什么道理呢？

假如可以让0做分母，比如$\frac{2}{0}$。可以设$\frac{2}{0}=a$，就有$2=0\times a$。因为任何数乘0都得0，不可能得2，所以这个a是不可能存在的，假设的$\frac{2}{0}$就没有意义。如果是$\frac{0}{0}$怎么样？同样可以设$\frac{0}{0}=b$，有$0=0\times b$，在这个式子里b可以等于2，5，75，…，也就是b可以是任何数。这样一来，$\frac{0}{0}$到底是什么数还是不能确定。因此，0不能做除数或分母。

为什么1不是质数

如果一个自然数除去1和它本身之外，不能被其他自然数整除，这样的自然数叫质数，或者叫素数。最小的质数是2，接下去是3，5，7，11，等等。

1很特殊，它既不算质数，又不算合数。1也符合质数的定义，为什么把1排除质数之外？

原来在历史上，1曾经被当作质数。后来对合数进行分解时出现了一个问题：我们知道每个合数都可以分成质数的连乘积，每个质数叫作合数的质因数。比如：

$35 = 5 \times 7$,

$94860 = 2 \times 2 \times 3 \times 3 \times 5 \times 17 \times 31.$

如果把1算作质数，那么一个合数分解成质因数的积时，答案就不唯一了，比如：

$35 = 5 \times 7$,

$35 = 5 \times 7 \times 1$,

$35 = 5 \times 7 \times 1 \times 1.$

你可以在分解式中随意添加因数1，使得分解形式不唯一，这对于应用很不方便。

为了使自然数分解成质因数的结果唯一，数学家提出了“算术基本定理”，并把1排除在质数之外。

算术基本定理：

“每一个自然数（1除外），可以分解成质因数的乘积，如果不考虑质因数的先后次序，分解的结果是唯一的。”

5. 数学中的“迪斯尼乐园”

整数是数学的女王

“整数是数学的女王”。这句话是18世纪德国著名数学家高斯说的。高斯说得是有道理的。你看：

$$1 \times 9 + 2 = 11$$

$$12 \times 9 + 3 = 111$$

$$123 \times 9 + 4 = 1111$$

$$1234 \times 9 + 5 = 11111$$

$$12345 \times 9 + 6 = 111111$$

$$123456 \times 9 + 7 = 1111111$$

$$1234567 \times 9 + 8 = 11111111$$

$$12345678 \times 9 + 9 = 111111111$$

$$123456789 \times 9 + 10 = 1111111111$$

多么和谐，多么有规律！

可以用数字造出一个宝塔来：

$1 \times 1 = 1$

$11 \times 11 = 121$

$111 \times 111 = 12321$

$1111 \times 1111 = 1234321$

$11111 \times 11111 = 123454321$

$111111 \times 111111 = 12345654321$

……

$111111111 \times 111111111 = 12345678987654321$

两座由1构成的小宝塔，做成一个由1~9构成的新宝塔。

可以像变魔术一样，构造出各种各样的美丽数阵：

$123456789 \times 9 = 1111111101$

$123456789 \times 18 = 2222222202$

$123456789 \times 27 = 3333333303$

$123456789 \times 36 = 4444444404$

$123456789 \times 45 = 5555555505$

……

$123456789 \times 81 = 9999999909$

如果想取消乘积中的0，只要去掉被乘数中的8就行了。

$12345679 \times 9 = 111111111$

$12345679 \times 18 = 222222222$

$12345679 \times 27 = 333333333$

$12345679 \times 36 = 444444444$

$12345679 \times 45 = 555555555$

……

$12345679 \times 81 = 999999999$

可以让乘积是个从9倒排到1的数

$$1 \times 8 + 1 = 9$$

$$12 \times 8 + 2 = 98$$

$$123 \times 8 + 3 = 987$$

$$1234 \times 8 + 4 = 9876$$

$$12345 \times 8 + 5 = 98765$$

……

$$123456789 \times 8 + 9 = 987654321$$

还可以做成更复杂一些的数阵

$$1 = \frac{1 \times 1}{1}$$

$$121 = \frac{22 \times 22}{1+2+1}$$

$$12321 = \frac{333 \times 333}{1+2+3+2+1}$$

$$1234321 = \frac{4444 \times 4444}{1+2+3+4+3+2+1}$$

$$123454321 = \frac{55555 \times 55555}{1+2+3+4+5+4+3+2+1}$$

$$12345654321 = \frac{666666 \times 666666}{1+2+3+4+5+6+5+4+3+2+1}$$

$$1234567654321 = \frac{7777777 \times 7777777}{1+2+3+4+5+6+7+6+5+4+3+2+1}$$

$$123456787654321 = \frac{88888888 \times 88888888}{1+2+3+4+5+6+7+8+7+6+5+4+3+2+1}$$

$$12345678987654321 = \frac{999999999 \times 999999999}{1+2+3+4+5+6+7+8+9+8+7+6+5+4+3+2+1}$$

四个4的游戏

把四个4,用+、−、×、÷和(　)等计算符号连起来,用以表示0和自然数的游戏,叫作四个4的游戏。这种游戏不仅好玩,也是学习数学、掌握运算要领的一种好方法。

比如 $0=4+4-4-4$, 或 $0=44-44$,

$1=4\div4+4-4$, 或 $1=44\div44$,

$2=4\div4+4\div4$, 或 $2=4-(4+4)\div4$.

英国的鲁兹·鲍尔在做四个4的游戏上下过很大功夫。1913年鲁兹·鲍尔在数学杂志上发表文章说:“用四个4,去做成从1到1000的数。但是其中的113,157,878,881,893,917,943,946,947还没有做出来。”

看来,这个游戏并不好做。谁能把鲁兹·鲍尔没做出来的九个数做出来,可以称得上是“优秀的鲍尔”了。

四个4的游戏是1913年提出来的,比它更早的“四个9的游戏”,是1859年由英国数学家霍艾威尔博士提出来的。他告诉朋友说:“从1到15的数可以用四个9表示出来。”后来又有人把“四个9的游戏”叫作“霍艾威尔博士的难题。”

比如 $0=9+9-9-9$, 或 $0=99-99$,

$1=(9+9)\div(9+9)$, 或 $1=99\div99$.

$2=9\div9+9\div9$, 或 $2=99\div9-9$.

相比之下还是“四个4的游戏”最出名,前面已经做成了0,1,2,下面我们把四个4的游戏做到10。

$3=(4+4+4)\div4$.

$4=(4-4)\times4+4$.

$5=(4\times4+4)\div4$.

$6=(4+4)\div4+4$.

$7 = 44 \div 4 - 4$.

$8 = 4 + 4 + 4 - 4$.

$9 = 4 + 4 + 4 \div 4$.

$10 = (44 - 4) \div 4$.

虫食算

外国一名百万富翁病逝前曾立下一张遗嘱，把他的部分财产分给子女，其财产数是两个三位数的乘积。可是这个遗嘱不慎被水浸泡了，只剩下了几个数字。他们请来侦探波罗给予帮助。波罗看着这张纸条想了想，很快就写出了乘积。

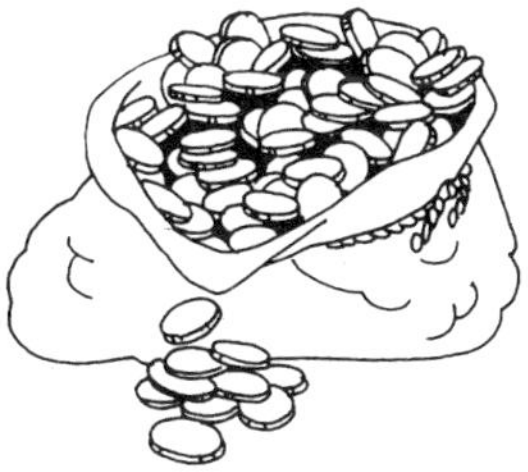

你知道波罗是怎样找到这个乘积的吗？

首先填乘数的个位数，这里只能填1，因为大于1会使乘积成为四位数，而乘积的第一行只有三位数。如果填0，会使后面相乘出现困难。下面用右上角的标号代表填数的顺序。

2处显然应该填6。

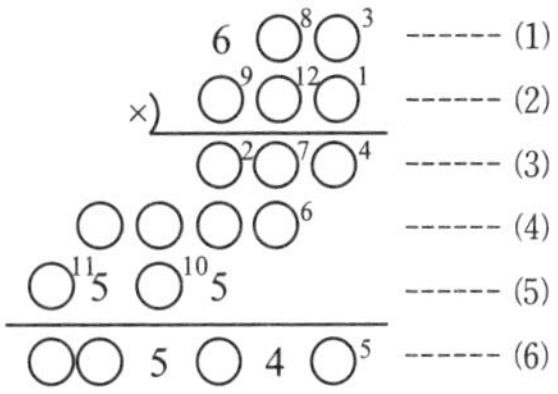

由于第五行最末一位数是5，因此第一行的末位数与第二行首位数中，必有一个是5。如果第二行首位数是5，因为$5 \times 6 = 30$，即使第一行后两位数填99，第五行的第二位最大才能出现4，因此3处填5。

显然，4和5处都应该填5。

6处是第一行的末位数5与第二行第二位数乘积的个位数，只可能是0和5，由于第六行的十位数是4，如果此处填5，第一行第二位数只能填9，而填9就不会使第五行出现两个5，因此，6处只能填0。

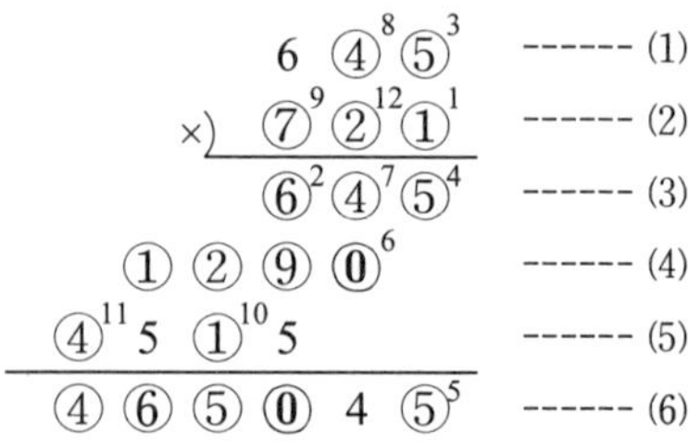

7处必须填4。

8处也填4。

9处只能填1或3,7,9。填1不能成为四位数,如填3,9,第五行的第二位数分别是9和8,都不是5,所以只能填7。

10处填1,11处填4。

12处只能填偶数2或4,6,8,而填4,6,8时,第四行第二位数分别为5,8,1,第六行第三位数就不能为5,这里只能填2。

其他数都好填了。

这种问题日本数学家高木茂男给起了个有趣的名字叫作“虫食算”,它是培养推理能力的一类有趣的数学题。

有一类虫食算问题连一个数字也没给,这类题叫作“无字天书”。请看如下的无字天书。

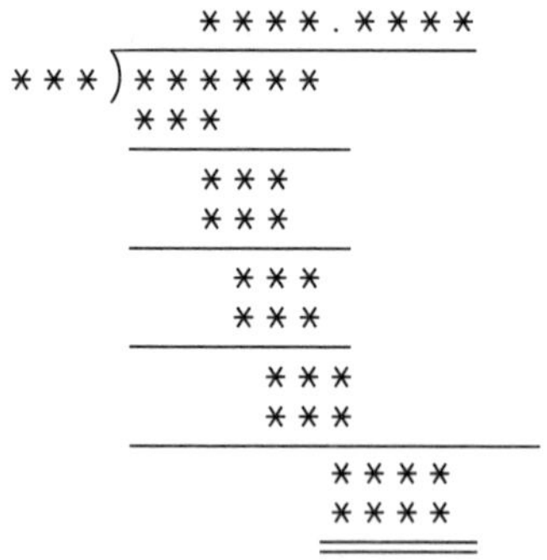

一个数字也没给，从什么地方入手考虑呢？日本数学家高木茂男指出,从被除数下移位数的多少,来判断商数中哪些数字会是0,是解算“无

字天书”的重要线索。

观察下图分析算式，由于(3)式一下移下两位数，可以肯定1处填0，同样道理2和3处也应该填0。

4，5，6处是移下的三个0，7也是0。

由(9)式$\overline{e\,000}$，可能出现两种情况：$c=5$，$a=0$或$a=5$，$c=$偶数。但是如果$a=0$，(8)式中的d必然为0，进一步可得$e=0$。说明到(8)式已经除尽，再往下做是不必要的了，与原题不符。因此，只有$a=5$，$c=$偶数这一种情况。

$a=5$，则d必然等于5，e也一定等于5，(9)式一定是5000。

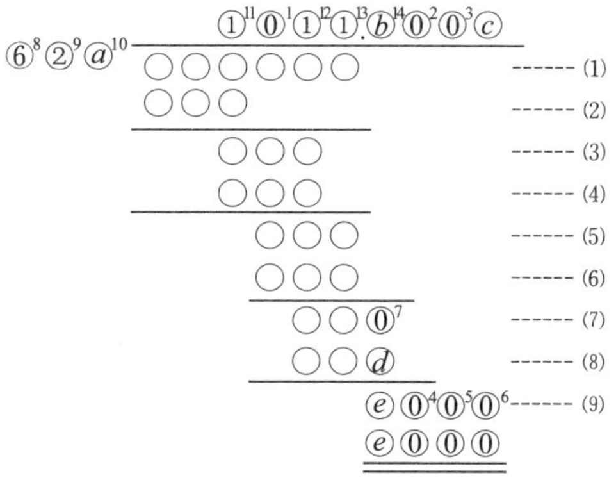

由$\overline{**a}\times c=5000$及$c$为偶数，可试出$c$必然等于8。再由$5000\div8=625$，得知8，9，10处填6，2，5。

$625\times2=1250$是一个四位数，而(2)、(4)、(6)、(8)式中都是三位数，说明相应的商都应该是1，因此11，12，13，14处都应该填1。

除数是625，商是1011.1008，被除数就可以算出，其他数字也就容易填了，答案：

```
           1011.1008
     ______________
625 ) 631938
      625
      ____
        693
        625
        ___
         688
         625
         ___
          630
          625
          ____
           5000
           5000
           ====
```

数字迷信

十月革命前的俄国，流行着一种数字迷信。它类似数字占卦，根据数字的偶合来推断一个人的命运，甚至用来判定一个国家的命运、一场战争的结局。

在俄国著名作家屠格涅夫的小说里，就有数字迷信的情节：小说的主人公伊丽雅·且各列夫于 1834 年 7 月 21 日自杀了，从他的衣袋里找出一张纸，上面写有下列运算：

拿破仑 1769 年 8 月 15 日生	且各列夫 1811 年 1 月 7 日生
1769	1811
15	7
+ 8	+ 1
1792	1819
1	1
7	8
9	1
+ 2	+ 9
19	19
拿破仑 1825 年 5 月 5 日去世	且各列夫 1834 年 7 月 21 日去世
1825	1834
5	21
+ 5	+ 7
1835	1862
1	1
8	8
3	6
+ 5	+ 2
17	17

主人公伊丽雅·且各列夫就根据上面简单的计算，找到了自己不被拿破仑承认的原因，也“算”出了自杀的合适日期。

数字迷信在第一次世界大战初期也曾广泛流传。1916 年，瑞士报纸曾

向读者作过有关德国和奥匈帝国皇帝命运的报道:

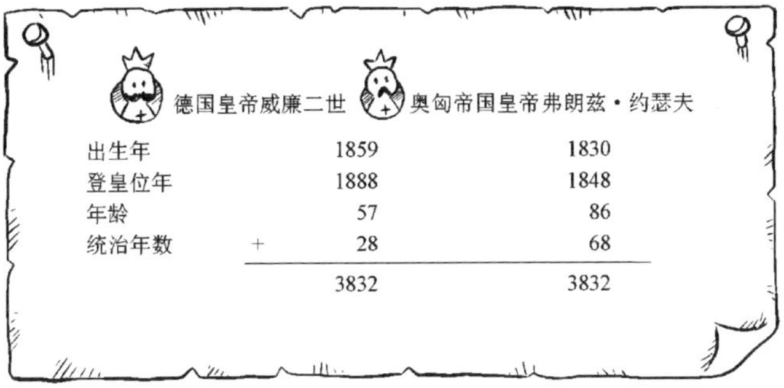

	德国皇帝威廉二世	奥匈帝国皇帝弗朗兹·约瑟夫
出生年	1859	1830
登皇位年	1888	1848
年龄	57	86
统治年数 +	28	68
	3832	3832

两个和数一样,都是3832,而且又都是当年(1916年)的两倍,由此得出结论,1916年对这两位皇帝都是致命的一年,预兆着他们灭亡的一年。

真是耸人听闻!可是人们被数字愚弄了,因为上面这些数字不是巧合,而是一种数字规律。

出生年 + 年龄 = 1859 + 57 = 1916

= 1830 + 86 = 1916.

不要说这两位高贵的皇帝,任何一个人的出生年加上年龄必定等于他所在那年的数目。

同样,登皇位年 + 统治年数 = 1916。

因此,这四个数的和等于两倍的1916,也就不足为怪了。

你完全可以利用这个道理,给你朋友变个魔术。把你朋友的以下四个数相加:

出生年 + 入学(或工作)年 + 年龄 + 学龄(或工龄),其和必然是变魔术的年份乘以2。

心算大王的奥秘

有一位少年自称“心算大王”,在一次联欢会上他向同学们做表演。

他表演的第一个节目叫“猜杏核”。

他从口袋里掏出10个杏核放在桌上，又拿出一个碗，让同学把他的眼睛用手帕蒙住。请一位同学上来。

心算大王说："你在黑板上随便写一个三位数，要求三位数字不一样，而且百位数字比个位数字大。你把这个三位数前后颠倒变成另一个三位数，用前一个三位数减去后一个三位数，把它们的差每一位相加，直加到一位数为止。你从桌上取走等于这个一位数的杏核，把剩下的杏核扣在碗下，取下手帕，我看一下碗就知道下面扣着几个杏核。"

"有这么神？"一位同学走向黑板，写出一个三位数895，前后颠倒位置是598，做减法$895-598=297$，把297的每一位数字相加，$2+9+7=18$，再相加$1+8=9$，最后得9。这位同学迅速从桌上拿走9个杏核，把剩下的一个杏核扣在碗下。

心算大王解开手帕，看了一下碗说："碗下扣着一个杏核。"他把碗翻开，果然是一个杏核。

心算大王怎样算出来的呢？

原来按着他指定的算法，不管你写的三位数是什么，最后相加所得的一位数一定是9！碗下扣的准是一个杏核。至于其中的道理嘛，留在"代数万花筒"里再讲。

心算大王表演的第二个节目是"速算四位数加法"。

心算大王拿出一张白纸，找一位同学在白纸一面随便写一个四位数，这位同学写上3761。心算大王让这位同学在纸的另一面再写一个四位数，他写上7654。心算大王在7654下面迅速写上2345。心算大王让这位同学把这三个四位数相加，这位同学刚把三个数写在黑板上，心算大王早就说出结果：和为13760。这位同学算了一下，果然正确。

心算大王表演第二个节目的奥秘，在于他写的那个四位数2345。把2345与7654相加，等于9999。心算大王只要把这位同学写的第一个四位数，前面加上1，最后面一位数字减去1，就得出结果来。这位同学最先写的是3761，前面加1得13761，最后一位数字减去1，就得13760。如果列个算式，实际做一下就清楚了。

$$\begin{array}{r} 3761 \\ +\ 9999 \\ \hline 13760 \end{array}$$

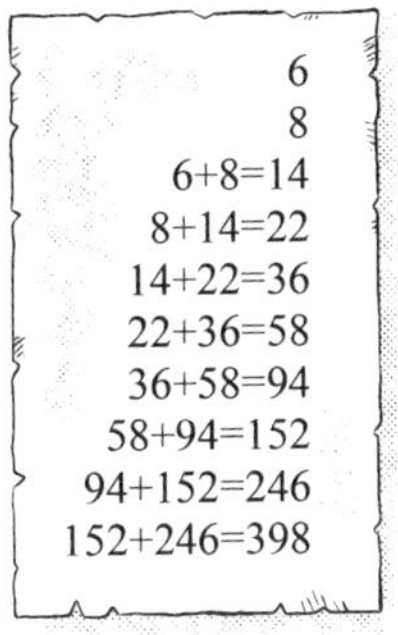

由于加数是 9999，被加数的个位数必然少 1，而千位数必然向万位数进 1。

心算大王表演的第三个节目叫“连续相加”。

心算大王拿出一张白纸递给一位同学，让他随便写一个一位数，他写了个 6；把纸传给第二个同学，他在 6 的下面又随便写了个 8；纸传给第三个同学让他把 6 和 8 相加，得 14；传给第四个同学，让他把 8 和 14 相加，得 22；再传给第五个同学，叫他把 14 和 22 相加……这样一直传到第十个同学，算得和是 398。

心算大王把纸递给身旁的一个同学，让他把右边的十个数连加求和。这个同学刚加了 3 个数，心算大王脱口说出：“和等于 1034。”这个同学算完以后，果然等于 1034。

这次心算大王的奥秘又在哪儿呢？

关键是第七个数 94，只要用 11 去乘 94 就得十个数的总和。

$94 \times 11 = 1034.$

心算大王就是这样算出来的。

道理何在？

从 6 到 398 这十个数有一个共同的特点，它们都是由 6 和 8 这两个数反复相加而成。我们研究一下 6 和 8 在这十个数中出现有什么规律。列表：

	6的个数	8的个数
6	1	0
8	0	1
6+8=14	1	1
14+8=(6+8)+8=6+8×2=22	1	2
14+22=(6+8)+(6+8×2)	2	3
=6×2+8×3=36		
22+36=(6+8×2)+(6×2+8×3)	3	5
=6×3+8×5=58		
36+58=(6×2+8×3)+(6×3+8×5)	5	8
=6×5+8×8=94		

我们发现从第四个数开始，6和8出现的个数等于相邻前两个数中相应个数之和。这样就可以把每个数中6和8出现的次数都写出来：

	6	8	14	22	36	58	94	152	246	398
6出现次数	1	0	1	1	2	3	5	8	13	21
8出现次数	0	1	1	2	3	5	8	13	21	34

把从6到398相加，在总和中6出现的次数为

$1+0+1+1+2+3+5+8+13+21=55$，

而8出现的次数为

$0+1+1+2+3+5+8+13+21+34=88$.

它们都正好是94中6和8出现次数的11倍，因此，用11去乘94就得这十个数的总和了。

多彩的数字

说“五”

一提到“五”，立刻使人想到迷人的时节——五月。五月是姹紫嫣红、五色纷呈的月份。

“五”是一个神秘的数字，五有12种含义，1148种用法。

在汉语的词汇中，“五”字当头的非常多，“五虫”是指动物的五大类；“五斗米”是指官俸微薄；“五门”是指皇宫的所有宫门；“五刑”是指各种刑罚的统称；“五行”是指古代认为构成万物的五种元素——金、木、水、火、土；“五脏”泛指人的内脏；“五谷”泛指谷物；另外还有五毒、五味、五伦、五常、五音等。

带有“五”字的地名也比比皆是，如五指山、五羊城、五凤楼、五老峰……

为什么“五”用得这么广泛？一是，人的一只手长有五根手指，用起来最方便；二是，五处在一和九之间，不大不小，四平八稳，比较好用。

在西方，星期五是不受人欢迎的日子。当然，这只是一种迷信。

道“六”

“六”字在我国流传很久。远古时代，东夷族部落首领皋陶的后代分散居住在安徽六安一带，周王就封它们在那一带建立了六国，六国后来被楚国所灭，六国的后代就以“六”作为姓氏。这就出现了以六为国名，以六为姓。

秦始皇把“六”定为基数，全国分为36郡。

佛家认为人的眼、耳、鼻、舌、身、意这六部分是罪孽的根源，如能全部消除，就可以达到所谓“六根清净”。我国古典名著《金瓶梅》中提到“六根未净，本性难明”，意思是说，人不能从这六种妄念中超脱出来，就不能使人的真正的本性表露出来。佛家对“六”字有厚爱，在佛家语中有六人、六如、六妄、六念、六即、六相、六贼、六通、六尘、六识、六妙门、六法戒、六欲天、六凡四圣等。

在美术界也常用“六”字。比如，画要有六要，这六要指的是气、韵、思、景、笔、墨；绘画讲究六法，即气韵生动、骨法用笔、应物象形、随类赋彩、经营位置、传移模写；学画要六多，多临、多看、多读、多画、多游、多师；画画忌六气，即俗气、匠气、火气、草气、闺阁气、蹴黑气；镌刻艺术讲究六长，粗鲁中求秀丽，小品中求力量，填白中求行款，柔软中求气魄，古怪中求道理，苍劲中求润泽。

我国中医讲究“六气”。“六气”指人体的气、血、津、液、精、脉。中医有“六脉”，中医将桡动脉的腕后显露部分，分为寸、关、尺三部分，两手共有六部分即“六脉”。中医又有所谓的“六淫”，是指风、寒、暑、湿、燥、火。

音乐中有“六律”，戏曲中有“六场”，即胡琴、月琴、南弦子、单皮鼓、大锣、小锣。

谈“七”

数字“七”在许多国家、许多民族都被看作一个神秘的数字。特别是在天文、历法、宗教、医学中有着广泛的应用。

我国人民喜欢七，认为“七”是天地结合、神人相通的象征性数字。早在2000多年前，就把牛郎和织女安排在七月七日团圆，这才有“七仙女”，“七夕相会”的传说。傅玄在《拟天问》中说：“七月七日牵牛织女会天河。”

我国古代的文人墨客对“七”更是偏爱。西汉的枚乘写了一篇文章，诉说有人以七件事来说服、启发楚太子，这篇文章起名叫《七发》。这篇文章对后世影响很大，后来许多带有劝解性的文章都学《七发》的写法。比如，东方朔的《七谏》，傅毅的《七激》，张衡的《七辩》，马融的《七广》，曹植的《七启》，王粲的《七释》，左思的《七讽》等题目的第一字都是“七”。

在我国文学史上有著名的“建安七子”，他们是汉末建安时期的7位著名作家：孔融、陈琳、王粲、徐干、阮瑀、应玚、刘桢。魏晋时期有7位名士，常竹林中相会游玩，后世称为“竹林七贤”，他们是嵇康、阮籍、山涛、向秀、阮咸、王戎、刘伶。

在明代弘治时期，有以李梦阳为首的7人，提倡文学要复古，后世把他们称作“前七子”，明代嘉靖时期，以李攀龙为首的7人，继承“前七子”的主张，被称为“后七子”。

古代天文学中，有二十八星宿。它们按东、南、西、北分为四方，每一方恰好有“七宿”。

古代把春、夏、秋、冬、天文、地理、人道合称“七政”。古代把日、月、金星、木星、水星、火星、土星合称“七曜”。

我国宋代和元代的韵学家把唇音、舌音、齿音、牙音、喉音、半舌音、半齿音，定为“七音”。音乐中把7个音阶中的7个音级称为“七声”，即宫、商、角、微、羽、变宫（宫的低半音）、变徵（徵的低半音）。

在《庄子·应帝王》中提到：“人皆有七窍，以视听食息。”这“七窍”是指目、鼻、舌、口、耳七孔。在日常生活中有必需的7件事，在武汉臣写的《玉壶春》的第一折中有：“早晨起来七件事：柴、米、油、盐、酱、醋、茶。”

在数学游戏中有著名的“七巧板”，国外叫作“唐图”。它是把正方形的薄板分成7块，用来拼成各种图形，在世界各地流传很广。据说，法国皇帝拿破仑就十分喜爱玩“七巧板”，后来拿破仑兵败，被流放到圣赫勒拿的一个荒岛上，他一直摆弄“七巧板”，一直到死。

在祖国的医学中有“七情”之说。这“七情”是喜、怒、忧、思、悲、恐、惊。中医要根据这“七情”波动来诊断疾病。在医书《诸病源候论》中，以大饱伤脾、大怒伤肝、久坐湿地伤肾、寒饮伤肺、忧愁伤心、风雨伤形、恐惧伤志合称“七伤”。

在人的消化系统中，中医有“七冲门”说法。这“七冲门”是飞门、户门、吸门、贲门、幽门、阑门、魄门。在中医方剂中有所谓“七方”，大方、小方、缓方、急方、奇方、偶方、复方。

古代巴比伦是古代文明的发祥地之一，他们信奉“七星神”：太阳神沙马什、月亮神辛、火星涅尔伽（战神）、水星纳布（智慧神）、木星马尔都克（众神之王）、金星伊丝妲（爱情神）、土星尼努尔达（胜利神）。他们认为每天都有一位星神值班，7日一轮回，据说后世7天为一个星期就来源于此，巴比伦人所创造的星期的记日制度流传至今。他们建有七星坛，共七层，从上到下依次是太阳、月亮、火星、水星、木星、金星、土星为各层祭祀的神。“星期”就是各星期日的日期，七日周期又称七曜星期周，从星期日到星期一，分别称为日曜日、月曜日、火曜日、水曜日、木曜日、金曜日、土曜日。

中世纪阿拉伯地理记载中，说从今天的地中海到中国之间有“七海”：中国海、红海、绿海（今天的波斯湾）、大马士革海（今天的地中海）、威尼斯海、滂脱斯海、卓章海（今天的里海）。

古希腊历史学家希罗多德提出世界七大奇迹，即古埃及金字塔、巴比伦空中花园、奥林匹亚宙斯神像、罗德岛太阳神巨像、阿尔忒弥斯神庙、摩索拉斯陵墓、亚历山大港灯塔。

佛经上有“七佛”之说。说是在释迦牟尼之前就有成佛的，一共有6名，他们佛名是毗婆尸佛、尸弃佛、毗舍浮佛、拘留孙佛、拘那含牟尼佛、迦叶佛。连同释迦牟尼佛一共是“七佛”。

佛经《阿弥陀经》《大智度论》中提到“七宝”，即赤金、银、琉璃、石车磲、玛瑙、琥珀、珊瑚。

在国外宗教里也大量用到“七”。《圣经》里说，上帝在七天内创造了世界，又降洪水于世界上七天，诺亚放出和平鸽七天后衔着橄榄枝回来。基督教认为人生有七件圣事：圣洗、坚振、圣体、忏悔、终傅、神品、婚配。同时说人有七大罪过:傲慢、妒忌、暴怒、贪婪、暴食及色欲。

当今世界分为七大洲:亚洲、欧洲、非洲、北美洲、南美洲、大洋洲、南极洲。近年来,英国的《伦敦新闻画刊》提出了现代世界的“七大奇迹”:人类征服太空、“协和”式超音速飞机的诞生、无线电广播电视机、微电脑技术、悉尼歌剧院、埃菲尔铁塔、内燃机。

“七”的频繁出现也有一定的科学道理。有人做过研究,由七人组成的集体最有利于行动。首先,七是一个奇数,便于表决;其次,若少于七人,意见太少,容易草率做出决定,而多于七人,人多了又会在小集团中滋生权欲。也有人说,七个字的诗词最容易记,所有我国古代诗词中有“七律”。

2002年6月在韩国和日本举行的第17届世界杯足球比赛中,巴西的主教练斯科拉里认为7是最幸运的数。一个球队的队长最重要,斯科拉里把7号球衣和队长的袖标同时交给了埃莫森,他崇拜7,期望着7能给巴西队带来好运。斯科拉里还说他喜欢带有7的数字,如17,27。斯科拉里解释说,77在《圣经》里有“无限发挥”的意思。在星象学里7字被认为有“卓越”的意思;在希伯来语中7字意味着物质世界和精神世界的统一;在伊斯兰教里7象征着天国;在古希腊毕达哥拉斯眼里,7是智慧的象征;根据瑜伽理论,7能通管人的整个身体;然而7字用意最多的是天主教,他们把7当作“完美”的化身或包含着大功告成的意思。

论“八”

现代一些想发财的人特别喜欢“八”,认为“八”就是“发”,发财的意思。但是在我国古代,从一到十这十个数字中,八却不是很吉利的,“八”是离别的意思。在《说文》中是这样解释“八”的:“别也,像分别相背之形。”就是说“八”的外形,就像两个人相分离,背对背的样子。按照古代的解释,“八”不但发不了财,而且和“财”背道而驰。

我国著名的《易经》中有“八卦”,八卦被后世认为是世界上最早的二进位数。古代文人的标志有八种：珠、磬、币、菱、书、画、犀角、艾叶。

清代雍正元年，在银川城西15里筑城，城的周长、墙高、垛口数、炮眼数、炮台数、药楼数、水沟数都是“八”的倍数。它的面积以及城内官兵衙门房屋的排列栋数、将军及副都统衙门房间数、兵房数、也都是“八”的倍数。驻防的军队，其编数为满蒙八旗，官兵数还是“八”的倍数。

汉语词汇中，用“八”字当头的不计其数。古人以“八元”比喻贤能重臣；以“八公”比喻神仙；以“八龙”比喻才德出众的人；用“八面玲珑”来形容某人处世圆滑而不得罪任何一方；用“八面威风”来形容神气十足；用“八字还没有一撇”来形容事情还没有眉目。此外，还有八方、八字、八拜之交、八九不离十等。

书法中有“八体”，它们是做大篆、小篆、刻符、虫书、摹印、署书、殳书、隶书。画法中有“八格”，即石老而润、水净而明、山要崔巍、泉宜洒落、云烟出没、野径迂回、松偃龙蛇、竹藏风雨。音乐中有“八音”：金、石、土、革、丝、木、匏、竹。

中医里有“八纲”，即阴、阳、表、里、寒、热、虚、实。中医治疗的方法有“八法”：邪在肌表用汗法、邪壅于上用吐法、邪实于里用和法、寒症用温法、热症用清法、虚症用补法、积滞肿块用下法等。

老北京与“八”有不解之缘，有著名的“燕京八景”：西山晴雪、卢沟晓月、金台夕照、蓟门烟树、琼岛春阴、太液秋风、玉泉趵突、居庸叠翠。

老北京人的衣食住行都离不开“八”。过去，穿衣服，买布匹要去“八大祥”：瑞蚨祥、瑞和祥、谦祥益、聚祥益、东升祥、和升祥、同和祥、义和祥；请客人吃饭要去“八大楼”：东兴楼、致美楼、泰丰楼、春华楼、正阳楼、新丰楼、安福楼、鸿兴楼；到天桥要看“八大怪”：大金牙、小金牙、云里飞、管儿张、大兵黄、花狗熊、王小辫儿、大洋铁壶；逛庙会要去“八庙”：隆福寺、护国寺、白塔寺、东岳庙、蟠桃宫、雍和宫、大钟寺、白云观。

神奇的“九”

在10个阿拉伯数字中，9是最值得歌颂的，它神奇、崇高，无所不在。

在我国的神话传说中，龙生有九子。第一子叫囚牛，平生好音乐，今胡琴头上刻兽是其遗像；第二子叫睚眦，平生好杀，今刀柄上龙吞口是其遗像；第三子叫嘲风，平生好险，今殿角走兽是其遗像；第四子叫蒲牢，平生好鸣，今钟上兽钮是其遗像；第五子叫狻猊，平生好坐，今佛座狮子是其遗像；第六子叫霸下，平生好负重，今碑座兽是其遗像；第七子叫狴犴，平生好讼，今狱门上狮子头是其遗像；第八子叫负屃，平生好文，今碑两旁文龙是其遗像；第九子叫螭吻，今殿脊兽头是其遗像。

凡是到北京旅游的人，大概都去过故宫和天坛。在这些皇帝住过和去过的地方，你会发现许多和9有关的建筑、陈设和礼仪。比如，故宫共有房屋9999间半，各大门的门钉都是横着9个、竖着9个共81个。明朝建北京城时，设有9个城门；天安门城楼面阔9间；金銮殿宝座上有9条龙，甚至台阶也是9级或9的倍数。

在礼仪方面，“九”见得更多。给皇帝行礼要三拜九叩，贡品要以九计数。清朝宫廷大宴，各种菜肴、点心、果品要有九十品；皇帝过生日、举行娱乐活动，要表演九九八十一个节目，最后还要举行“九九大庆会”等等。

天坛是明清两代帝王祭天行礼的地方，在建筑格局上，工匠们表现出很高的数学才能。

天坛的圜丘，是帝王祭天的地方。古代的“圜”就是“圆”，三层圆形台渐次缩小形成一丘状。古人有“天圆地方”之说，所以祭天的地方一定要修成圆形的。圜丘最上层台面直径9丈。第一层台面的中央嵌着一块圆形石板，叫太极石。太极石的四周绕有9圈石块，第一圈9块扇形板，第二圈18块，依次递加，第九圈为99块。第二层台面也是9圈石块，由99块一直到162块，每圈递增9块。第三层台面也是9圈，由171块至243块，每圈递增9块。每层四面都有台阶，各9级，共27级。每层栏板（即两个碧柱之间的石板）设计得更巧妙！它也是9的倍数，一层栏板72块，二层108块，三层180块，合在一起又是360块，正合周天的360度。

在旧社会，常用“三教九流”来形容社会人物的复杂多样。“三教”指的是儒、释、道。“九流”分“上九流”“中九流”“下九流”。“上九流”指的是帝王、圣贤、隐士、童仙、文人、武士、农、工、商。“中九流”指的是举子、医生、相命、丹青（卖画人）、书生、琴棋、僧、道、尼。“下九流”指的是师爷、衙差、升秤（秤手）、媒婆、走卒、时妖（拐骗及巫婆）、盗、窃、娼。

在我国古代，九表示多，如九重、九霄、九泉、九州。在古书《周易》中，称三为天数，四为地数，而九是天数的极数。我国古代文学家屈原作有《九歌》，而传说《九歌》是启从天上偷下来的，把天上的乐章偷到了人间。

我国的农历，从冬至开始数九，9天为一段，数完9个九，严冬已过，春暖花开，万物复苏，正所谓“九九加一九，耕牛遍地走”。9是春天的信息。

在艺术的殿堂里，北海公园的“九龙壁”闻名遐迩。在金黄色的边框之中，上方茫茫青天，白云缭绕；下方海水碧绿，波浪翻卷。9条龙的分布呈中心对称，最外面两条为橙黄色的巨龙，次外为一对紫色巨龙，第三对为乳白色，居中一对为蓝色。一条浅黄色巨龙为群龙之首，它独居当中，腾空飞舞。9条龙栩栩如生，姿态各异，气势磅礴。9是艺术家的娇子。

神秘的“十二”

人的日常生活中，时时离不开数字“十二”。一年365天，被分为12个月。为什么这样划分呢？是因为一年中有12次满月或圆月，这是观察月球运行的结果。

我国还有十二生肖，它们是鼠、牛、虎、兔、龙、蛇、马、羊、猴、鸡、狗、猪。每年一属，12年一个轮回。

由于12等于3乘4，古希腊人提出了人的三种个性，四种基本物质。

人的三种个性，即三种反应方式：一种人的反应方式是积极的；另一种人则相反，毫无反应，平静异常；第三种人反应一般。四种基本物质是水、土、气、火。这与现代物理学上的四种基本物质状态相对：水，即液态；土，即固态；气，即气态；火，即等离子态。

现代天文学为了研究星空需要，把整个宇宙的星空划分为 88 个区域，即星座。古代人记录了太阳位移的路线，发现是一个大圆圈，把这个大圆圈叫作黄道。把黄道两侧画了一条黄道带，再把这一带的恒星分为 12 个星座，叫作十二宫。

黄道十二宫的来历，最早起源于古巴比伦时代。古巴比伦天文学家把黄道分成 12 段，每段 30°，每段对应于一个月，太阳每月向东移动过一段，位移过 12 段的时间正好是一年。黄道十二宫是以动物命名的：春季三宫是白羊宫、金牛宫、双子宫；夏季三宫是巨蟹宫、狮子宫、室女宫；秋季三宫是天秤宫、天蝎宫、人马宫；冬季三宫是摩羯宫、宝瓶宫、双鱼宫。

有一首十二宫的歌谣：白羊金牛把路开，双子巨蟹相继来。狮子室女光闪烁，天秤天蝎共徘徊。人马摩羯挽强弓，宝瓶双鱼把头抬。春夏秋冬分四季，十二宫里巧安排。

数学上，12 是合数，它共有 6 个约数：1、2、3、4、6 和 12。在小于 24 的自然数中，12 是约数最多的数。由于 12 的约数多，分起来方便，它也被选来用作进位制。在英制中，1 尺 = 12 寸，1 先令 = 12 便士。日常生活中的一“打”有 12 件物品，钟面上是 12 小时。

19 世纪，英国数学家哈密顿提出了一个著名的“周游世界问题”。他说，从正十二面体的一个顶点出发，沿着各条棱前进，把20个顶点无遗漏地全部通过，而且不许重复，问这种走法能否实现？

正十二面体共有12个面，其中每个面都是一个正五边形，共有20个顶点，30条棱。我们可以设想这20个顶点是世界上20个大城市，比如北京、上海、纽约、伦敦、巴黎、东京等。经过论证，哈密顿所提出的走法完全可以实现。

在数学的三维理论中，12被称为“吻数”。所谓“吻数”，意思是“可以相吻之数”。12个球体包围一个同样大小的球体，中间的球体可以被所围的12个球体中的每一个触及，多一个就不成了。

在化学中，碳是最基本的元素之一。在元素周期表中，碳的原子量是12，碳有12个质子，12个电子。由碳生成的三个变体是煤炭、石墨、钻石。

在古罗马的神话中，幸运之神朱庇特绕太阳一周需要12年。于是就把12看成是吉利数、幸运数。古希腊人相信，每隔12年朱庇特会给他们带来好运气。希腊历史学家希罗多德发现，古希腊人在小亚细亚建造了12座城池，此后，再也不肯建造新城池了，因为他们认为12这个数字是神圣的，是不可超越的。

在《圣经 · 旧约》中，12更充满了神秘的色彩。希伯来人雅各布有12个儿子，这12个儿子后来成了以色列12个氏族的祖先。书中说，国王萨罗莫的洗礼盒上有12只铜牛；高级牧师胸前挂有嵌着12颗宝石和能保佑人的胸牌。

在《圣经 · 新约》中，12出现得更加频繁。耶稣有12个儿子；耶稣用12只面包（先5个后7个）救助5000名饥饿的人；耶路撒冷有12扇大门，它们建在12块基石上，上面刻有12个信徒的名字；在耶路撒冷，每次朝拜耶稣的人数允许是：

$$12 \times 12 = 144(\text{人})$$

数字与诗词

历代诗人总喜欢让数字入自己的诗词。清代文学家纪晓岚写过一首诗,诗中“一”字到底:

一帆一桨一渔舟,一个渔翁一钓钩;

一俯一仰一顿笑,一江明月一江秋。

明代诗人梅鼎祚写过一首诗,句句不离一个“半”字:

半水半烟着柳,半风半雨催花;

半没半浮渔艇,半藏半见人家。

诗的意境美妙,烘托出一幅烟雨迷蒙的春天美景。

在诗中除了用单一的数字,更多的是把从一到十的数字,按顺序排进诗中。比如一首非常有名的五言诗:

一去二三里,烟村四五家,

亭台六七座,八九十枝花。

小诗总共20个字,数字占了一半,但是它一点也不枯燥,而是活脱脱勾勒出一幅山村风光画。

清朝末年,河南陈州有个穷秀才进城访友,路过城中一湖泊时,忽然雪花飞扬,茫茫一片。秀才诗兴大发,信口咏出《吟雪诗》一首:

一片二片三四片,五六七八九十片,

千片万片无数片,飞入芦花总不现。

在对联中加入数字更是常见,后来把这种对联叫作“嵌数对联”。这种对联的特点是,从一到十,或从十到一,全部按照递增或递减的顺序排在句中。

传说宋代苏东坡早年乘船赴考，因途中遇风浪，误了开考时辰，主考大人不让他进考场。后来听了苏东坡的诉说，顿生恻隐之心，出一对联的上联："一叶小舟，载着二三位考生，走了四五六日水路，七颠八倒到九江，十分来迟。"这就是"嵌数对联"，数字是递增的。苏东坡对出："十年寒窗，读了九八卷诗书，赶过七六五个考场，四番三往到二门，一定要进。"这也是"嵌数对联"，数字却是递减的。

当代也有人用"嵌数对联"来歌颂人民教师的：

上联：一支粉笔，两袖清风，三尺讲台，四季晴雨，加上五脏六腑七嘴八舌九思十想，教必有方，滴滴汗水诚滋桃李芳天下。

下联：十卷诗赋，九章勾股，八索文思，七纬地理，连同六艺五经四书三字两雅一心，诲而不倦，点点心血勤育英才泽神州。

现在许多人，新年用手机发祝贺短信，也有与数字有关的，比如：

诗词和对联中，除了有数字还有数学运算：

乾隆皇帝下江南时，遇到一位老寿星，一打听，这位老寿星已有141岁高龄。乾隆皇帝随即给出一个上联：

花甲重开，外加三七岁月。

乾隆皇帝的随行大臣纪晓岚很快对出下联：

古稀双庆，更多一度春秋。

上联中的"花甲"指的是60岁，"重开"指的是两个60岁，"三七"是21

岁,合在一起就是:$60 \times 2 + 21 = 120 + 21 = 141$(岁)。

下联中的“古稀”指的是70岁,“双庆”指的是两个70岁,“多一度春秋”就是多1岁。合在一起就是:$70 \times 2 + 1 = 140 + 1 = 141$(岁)。

在阅读古文时,时常会遇到一些数字。比如陈子昂的《上元夜效小庾体》中有“三五月华新,遨游逐上春”的句子。在康熙皇帝的《四十一年除夕书怀》中有“平生宵旰志,七七又将过”的句子。这里的“三五”“七七”都是相乘关系,“三五”就是“三乘五”,即农历十五之夜;“七七”就是“七乘七”,即四十九岁。

古文中也有用两个数字构成分数关系的。比如《陈涉世家》中有“戍死者固十六七”,意思是说守卫边塞死掉的有十分之六七。前面的“十”是除数(即分母),后面的“六七”是被除数(即分子)。

古文中还有一种是表示近似值的约数。比如《西门豹治邺》一文中有“从弟子女十人所”,这里的“十”指的是十个人左右。在《冯婉贞》中有“日暮,所击杀者无虑百十人”。这里“百十人”即“百余人”,也是一个约数。

怎样辨别两个数字的乘除关系和约数关系呢?一般说来,小数在前、大数在后的是乘法关系,如“三五”“二八”;大数在前、小数在后是除法关系,如十六七;两个序数先后并提是约数关系。

乾隆皇帝曾出过一个以数字为谜底的词谜。乾隆皇帝很欣赏纪晓岚的渊博学识,有时候故意出些难题考他。有一次,乾隆出了这样一个颇为有趣的词谜:

下珠帘焚香去卜卦,

问苍天,侬的人儿落在谁家?

恨王郎全无一点真心话。

欲罢不能罢,

吾把口来压!

论文字交情不差,

染成皂难讲一句清白话。

分明一对好鸳鸯却被刀割下，

抛得奴力尽手又乏。

细思量口与心俱是假。

乾隆得意扬扬地问纪晓岚：

“老爱卿，你可知道这个词谜的谜底是什么？”

纪晓岚沉思了片刻答道：

“圣上才高千古，令人敬佩！这表面上是一首女子的绝情词，实际上各句都隐藏着一个数字。”

原来谜底是“一二三四五六七八九十”。

解法是：

“下”去“卜”是一；

“天”不见“人”是二；

“王”无“一”是三；古时候“一”（也可以竖写成“|”）

“罢”（罢繁写为罷）不要“能”是四；

“吾”去了“口”是五；

“交”不要差（叉谐音，意指×）是六；

“皂”去了“白”是七；

“分”去了“刀”是八；

“抛”去了“力”和“手”是九；

“思”去了“口”和“心”是十。

“十三”的传说

西方人不喜欢数字十三，认为它给人带来厄运。他们的饭店里没有13楼，从12楼直接到14楼。电梯按键上没有13，房间没有13号。

西方人为什么这样讨厌十三呢？这是从宗教的典故中来的。

在基督教的《圣经》里有这样一个记载：耶稣和他的12个门徒聚会时，被他的第13个门徒出卖了。因此，耶稣被钉死在十字架上。从此之后，13这个数就被认为是不吉利的了。随着基督教的传播，后来逐步变成了一种风俗。实际上这是一种迷信，许多西方人也不相信13真的就不吉利。

还有一种说法，据说耶稣不要第13个门徒，是把宇宙的现象用到了人间。人们把12看作一个完整的周期，认为13是多余的。在天文上把黄道分为12段，用白羊、金牛、巨蟹、狮子等来命名。第13被认为是亵渎神灵，狂妄傲慢。

世界著名童话《睡美人》中，讲述了一个国王为庆祝女儿的诞生，宴请了12个聪明的女人来为女儿祈祷，祝福她幸福、美丽、讲道德、健康，但是来了第13个未被邀请的女巫，她却诅咒小公主沉睡一百年。这个流传很广的故事，更加深了人们对13的不祥印象。

其实，13是一个很重要的数字。自然界有许多东西都和13有联系，比如，小麦一生中长出13个叶片，而最后长出的第13个叶片——旗叶，能为小麦提供总积累量50%的有机物；被人们认为长寿的乌龟，它的背甲上有13块多角图形，构成一个美丽的图案。

但是，在西方的国家里，也有把13当作吉祥的数字。比如，著名的古希腊《荷马史诗》里，英雄奥德赛曾率领12个勇士远征，结果其他人都死了，只有他被救了回来，13被看作吉祥的象征。

现代国际象棋世界冠军加里·卡斯帕罗夫就非常喜欢13。他在同卡尔波夫争夺世界冠军前，诙谐地对卡尔波夫说："你作为世界棋坛的第12位冠军已载入史册，而我最心爱的数字是13，我这个13日出生的孩子（加里·卡斯帕罗夫是1963年4月13日出生），13岁成为候补运动健将，想成为第13位世界冠军不知你愿不愿意？”经过长达一年的艰苦奋战，加里·卡斯帕罗夫终于如愿以偿成为第13位世界冠军。

扎加洛是世界足球冠军巴西队的主教练，他对数字13情有独钟。他在13日和妻子结婚，他的车牌号码是“0013”，在他当足球运动员时，把自己的号码由11号换成13号。扎加洛率领巴西队于1958年夺得世界杯冠军，他认为5 + 8 = 13，是13帮了忙。1994年在世界杯决赛上，巴西队遭遇意大利队，扎加洛信心十足，他说9 + 4 = 13，巴西肯定要赢，结果巴西夺冠。

中国从古至今与13有关的事情太多了。比如，儒家经典俗称十三经，古代医学曾划分为十三科，北魏有十三州志，古代南曲曲牌通称十三调，明朝帝陵俗称十三陵，唐末有十三太保，小说里有《七剑十三侠》，等等。

13和其他数字一样，既不会带来噩运也不会带来好运。

有趣的几何图画

三角形、长方形、正方形和圆是最简单的几何图形。可是用这些简单的图形却能组成许多有趣的图画。

用两个圆和三个三角形就能组成一只可爱的小兔；用三个圆和三个三角形能组成一只发愁的熊猫。

下页图是一组体育画，有体操、冰球、自行车、举重等。你如果仔细观察，会发现这些图基本上是由三角形、长方形和圆组成的。

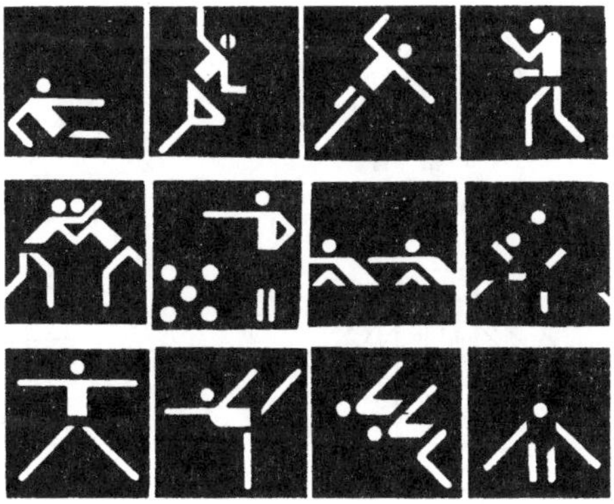

下图是由 8 个头像组成的一组表情画。由直线、圆弧、圆等简单几何图形构成了各种各样的表情，惟妙惟肖，令人忍俊不禁。

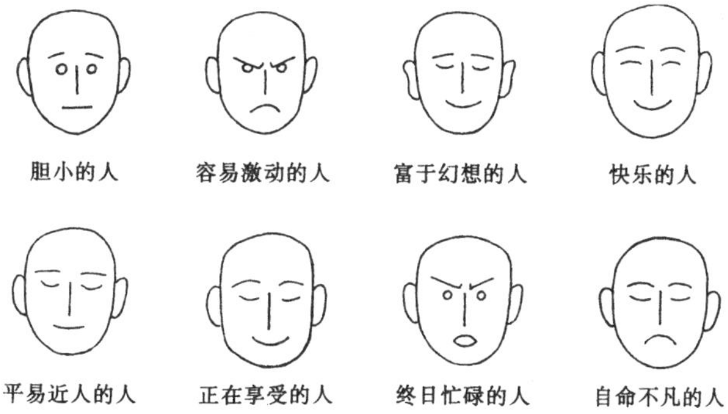

图 1 ~ 图 4 的头像是世界上四位著名的大文豪：

图 1 是 19 世纪美国著名幽默讽刺作家马克 · 吐温。他长着一张正方形的脸，一个大三角形鼻子，两只圆眼睛。

图 2 是 19 世纪俄国著名作家托尔斯泰。他的脸是倒三角形的，平行四边形的鼻子是瘪的。八字眉是由两个三角形对接而成。

图 3 是 16 世纪末至 17 世纪英国杰出的戏剧家和诗人莎士比亚。他的脸是长方形的，鼻子和嘴都是三角形的。

图 4 是法国 19 世纪批判现实主义文学的代表作家巴尔扎克。他一定很胖，看他的脸是圆形的，眼睛是两个同心圆组成。他长的是蒜头鼻子，圆圆的。大八字胡子，是两个三角形。

图 1

图 2

图 3

图 4

看，多么有趣的几何图画！

最后给出一张几何图画（右图）。它是由圆、半圆、弧、长方形和三角形组成的头像。我不说，你认识他是谁吗？

韩信暗点兵

我国汉初军事家韩信，神机妙算，百战百胜。传说在一次战斗前为了弄清敌方兵力，韩信乔装到敌营外侦察，隔着高大寨墙偷听里面敌将正在指挥练兵。只听得按3人一行整队时最后剩零头1人，按5人一行整队时剩零头2人，7人一行整队时剩零头3人，11人一行整队时剩零头1人。据此韩信很快算出敌兵有892人。于是针对敌情调兵遣将，一举击败了敌兵。这就是流传于民间的故事《韩信暗点兵》。

“韩信暗点兵”作为数学问题最早出现在我国的《孙子算经》中。原文是：“今有物不知其数，三三数之剩二，五五数之剩三，七七数之剩二，问物几何？”

用现代话来说：“今有一堆东西，不知它的数量。如果三个三个地数最后剩两个，五个五个地数最后剩三个，七个七个地数最后剩两个，问这一堆东西有多少个？”

该书给出的解法是：

$$N = 70 \times 2 + 21 \times 3 + 15 \times 2 - 2 \times 105.$$

这个解法巧妙之处在于 70,21,15 这三个数。

70 可以被 5 和 7 整除,并且是用 3 除余 1 的最小正整数,因此 2×70 被 3 除余 2; 21 可以被 3 和 7 整除, 并且是用 5 除余 1 的最小正整数, 因此 3×21 被 5 除余 3;15 可以被 3 和 5 整除,并且是用 7 除余 1 的最小正整数,因此 2×15 被 7 除余 2。

这样一来,$70\times2+21\times3+15\times2$ 被 3 除余 2,被 5 除余 3,被 7 除余 2。这个数大于 100,容易算出 3,5,7 的最小公倍数是 105。从这个数中减去两倍的 105,不会影响被 3,5,7 除所得的余数。

$$N=70\times2+21\times3+15\times2-2\times105=23.$$

我国明代数学家程大位在《算法统宗》里用诗歌形式给出了以上解法,便于记忆:

三人同行七十稀,五树梅花廿一枝,

七子团圆月正半,除百零五便得知。

“三人同行七十稀”,表示 70 是被 3 除余 1,且能被 5 和 7 整除。“五树梅花廿一枝”,与上句类似。“月正半”就是 15。“除百零五便得知”,这里“除”是“减”的意思,减去 105 的整数倍就可得知结果。

仿照《孙子算经》中“物不知数”问题的解法,来算一算“韩信暗点兵”:

$$\begin{aligned}N&=385\times1+231\times2+330\times3+210\times1-1155\\&=2047-1155=892.\end{aligned}$$

“韩信暗点兵”在中国古代数学史上有过不少有趣的别名,如“鬼谷算”“秦王暗点兵”“剪管术”“隔墙算”等。

1852 年,《孙子算经》传入欧洲,人们发现孙子的解法与欧洲著名数学家高斯的定理一致,而孙子的研究早了 1000 多年。这个定理被称为“中国剩余定理”或“孙子剩余定理”。这个定理不仅在数学史上占有重要地位,而且还包含了近代数学中许多问题所使用的一个根本原则,在电子计算机的设计中也是不可缺少的。

数学上类似“物不知数”的问题很多，解法各异，再看一个问题：

“有一个数，用2除余1，用3除余2，用4除余3，用5除余4，用6除余5……用11除余10，问此数是多少？”

解答这个问题，从正面直接去算比较复杂，因为所余的数各不相同，很不容易计算。但是，若反过来考虑，把“有余”变成“不足”，计算就简单多了。

实际上，用2除余1，也就是用2除缺1，意思是比2的整数倍少1；用3除余2，也就是用3除缺1；用4除余3，也就是用4除缺1；以此类推，直到用11除余10，仍然是用11除缺1。总之，所求的数被从2到11的各数去除，都因为缺1而不能整除。如果添上1呢？就都是它们的整数倍了。

根据这个道理，可以先求出2,3,4,5,6,7,8,9,10,11的最小公倍数，然后再减1就是所求的数了。

用短除法求最小公倍数得：

$2\times2\times3\times5\times7\times2\times3\times11=27720.$

所求的数中最小的数是 $27720-1=27719.$

符合条件的数不止27719这一个，满足 $n\times27720-1$ （n为自然数）的数都行。

奇怪的赛程

黄蚂蚁和黑蚂蚁都认为自己跑得快。

黄蚂蚁说：“我腿长，步子大，一步顶你两步，我跑得一定比你快！”

黑蚂蚁不甘示弱地说：“我虽然腿短，但是步子迈得快，你刚迈出一步，我三步都迈出去了，我跑得肯定比你快！”

两只蚂蚁争论半天，谁也不服气，只好实地比试一下了。刚好一位小朋友在地上画了三个半圆。

黄蚂蚁指着半圆说：“沿着这个大半圆可以从甲跑到乙，沿着这两个小半圆也可以从甲跑到乙。两条道路你挑吧。”黑蚂蚁挑选了两个小半圆连接成的道路。

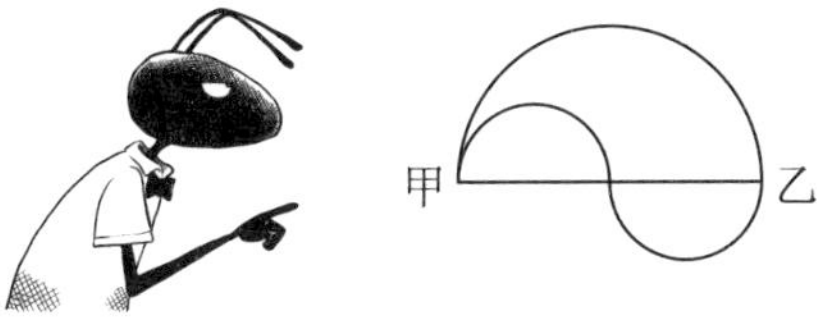

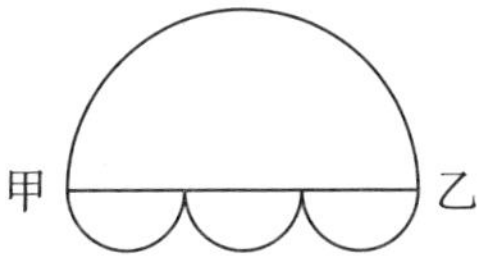

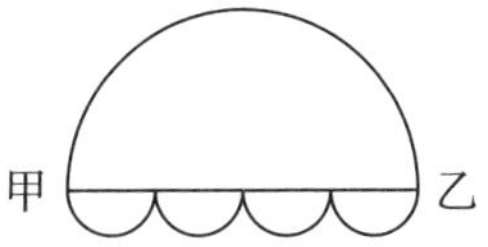

两只蚂蚁在甲处站好，一声令下，各自沿着自己选择的道路飞快地跑着。一只腿长步大，一只步小轻快。说也奇怪，两只蚂蚁不先不后同时到达了乙处。

黑蚂蚁一边喘气一边说：“不对，你走的这条道一定比我的近。你想呀，你走的是一个半圆，我走的是两个半圆，我比你多走一个半圆哪！”

黄蚂蚁跺着脚说：“你胡说！你走的半圆多小啊，我走的半圆有多大。我走的这条路一定比你的长。”两只蚂蚁又你一句我一句争了起来。

最后，两只蚂蚁决定再赛一次。这次道路互相换一下，从乙处再跑回到甲处。一声令下，黄蚂蚁沿着两个小半圆，而黑蚂蚁则沿着大半圆跑了起来。结果怎么样？两只蚂蚁又是同时到达了甲处。

黄蚂蚁和黑蚂蚁互相看了一眼，尽管谁也不服气，可是谁也说不出什么来。

这两条道路哪条长呢？其实是一样长。可以算一下：设外面大半圆的半径为R，那么里面两个小半圆的半径各为$\frac{R}{2}$。

大半圆周长 $=\pi R$，两个小半圆周长之和 $=\pi\frac{R}{2}+\pi\frac{R}{2}=\pi R$。确实是一

样长，两只蚂蚁跑得一样快。

那么，如果把两个小半圆改成3个小半圆、4个小半圆……100个小半圆，大半圆的周长和这些小半圆周长之和仍然相等吗？回答是肯定的。从计算圆周长的公式上很容易看到这个结论，不信你就动手算算。

聪明的法官

这是一个罗马尼亚民间故事：

两个老乡一起出门，甲的背包里有3个面包，乙的背包里有两个面包。走累了，就在树荫下休息，两个人把面包都拿出来放在一起吃。这时有个过路人向他俩打招呼，要求让他也吃一点。

“请坐！”两个人说，“只要有两个人吃的，也就有3个人吃的。”

3个人边说边吃，不一会儿就把5个面包吃光了。

过路人掏出5角钱递给挨着他坐的甲说：“请收下，好心肠的人们，这点钱略表我的一点谢意。”说完就走了。

甲递给乙2角钱说：“老兄，你有两个面包，给你2角；我有3个面包，我留下3角钱。”

乙摇摇头说：“这不公平，应该平分才对。”

两个人争吵不休，决定去找法官。

法官听了两个人的陈述，问乙：“你觉得这样分法不公平吗？”

“是的。”乙说，“只有平分才公平。”

法官对乙说：“如果说公平的话，你还应该给他1角钱。”

乙惊讶地说：“这怎么可能！难道他分4角，我分1角才算公平？”

“是的。”法官平静地说，“你原有两个面包，他有3个面包，而你们3个人吃的面包一样多，对吗？”

乙说：“完全正确。”

法官说：“这就对了。如果把5个面包中的每个都平均分成3块，总共有 15 块，其中有你的 6 块，他的 9 块。你们每人都吃了 5 块。这样一来，你只拿出了 1 块，而他却拿出了 4 块。你说说，你拿 1 角、他拿 4 角是不是最合理呀？”

“这……”乙只好又拿出 1 角钱给了甲。

富翁失算

从前国外有个贪财的大富翁，虽然已经非常有钱，可是每天还在盘算着如何得到更多的钱。

一天，富翁在路上遇到一个衣着俭朴的年轻人，他连眼皮也没眨一下，就走了过去。年轻人自言自语地说：“1 分钱换 10 万元总会有人干的……”富翁一听，急忙回头叫住年轻人：“喂，你说的换钱是怎么回事？”

年轻人很有礼貌地一鞠躬说：“先生，是这样的。我可以在一个月内，每天给你送来 10 万元钱，虽然不是白给，但是代价是微不足道的。第一天只要你付我 1 分钱。”

“1 分钱？”富翁简直不敢相信自己的耳朵。

“对，是 1 分钱。”年轻人说，“第二天再给你 10 万元时，你要付两分钱。”

富翁急切地问：“以后呢？”

“第三天，付 4 分钱；第四天，付 8 分钱……以后每天付给我的钱数都要比前一天多 1 倍。”

“还有什么附加条件呢？”

“就这些。但我们俩都必须遵守协定，谁也不准反悔！”于是，两人签订了协议。

10 万元换几分钱！真是难得的好事！富翁满口答应：“好！就这样。”

第二天一清早，年轻人准时到来，他说：“先生，我把 10 万元送来了。”随即从大口袋里掏出整整 10 万元，并对富翁说：“下面该你付钱了。”

富翁掏出 1 分钱放在桌子上，陌生人看了看，满意地放入衣袋说：“明天见。”说完走出门去。

10 万元钱从天而降！天下最大的便宜事叫富翁遇上了，他赶忙把钱藏了起来。

第二天早晨，年轻人又来了，他拿出 10 万元，收下 2 分钱。临走时说：“明天请准备好 4 分钱。”

第二个 10 万元又到手了！富翁乐得手舞足蹈，心想这个年轻人又蠢又怪！世上这样的人要是多几个多好。

第三天，年轻人用 10 万元换走 4 分钱。

第四天换走 8 分钱。以后又是 1 角 6 分、3 角 2 分、6 角 4 分，7 天过去了，富翁白白收入 70 万元，而付出的仅仅是 1 元 2 角 7 分。富翁真想把期限再延长些，哪怕多半个月也好呀！

年轻人照常每天送 10 万元来。第八天付给他 1 元 2 角 8 分，第九天付 2 元 5 角 6 分，第十天付 5 元 1 角 2 分，第十一天付 10 元 2 角 4 分，第十二天付 20 元 4 角 8 分，第十三天付 40 元 9 角 6 分，第十四天付 81 元 9 角 2 分。

14 天过去了，富翁已经收入整整 140 万元，而付出的才 150 元多一点。

又过了一段时间，富翁慢慢感到年轻人并不那么简单了，换钱也不像最初想象的那样合算了。15 天后，每收入 10 万元，付出的已是几百元了。不过，总的来说还是收入的多，支出的少。

可是，随着天数的增加，支出在飞速地增大，纯收入在逐日减少。第 25 天，富翁支出 167772 元 1 角 6 分，第一次超过了收入；第 26 天支出 335544 元 3 角 2 分，大大超过了收入；到了第 30 天支出竟达 5368709 元 1 角 2 分。

年轻人最后一次离开时，富翁连续算了一昼夜，终于发现：为了收入 300 万元，他付出了 10737418 元 2 角 3 分，亏了近 800 万元。富翁失算了！

计算一下富翁付出的总钱数，以分为单位的话，就有以下30个数相加.

$1+2+4+8+16+32+64+\cdots+536870912.$

为了算出这个和，可以写成算式：

$1+2+4=2\times2\times2-1,$

$1+2+4+8=2\times2\times2\times2-1,$

……

$$1+2+4+8+\cdots+536870912$$
$$=\underbrace{2\times2\times\cdots\times2}_{30个}-1$$
$$=1024\times1024\times1024-1=1073741823(分).$$

不会数学的猪八戒

猪八戒不爱动脑筋，也不爱学习，数学更是一塌糊涂。下面讲几个故事。

（一）猪八戒不识奇偶数

唐僧师徒四人往西天取经，行走匆匆。这一日，骄阳似火，孙悟空对师父说："我去弄点儿清泉水或野果来。"唐僧点头答应。

猪八戒对师父说："我去化点馒头和米粥来。"唐僧也点头同意。

猪八戒看见了一片西瓜地。他摇身一变，变成一头小野猪，钻进西瓜地，大吃西瓜。忽然，一只猛虎猛扑过来，小野猪扭头就跑，老虎紧追不舍。

小野猪急了，就地一滚，又恢复了原样。猪八戒抡起钉耙就打老虎。可定睛一看，哪里还有老虎，是孙悟空站在那里！

孙悟空问："八戒，你偷吃了多少个西瓜？"

猪八戒摇摇头说："我没偷吃，我可以对天起誓。"

孙悟空也不答话，从怀中取出10片同样大小的竹板，上面各写着1到10中的一个数。孙悟空左、右手分别拿着5片竹板，写着数的那面朝下。

孙悟空说:“你从我的两手中,各抽出一片竹板,记住竹板上写的数,然后再插回去。我翻过来看一眼,如果我能说出你抽的是哪两片竹板,就说明你心里想什么我都知道。”

“有这种事?”猪八戒半信半疑地从孙悟空的左、右手中各抽出一片竹板,默记住上面的数字后又插了回去。

孙悟空把两手的竹板翻过来一看,说:“你抽的竹板,一片上写的是3,一片上写的是8,对不对?”

“嘿!还真对。”猪八戒连续抽了几次,每次都被孙悟空猜中。于是,猪八戒也就真相信孙悟空知道他心里在想什么了,于是只得承认自己一共偷吃了18个西瓜。

猪八戒不好意思地问:“猴哥,你耍的究竟是什么把戏?”

孙悟空把左手一举说:“这五片竹板上都是偶数。”接着又把右手一举说:“这五片竹板上都是奇数。”孙悟空又说:“你从我左手抽的竹板一定是偶数,从我右手抽的竹板一定是奇数。当你翻过竹板看数时,我把左、右手的竹板迅速换一下。你再往回插时,是把写着偶数的竹板插进写着奇数的竹板中,翻过来以后,我就能一眼看出你插进的是哪片竹板了。”

猪八戒摇摇头说:“我叫奇偶数骗了!”

(二)猪八戒藏起几个馒头

猪八戒外出化缘,要来一大抱馒头。走到半路,猪八戒眼珠一转,心想:这么多馒头我何不藏起一些,留着自己慢慢吃呢?于是,他就把几个馒头藏进一个大树洞里。

孙悟空见猪八戒捧着馒头回来,笑着说:“真不错,有馒头吃啦!不过,就是少了点。猪八戒,你不会半路藏起一些吧?”

“没有,没有!”猪八戒忙分辩道。

吃过饭,孙悟空将猪八戒叫到一边小声问:“快从实招来,你藏起多少馒头?”说罢,眼睛一瞪。

“嘿，嘿。”猪八戒知道瞒不过孙悟空了，只是一个劲傻笑。

“听着，我给你算出来！”孙悟空稍一寻思，就说，“把你藏的馒头数乘以5，加上365，再乘以4，最后减去1460，告诉我结果等于多少。快讲！”

“别着急呀！”猪八戒算了一阵说，“得300。”

孙悟空立刻说：“好呀呆子，你藏起了15个馒头！”

猪八戒心想：“怪呀！他怎么算得这么准呢？”

猪八戒对孙悟空说：“猴哥，你是怎样算出来的？告诉我，也分给你7个馒头。”

“谁像你这般贪嘴！”说着，孙悟空在地上边写边讲，“假设你藏起的馒头数为x个，把藏起的馒头数乘以5：$x\times5$，

加上365：$5x+365$，

再乘以4：$(5x+365)\times4$，

最后减去1460：$(5x+365)\times4-1460$.

算出来：

$$\begin{aligned}&(5x+365)\times4-1460\\=&20x+1460-1460\\=&20x.\end{aligned}$$

只要把你算出的答数除以20，就是你藏起的馒头数。刚才你算出的答案是300。300÷20=15，也就是15个。”

“嗨！”八戒一拍大腿说，“结果是我告诉你的，又上当了！”

（三）猪八戒分馒头

唐僧师徒四人走在路上又渴又饿。孙悟空说：“我去采些野果给师父解渴。”说完，一个跟头翻走了。

猪八戒也不甘落后，忙对师父讲：“我去化些馒头给师父充饥。”说完，扛着钉耙摇摇摆摆地走开了。

没过多久，孙悟空背着一口袋鲜桃回来了。又过了一会儿，猪八戒也拎着一大筐馒头气喘吁吁地转回来了。

猪八戒说:“我化来32个馒头。”

孙悟空说:“每人分8个正合适。”

“不成！”猪八戒说,“不能平分。师父应该多分,我去化的馒头,也应该多分。你们两人么……只好委屈了,少吃一点喽！”

沙僧问:“你具体说说怎么分法？”

猪八戒想了想说:“分成的4份不能一样多。沙僧所得的馒头数加上3,师父所得的馒头数减去3,猴哥所得的馒头数乘以3,我所得的馒头数除以3,这四个得数要相等。”

沙僧对孙悟空说:“大师兄,你脑子灵,给算算每人分多少？”

“好个八戒,敢来戏我！”孙悟空在地上写了两个式子:

$$沙+师+孙+猪=32, \tag{1}$$

$$沙+3=师-3=孙\times 3=猪\div 3. \tag{2}$$

孙悟空说:“我只要把沙师弟分多少馒头求出来就可以了。”

由式(2)得,师 = 沙 + 6,

$孙=(沙+3)\div 3=\frac{1}{3}\times 沙+1$,

$猪=(沙+3)\times 3=3\times 沙+9$,

将上面三式同时代入式(1),得

$沙+师+孙+猪$

$=沙+(沙+6)+\frac{1}{3}\times 沙+1+3\times 沙+9$

$=\frac{16}{3}沙+16=32.$

由 $\frac{16}{3}沙+16=32$

解得 沙 = 3.

这样 $师=沙+6=3+6=9$,

$孙=(沙+3)\div 3=(3+3)\div 3=2$,

$猪=3\times 沙+9=3\times 3+9=18.$

悟空说:“好哇！师父分 9 个馒头，沙师弟分 3 个馒头，我才分 2 个，而你八戒却分 18 个馒头，实在可恶！”

猪八戒不以为然地说:“多劳者多得嘛！”说完抓起一个馒头就往嘴里放，只听“咔吧”一响，猪八戒大叫一声，原来猪八戒啃的不是馒头而是石头，馒头早被孙悟空变成了一块大石头。

小王子的智慧

(一)抽牌游戏

从前有个国王，他有三个王子。大王子只喜欢读书，二王子只知道习武，小王子的兴趣十分广泛，爱读书，爱习武，还爱玩。

国王想试一试三个王子谁更聪明，把他们都找来。国王一本正经地说:“今天，我让你们比试一下，看谁最会玩。”

“比玩？”大王子、二王子有点莫名其妙，两人互相看了一眼。

“比玩？那可太好了！”小王子高兴得直蹦。

国王从口袋里拿出一副扑克牌，从中拿掉大王、小王，又拿掉 4 张 K，把剩下的 48 张牌分成三份，每份 16 张牌，分别发给三个王子。

国王说:“你们都先不要看牌。大王子从二王子手中抽出 1 张牌，二王子从小王子手中抽出 1 张牌，小王子再从大王子手中抽出 1 张牌。”三位王子各抽 1 张牌后，把手中的牌依次交给国王，国王分别把三份牌都重新洗过，又还给他们。

国王说:“我第一次给你们的牌都是有规律的。现在，谁能说出你从别人那儿抽的是什么牌？被抽走的又是什么牌？”

三位王子刚把手中的牌翻过来，小王子就说:“我从大哥那儿抽来了 1 张红桃 3，二哥从我手中抽走了 1 张梅花 7。”

二王子问:“你是怎么知道的？”

小王子举着手中的牌说："你看，我手中有4张5、4张6、4张8，可是只有3张7，缺1张梅花7。但是多了1张红桃3。父王说第一次发牌是有规律的，原来一定有4张7才对。"

国王点点头说："小王子说得对！"

大王子不服气，他说："这是蒙人，再来一次我也能猜出来。"

"再做一次游戏。"国王把红桃A到红桃Q这12张牌挑了出来，每人分了4张牌，让三位王子按刚才的方法再抽一次。抽过之后每人把手中的牌都亮出来。

大王子手中的牌是6，7，9，Q（12）；

二王子手中的牌是A（1），5，10，J（11）；

小王子手中的牌是2，3，4，8.

大王子抢先说："我知道了！我手中的牌有规律：7－6＝1，9－7=2，12－9=3，它们的差是1，2，3对不对？"

小王子摇摇头说："大哥您别忘了，您手里有1张牌是刚从二哥手里抽去的呀！您原来的牌并没有这个规律。"大王子和二王子实在想不出来。

小王子说："大哥手中的6，9，12这三张牌都可以被3整除，因此，我手中的3一定是从大哥手中抽来的。"

二王子问："我手中的牌有什么规律呢？"

"二哥手中的牌原来是1，5，7，11，这些数（除1之外）只能被1和它本身整除，数学上叫质数。只是7被大哥抽走了。"小王子答道。

小王子把手中的牌一举说："我原来手里的牌一定是2，4，8，10。其中10被二哥抽走了。"

"答得好！"国王又从扑克牌里挑出了7张，在桌面上摊开。三位王子一看有6张红桃牌，它们是2，4，6，8，10，Q(12)，外加1张小王(代表14)。国王把7张牌洗过之后，背面朝上摆在桌上，让每位王子任选2张牌，把2张牌的数字之和报出来。

大王子说："我的2张牌数字之和是12。"

二王子说:“我的2张牌数字之和是10。”

小王子说:“我的2张牌数字之和是22。”

国王问:“桌上还剩下1张牌,谁能以最快的速度回答我,桌上这张牌是红桃几?”

二王子说:“这可以算出来。由于 $8+4=12,10+2=12$,因此,大哥手中的牌可能是红桃8和红桃4,也可能是红桃10和红桃2……”

“对,对。”大王子急着也搭话说,“由于 $8+2=10,6+4=10$,因此,二弟手中可能是红桃8和红桃2,也可能是红桃6和红桃4……”

但是,大王子和二王子谁也不说出自己手里到底拿的是什么牌。

小王子见两位哥哥正在猜测,就脱口而出说:“桌子上那张牌是红桃Q(12)。”国王翻牌一看,果然是它。

大王子问:“三弟,你怎么算得这么快?”

小王子笑着说:“这红桃Q(12)不是算出来的。”

二王子奇怪地问:“不算,怎么能知道?”

小王子解释说:“我手里的2张牌是红桃8和小王(14),我就肯定桌子上的牌是红桃Q(12)。”

二王子摇摇头说:“我看三弟是在蒙人吧?”

小王子说:“二哥的2张牌之和才是10,红桃Q(12)不可能在二哥手中;大哥的2张牌之和也只有12,因此,红桃Q(12)也不会在大哥手里,我手里又没有,红桃Q(12)只能在桌子上!”

国王笑着点点头说:“小王子不用算就可以知道桌上的牌是几,你们说,他的巧妙之处在哪里呢?”

大王子顿有所悟,他说:“三弟善于动脑筋去分析问题。”

(二)蒙眼猜珠

强人国派两位使者来见国王。

一个矮矮胖胖的使者说:“我们强人国国王,听说贵国的三位王子聪明过人，特派我们给三位王子送上薄礼，请笑纳。”

另一个又高又瘦的使者拿出一金一银两个盒子，又拿出一个口袋。打开口袋，里面装有30颗又圆又大的珍珠。

胖使者像变魔术一样，从口袋里抽出一条黑绸子。他举着绸子说：“我用这条绸子把一位王子的眼睛蒙上，然后有人把珍珠往两个盒子里放。往银盒子里放，每次只能放一颗；往金盒子里放，每次只能放两颗，不许不放也不许多放，每放一次就拍一下手。放完后，蒙眼的王子要根据听到的拍手次数，在20秒内说出金盒、银盒里各有几颗珍珠。”

瘦使者插上一句说：“若猜对了，就把这些珍珠作为礼物，送给他！”

三位王子互相看了一眼，二王子说：“我先猜。”胖使者马上给二王子蒙上眼睛。

二王子听到19次拍手，他自言自语地说：“关键是要找到两个数，这两个数之和等于19；其中一个数乘2，另一个数乘1，相加之后等于30。这两个数是几呢？”

“噢，我想起来啦！”二王子刚要说，只见瘦使者把手一举说：“20秒钟已到。”

二王子生气地把黑绸子一把抓下来说：“往金盒里放了11次，共22颗珍珠；往银盒里放了8次，有8颗珍珠，加在一起恰好是30颗！”

“您虽然算对了，但是时间已超过20秒钟，这份礼物不能送给您。十分遗憾哪！”胖使者的几句话，不冷不热，听了很不顺耳。

小王子笑眯眯地说：“我来试试。”胖使者赶紧给小王子蒙上眼睛。

瘦使者一共拍了21下手，小王子立刻答出：“银盒里有12颗珍珠，金盒里有18颗珍珠，对不对？”大家一数，一点也不差。

胖使者皮笑肉不笑地问：“我相信小王子是不会蒙人的，请小王子说说算法，我们也长长见识。”

小王子说：“我听到了21次拍手。如果这21次都是往银盒子里放，只有21颗珍珠，还差9颗。这说明21次中必然有9次是向金盒子里放的，因为金盒子每次放两颗珍珠，就可以补上所差的9颗。”

小王子悄声对胖使者说：“我告诉你一个公式吧：

金盒子的珍珠数=（30-拍手次数）×2，

银盒子的珍珠数=30-金盒子的珍珠数。”

“你也猜猜看。”小王子用黑绸子把胖使者的眼睛给蒙上了，又抓起珍珠一会儿往金盒子里放，一会儿往银盒子里放，“啪，啪……”一连拍了11下，然后问胖使者：“快说各有多少颗珍珠？”

胖使者结结巴巴地回答：“金盒子里有38颗珍珠，而银盒子有……嗯，按你的公式做，怎么不对啦？”

“哈，哈。”小王子笑着说，“一共才30颗，你算出了38颗。我才拍了11次手，就是每次都放了2颗，才放了22颗呀！而且我还没有放完哪！你要记住，拍手次数不能少于15次，不然这个公式是不能使用的！”大家一起大笑起来。

（三）宝石在哪盒里

强人国使者见一计不成，就又施一计。

瘦使者在桌上摆了五只金光闪闪的盒子，五只盒子从1到5都编上号。1，2，4号盒子都写着“宝石在这个盒子里”，3号盒子上写着“宝石不在这个盒子里”，而5号盒子上写着“宝石不在1号盒里”。

瘦使者指着盒子说：“在这五只盒子里，有一只盒子里装有一块价值连城的宝石，请王子猜一下宝石在哪只盒子里。但每位王子只能猜一次，谁猜对了就把宝石送给谁。哪位王子先猜？”

“我先猜。”大王子用手指了一下2号盒子。

瘦使者连忙打开2号盒子。盒子里面空空的，什么也没有。

小王子上前一步问：“这盒子上写的都是真话吗？”

瘦使者说：“只有一句是真话。”

小王子指着3号盒子说：“宝石在这个盒子里。”

瘦使者打开3号盒子，宝石果然在盒子里，在场的人齐声称赞。

瘦使者皮笑肉不笑地问："小王子怎么知道宝石一定在3号盒子里呢？"

小王子解释说："5号盒上写的'宝石不在1号盒里'和1号盒上写的'宝石在这盒里'这两句话中必有一句是真话，因此2、3、4号盒上写的一律是假话。而3号盒上写的'宝石不在这盒里'是假话，那么宝石必在3号盒里。"

（四）3129中的谜

有一天，国王忽然想起了什么，他对王子们说："你们的祖父母去世得早，你们可能都记不得他们的年龄了。谁能告诉我，你们的祖父母都活了多大年岁？"

二王子问："可以问您几个问题吗？"

国王回答："只能问一个。"

"啊，问一个问题就猜到祖父母的年龄，太困难了，这恐怕连神仙也难办到！"大王子自言自语地说。

国王又问小王子说："你行吗？"小王子点了点头。大王子和二王子很惊讶。

小王子说："请您把祖父的年龄用5乘，再加6，然后乘以20，再加上祖母的年龄，再减掉365，把最后得数告诉我。"

国王不知道小王子想干什么，心算了一阵说："得2884。"

小王子马上答道："祖父活到31岁，祖母活到29岁。"

国王高兴地站起来说："对极啦，就是这两个年龄！"

"为什么让父王算一道题，就能把祖父母的年龄算出来呢？""只许问一个问题，要猜出两个人的年龄，还不能直接去问，你是怎么算的呢？"两位哥哥不停地问着小王子。

小王子的妙算是叫父王算出一个四位数，使得千位和百位上的数字与祖父的年龄有关；十位和个位的数字与祖母的年龄有关。

小王子的算法是：用祖父的年龄乘以 5 得 31×5；加上 6 再乘以 20 得 $(31\times5+6)\times20$；再加上祖母的年龄 29，最后减掉 365 得

$$(31\times5+6)\times20+29-365=2884.$$

小王子心里把 2884 再暗自加 245，得 3129。31 是祖父的年龄，29 是祖母的年龄。

大王子问："为什么最后要加上 245 呢？"

小王子解释，可以利用乘法分配律，把上面的算式以另一种方式做一下：

$$\begin{aligned}&(31\times5+6)\times20+29-365\\&=31\times5\times20+6\times20+29-365\\&=31\times100+29+120-365\\&=3129-245.\end{aligned}$$

你看这最后一个式子，如果再加上一个 245，不就得到需要的 3129 了吗？

原来小王子像魔术师变魔术一样，在计算中加了一点"伪装"，这就是"加 6，减去 365"。其实这两步与计算祖父、祖母的年龄毫无关系，目的是使这种计算更隐蔽、更神秘。不然的话就会叫人家一眼识破，变得没意思了。不信，我们换一种直接计算方法你看看。

小王子对父王说："请您把祖父的年龄乘以 100，再加上祖母的年龄，把最后得数告诉我。"

国王会说："得 3129。好小子！你把祖母年龄放在十位、个位上；把祖父年龄放在千位、百位上，这还不如直接问问我，祖父、祖母活了多大年岁呢！"你看，这样直接问不就坏事了吗？

6. “代数学”的发现

“代数学”的由来

“代数学”一词，来自拉丁文，但是它又是从阿拉伯文变来的，其中还有一段曲折的历史。

7世纪初，穆罕默德创传伊斯兰教，并迅速传播开去。他的继承者统一了阿拉伯，又不断向外扩张，建立了横跨欧、亚、非三洲的大帝国，我国史书上称为大食国。

大食国善于吸取被征服国家的文化，把希腊、波斯和印度的书籍译成了阿拉伯文，设立了许多学校、图书馆和观象台。在这个时期出现了许多数学家，最著名的是9世纪的阿尔·花剌子米。这个名字的原意是“花剌子米人摩西之子穆罕默德”，简称阿尔·花剌子米。

阿尔·花剌子米约生活于780—850年。公元820年左右，他写了一本《代数学》。到1140年左右，罗伯特把它译成拉丁文。书名是“*‘ilm aljabr wa’l muquabalah*”，其中aljabr是“还原”或“移项”的意思。wa’l muquabalah是“对消”，即将两端相同的项消去或合并同类项。全名是“还原与对消的科学”，也可以译为“方程的科学”。后来第二个字渐渐被人遗忘，而aljabr这个字变成了algebra，这就是拉丁文的“代数学”。

“代数学”这个名称，在我国是1859年正式使用的。这一年，我国清代数学家李善兰和英国人伟烈亚力合作翻译英国数学家德·摩根所著的《*Elements of Algebra*》，正式定名为《代数学》。后来清代学者华蘅芳和英国人傅兰雅合译英国沃利斯的《代数术》，卷首有“代数之法，无论何数，皆可以任何记号代之”，说明了所谓代数，就是用符号来代表数字的一种方法。

阿尔·花剌子米的《代数学》讨论了方程的解法，并第一次给出了二次方程的一般解法。书中承认二次方程有两个根，还允许无理根的存在。阿尔·花剌子米把未知数叫作“根”，是树根、基础的意思，后来译成拉丁文radix，这个词有双重意义，它可以指一个方程的解，又可以指一个数的方根，一直沿用到现在。

阿尔·花剌子米的《代数学》有一个重大的缺点，就是完全没有代数符号，一切算法都用语言来叙述。比如“$x^2+10x=39$”要说成“一个平方数及其根的十倍等于三十九”。如果把用符号和字母来代替文字说成是代数学的基本特征的话，阿尔·花剌子米的《代数学》恐怕名不符实。

负数的出现

早在2000多年以前，我国就了解了正负数的概念，掌握了正负数的运算法则。那时候还没有纸，计算时使用一些小竹棍摆出各种数字。例如378摆成Ⅲ⊥Ⅲ，6708摆成⊥Π Ⅲ，等等。这些小竹棍叫作“算筹”。

人们在生活中经常遇到各种具有相反意义的量。比如在记账时会有余有亏；在计算粮仓存米数时，有进粮食、出粮食。为了方便，就考虑用具有相反意义的数——正负数来记它们。把余钱记为正，亏钱记为负；进粮食记为正，出粮食记为负等。

我国三国时期的学者刘徽，在建立正负数方面有重大贡献。

刘徽首先给出了正负数的定义。他说：“今两算得失相反，要令正负以名之。”意思是说，在计算过程中遇到具有相反意义的量，以正数和负数来区分它们。

刘徽第一次给出了区分正负数的方法。他说：“正算赤，负算黑。否则以邪正为异。”意思是说，用红色的棍摆出的数表示正数，黑色的棍摆出的数表示负数。也可以用斜摆的棍表示负数，用正摆的棍表示正数。

刘徽第一次给出了绝对值的概念。他说：“言负者未必负于少，言正者未必正于多。”意思是说，负数的绝对值不一定小，正数的绝对值不一定大。

我国2000年前的数学著作《九章算术》中，记载了正负数加减法的运算法则，原话是：

“正负术曰：同名相除，异名相益，正无入负之，负无入正之；其异名相除，同名相益，正无入正之，负无入负之。”

这里“名”就是号，“除”就是减，“相益”“相除”就是两数绝对值相加、相减，“无”就是零。

用现代语言解释，就是：“正负数加减的法则是：同符号两数相减，等于其绝对值相减；异符号两数相减，等于其绝对值相加。零减正数得负数，零减负数得正数。异符号两数相加，等于其绝对值相减；同符号两数相加，等于其绝对值相加。零加正数得正数，零加负数得负数。”

这一段关于正负数加减法的叙述，是完全正确的。负数的引入是我国古代数学家杰出的创造之一。

用不同颜色的数来表示正负数的习惯一直保留到现在。现代一般用红色数表示亏钱，表示负数。报纸上有时登载某某国家经济上出现“赤字”，表明这个国家支出大于收入，财政上亏了钱。

无理数与谋杀案

无理数怎么和谋杀案扯到一起去了？这件事还要从公元前6世纪古希腊的毕达哥拉斯学派说起。

毕达哥拉斯学派的创始人是著名数学家毕达哥拉斯。他认为：“任何两条线段之比，都可以用两个整数的比来表示。”两个整数的比实际上包括了整数和分数。因此，毕达哥拉斯认为，世界上只存在整数和分数，除此以外，没有别的什么数了。

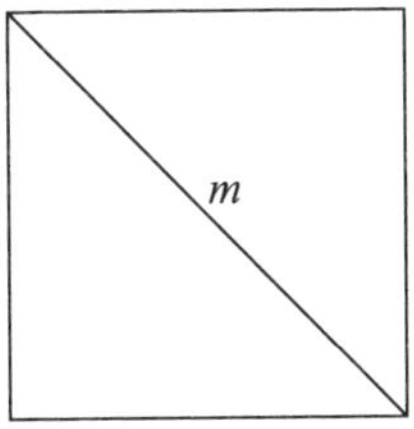

可是不久就出现了一个问题，当一个正方形的边长是1的时候，对角线的长 m 等于多少？是整数呢，还是分数？

根据勾股定理 $m^2=1^2+1^2=2$。m 显然不是整数，因为 $1^2=1, 2^2=4$，而 $m^2=2$，所以 m 一定比1大，比2小。那么 m 一定是分数了。可是，毕达哥拉斯和他的门徒费了九牛二虎之力，也找不出这个分数。

边长为1的正方形，它的对角线 m 总该有个长度吧！如果 m 既不是整数，又不是分数，m 究竟是个什么数呢？难道毕达哥拉斯错了，世界上除了整数和分数以外还有别的数？这个问题引起了毕达哥拉斯极大的苦恼。

毕达哥拉斯学派有个成员叫希伯斯，他对正方形对角线问题也很感兴

趣，花费了很多时间去钻研这个问题。

毕达哥拉斯研究的是正方形的对角线和边长的比，而希伯斯却研究的是正五边形的对角线和边长的比。希伯斯发现当正五边形的边长为1时，对角线既不是整数也不是分数。希伯斯断言：正五边形的对角线和边长的比，是人们还没有认识的新数。

希伯斯的发现，推翻了毕达哥拉斯认为数只有整数和分数的理论，动摇了毕达哥拉斯学派的基础，引起了毕达哥拉斯学派的恐慌。为了维护毕达哥拉斯的威信，他们下令严密封锁希伯斯的发现，如果有人胆敢泄露出去，就处以极刑——活埋。

真理是封锁不住的。尽管毕达哥拉斯学派教规森严，希伯斯的发现还是被许多人知道了。他们追查泄密的人，追查的结果，发现泄密的不是别人，正是希伯斯本人！

这还了得！希伯斯竟背叛老师，背叛自己的学派。毕达哥拉斯学派按照教规，要活埋希伯斯。希伯斯听到风声逃跑了。

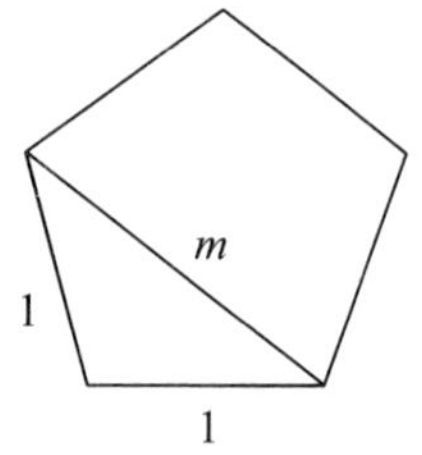

希伯斯在国外流浪了好几年，由于思念家乡，他偷偷地返回希腊。在地中海的一条海船上，毕达哥拉斯的忠实门徒发现了希伯斯，他们残忍地将希伯斯扔进地中海。无理数的发现人被谋杀了！

希伯斯虽然被害死了，但是无理数并没有随之而消灭。从希伯斯的发现中，人们知道了除去整数和分数以外，还存在着一种新数，$\sqrt{2}$就是这样的一个新数。给新发现的数起个什么名字呢？当时人们觉得，整数和分数是容易理解的，就把整数和分数合称有理数；而希伯斯发现的这种新数不好理解，就取名为无理数。

有理数和无理数有什么区别呢？

主要区别有两点：

第一，把有理数和无理数都写成小数形式时，有理数能写成有限小数或无限循环小数，比如 $4=4.0$，$\frac{4}{5}=0.8$，$\frac{1}{3}=0.333\cdots$ 而无理数只能写成无限不循环小数，比如$\sqrt{2}=1.4142\cdots$根据这一点，人们把无理数定义为无限不循环小数。

第二，所有的有理数都可以写成两个整数之比；而无理数却不能写成两个整数之比。根据这一点，有人建议给无理数摘掉“无理”的帽子，把有理数改叫“比数”，把无理数改叫“非比数”。本来嘛，无理数并不是不讲道理，只是人们最初对它不太理解罢了。

利用有理数和无理数的主要区别，可以证明$\sqrt{2}$是无理数，使用的方法是反证法。

证明$\sqrt{2}$是无理数。

证明：假设$\sqrt{2}$不是无理数，而是有理数。

既然$\sqrt{2}$是有理数，它必然可以写成两个整数之比的形式：

$$\sqrt{2}=\frac{p}{q}.$$

又由于p和q有公因数可以约去，所以可以认为$\frac{p}{q}$为既约分数。

将 $\sqrt{2}=\frac{p}{q}$两边平方

得 $$2=\frac{p^2}{q^2},$$

即 $$2q^2=p^2.$$

由于 $2q^2$ 是偶数，p 必定为偶数，设 $p=2m$.

由 $$2q^2=4m^2,$$

得 $$q^2=2m^2.$$

同理q必然也为偶数，设$q=2n$.

既然p和q都是偶数，它们必有公因数 2，这与前面假设$\frac{p}{q}$是既约分数矛盾。这个矛盾是由假设$\sqrt{2}$是有理数引起的。因此$\sqrt{2}$不是有理数，而应该是无理数。

无理数可以用线段长度来表示。下面是在数轴上确定某些无理数位置的方法，其中$\sqrt{2}$，$\sqrt{3}$，$\sqrt{5}$…都是无理数。具体做法是：

在数轴上，以原点O为一个顶点，以从O到 1 为边作一个正方形。根据勾股定理有

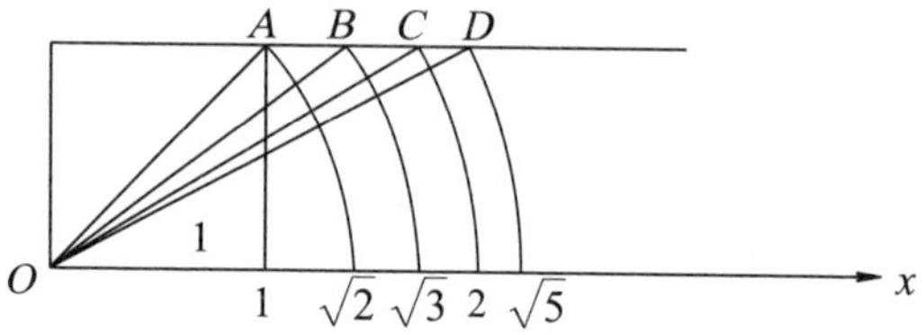

$OA^2 = 1^2 + 1^2 = 2$,

$OA = \sqrt{2}$.

以O为圆心、OA为半径画弧与OX轴交于一点，该点的坐标为$\sqrt{2}$，也就是说在数轴上找到了表示$\sqrt{2}$的点；以$\sqrt{2}$点引垂直于OX轴的直线，与正方形一边的延长线交于B，同理可得$OB = \sqrt{3}$，可在数轴上同法得到$\sqrt{3}$。还可以得到$\sqrt{5}$，$\sqrt{6}$，$\sqrt{7}$等等无理数点。

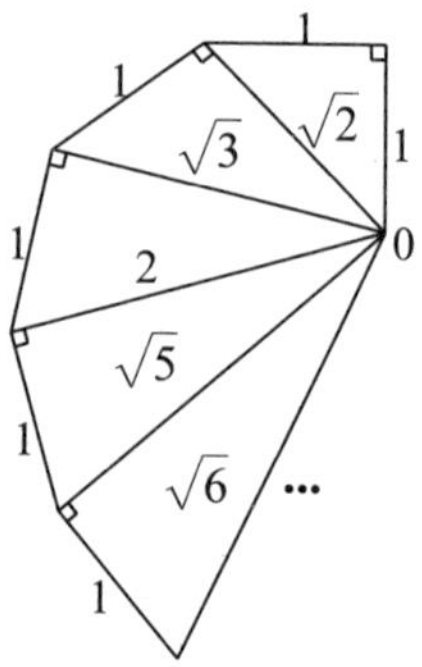

也可以用作直角三角形的方法，得到表示$\sqrt{2}$，$\sqrt{3}$，$\sqrt{5}$等无理数的线段。

有理数与无理数合称实数。初中阶段遇到的数都是实数。今后还要陆续学到许多无理数，如 e，$\sin 10°$，$\log_{10}3$ 等。

虚无缥缈的数

从自然数逐步扩大到了实数，数是否“够用”了？够不够用，要看能不能满足实践的需要。

在研究一元二次方程$x^2 + 1 = 0$时，人们提出了一个问题：我们都知道在实数范围内$x^2 + 1 = 0$是没有解的，如果硬把它解算一下，看看会得到什么结果呢？

由 $x^2+1=0$,得 $x^2=-1$.

两边同时开平方,得 $x=\pm\sqrt{-1}$(通常把$\sqrt{-1}$记为 i)。

$\sqrt{-1}$是什么? 是数吗? 关于这个问题的正确回答,经历了一个很长的探索过程。

16 世纪意大利数学家卡尔达诺和邦贝利在解方程时,首先引进了$\sqrt{-1}$,对它还进行过运算。

17 世纪法国数学家和哲学家笛卡儿把$\sqrt{-1}$叫作“虚数”,意思是“虚假的数”、“想象当中的,并不存在的数”。他把人们熟悉的有理数和无理数叫作“实数”,意思是“实际存在的数”。

数学家对虚数是什么样的数,一直感到神秘莫测。笛卡儿认为,虚数是“不可思议的”。大数学家莱布尼茨一直到 18 世纪还以为“虚数是神灵美妙与惊奇的避难所,它几乎是又存在又不存在的两栖物”。

随着数学研究的进展,数学家发现像$\sqrt{-1}$这样的虚数非常有用,后来把形如 $2+3\sqrt{-1}$, $6-5\sqrt{-1}$,一般地把$a+b\sqrt{-1}$记为$a+b$i,其中a,b为实数,这样的数叫作复数。

当$b=0$时,就是实数;

当$b\neq 0$时,叫作虚数;

当$a=0$,$b\neq 0$时,叫作纯虚数。

虚数作为复数的一部分,也是客观存在的一种数,并不是虚无缥缈的。由于引进了虚数单位$\sqrt{-1}=$ i,开阔了数学家的视野,解决了许多数学问题。如负数在复数范围内可以开偶次方,因此在复数内加、减、乘、除、乘方、开方六种运算总是可行的;在实数范围内一元n次方程不一定总是有根的,比如$x^2+1=0$在实数范围内就无根。但是在复数范围内一元n次方程总有n个根。复数的建立不仅解决了代数方面的问题,也为其他学科和工程技术解决了许多问题。

自然数、整数、有理数、实数、复数,人类认识的数,在不断地向外膨胀。

随着数概念的扩大，数增添了许多新的性质，但是也减少了某些性质。比如在实数范围内，数之间是可以比较大小的，可是在复数范围内，数之间已经不能比较大小了。

所谓能比较大小，就是对于规定的“>”关系能满足下面四条性质：

(1) 对于任意两个不同的实数a和b，或$a>b$，或$b>a$，两者不能同时成立。

(2) 若$a>b$，$b>c$，则$a>c$.

(3) 若$a>b$，则$a+c>b+c$.

(4) 若$a>b$，$c>0$，则$ac>bc$.

对于实数范围内的数，“>”关系是满足这四条性质的。但对于复数范围内，数之间是否能规定一种“>”关系来满足上述四条性质呢？答案是不能的，也就是说复数不能比较大小。

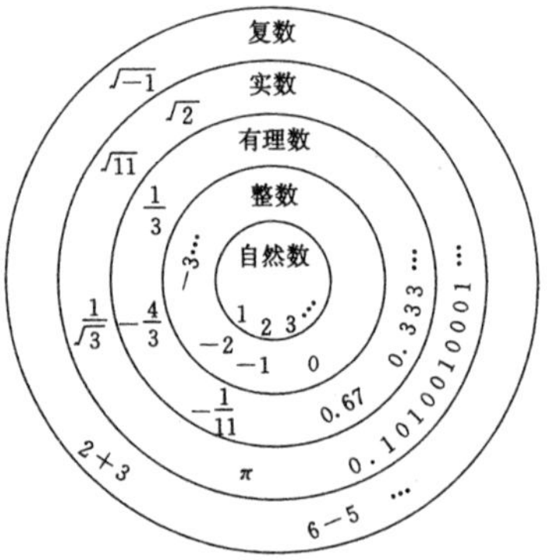

为了证明这个结论，我们需要交代复数运算的部分内容，证明中要用到它：

(1) $\sqrt{-1}\cdot\sqrt{-1}=-1$，$\sqrt{-1}\cdot 0=0$，

$(-\sqrt{-1})\cdot 0=0$，

$(-\sqrt{-1})\cdot(-\sqrt{-1})=-1$，

$\sqrt{-1}+(-\sqrt{-1})=0$，

$0+(-\sqrt{-1})=-\sqrt{-1}$.

(2) 复数中的实数仍按实数的运算法则进行运算。

现在用反证法证明复数不能比较大小。假设我们找到了一种“>”关系(注意，“>”关系不一定是实数中规定的含义)来满足上述四条性质。当然对于$\sqrt{-1}$与0应具有性质(1)：

$\sqrt{-1}>0$ 或 $0>\sqrt{-1}$.

先证明$\sqrt{-1}>0$不可能。

$\sqrt{-1}>0$的两边同乘$\sqrt{-1}$，由性质(4)得：

$\sqrt{-1}\cdot\sqrt{-1}>\sqrt{-1}\cdot 0$，

$-1>0$.

（注意，由于“>”不一定是实数中规定的含义，故未导出矛盾。）

$-1>0$ 的两边同加 1，由性质（3）得

$$-1+1>0+1,$$

$$0>1.$$

$-1>0$ 的两边同乘 -1，由性质（4）得

$$(-1)\cdot(-1)>(-1)\cdot 0,$$

$$1>0.$$

于是得到 $0>1$，而且 $1>0$，也就是 0 与 1 无法满足性质（1），这与假设形成矛盾，所以 $\sqrt{-1}>0$ 是不可能的。

其次证明 $0>\sqrt{-1}$ 不可能。

$0>\sqrt{-1}$ 的两边同加 $-\sqrt{-1}$，由性质（3）得

$$0+(-\sqrt{-1})>\sqrt{-1}+(-\sqrt{-1}),$$

$$-\sqrt{-1}>0.$$

$-\sqrt{-1}>0$ 的两边同乘 $-\sqrt{-1}$，由性质（4）得

$$(-\sqrt{-1})\cdot(-\sqrt{-1})>(-\sqrt{-1})\cdot 0,$$

$$-1>0.$$

以下可依第一种情况证明，导出矛盾。所以 $0>\sqrt{-1}$ 不可能。

以上证明了从复数中取出两个数 $\sqrt{-1}$ 与 0 是无法比较大小的，从而证明了复数没有大小关系。

复数无大小，听来新鲜，确是事实！

代数之父

提起韦达定理，凡是学过二次方程的人没有不知道的。韦达定理又称为“根与系数的关系”。

韦达是 16 世纪末的法国数学家，由于他在发展现代的符号代数上起了决定性作用，后世称他为“代数之父”。

韦达是利用业余时间研究数学的，他本职是律师，还是一位国务活动家。当时法国和西班牙正进行战争，西班牙军队使用非常复杂的密码进行通信联系，他们甚至用这种密码和法国国内的特务联系。尽管法国截获了一些秘密信件，但由于信上的密码无法破译，无法了解其中的内容。

法国国王亨利四世请韦达帮助破译密码，韦达欣然同意。经过紧张的工作，终于揭开了密码的秘密。韦达这一爱国行动激怒了西班牙的统治者，西班牙宗教裁判所宣布韦达背叛了上帝，判处他烧死的极刑。当然，西班牙宗教裁判所的这个野蛮裁决并没有实现。

韦达把所有的空闲时间都用在研究数学上，有时为解决一个问题，一连几天不睡觉。1591 年，他的数学专著《分析方法入门》出版了。韦达不但使用字母表示未知数，还使用字母表示方程中的系数，使方程得到现代的形式。韦达发现了根与系数的关系，发展了二、三、四次方程的统一方法以及根的各种变换。

韦达常使用代换法来解方程。下面介绍韦达用代换法解二次方程 $x^2+px+q=0$.

韦达首先引入代换 $x=y+z$。代入方程

得 $$(y+z)^2+p(y+z)+q=0,$$

整理，得

$$y^2+(2z+p)y+z^2+pz+q=0. \tag{1}$$

由于 z 是任意的，可以取 $z=-\frac{p}{2}$，此时有

$$2z+p=0,$$

$$z^2+pz+q=\frac{p^2}{4}-\frac{p^2}{2}+q=q-\frac{p^2}{4}.$$

方程(1)化成

$$y^2+q-\frac{p^2}{4}=0.$$

$$y^2=\frac{p^2}{4}-q,$$

$$y=\pm\sqrt{\frac{p^2}{4}-q},$$

$$x=y+z=-\frac{p}{2}\pm\sqrt{\frac{p^2}{4}-q}.$$

如果此时令 $x_1=-\frac{p}{2}+\sqrt{\frac{p^2}{4}-q}$，

$$x_2=-\frac{p}{2}-\sqrt{\frac{p^2}{4}-q}.$$

则 $$x_1+x_2=-p,$$

$$x_1\cdot x_2=q.$$

这就得出了韦达定理的表达式。

应该指出的是，由于韦达只承认方程有正根，他不可能完全认识方程的全部解，因此也不可能像上面那样，给出方程的根与系数的表达式。他只接近了方程的根与系数关系的思想。尽管如此，后世还是把根与系数的关系叫作韦达定理。

奇妙的数字三角形

17 世纪法国数学家、物理学家、文学家帕斯卡被誉为具有“火山般的天才”。

帕斯卡三岁时母亲去世了，由于从小缺少应有的照顾，帕斯卡体弱多病。帕斯卡在回忆自己的童年生活时说：“从十岁起，我每日在苦痛之中。”不幸和病魔并没有压倒帕斯卡，他满腔热情投身于科学事业。

帕斯卡 13 岁时，有一天他信手在纸上横着、竖着各写了十个 1。然后在第二行第二列的地方写上一个 2，这个 2 是它上面的 1 和左边的 1 的和，1+1=2；第二行第三列的地方写上一个 3，这个 3 是它上

面的 1 和左边的 2 的和，1+2=3；他就用上面的数和左边的数相加的方法，填出一个斜放着的等腰直角三角形。

1	1	1	1	1	1	1	1	1	1
1	2	3	4	5	6	7	8	9	
1	3	6	10	15	21	28	36		
1	4	10	20	35	56	84			
1	5	15	35	70	126				
1	6	21	56	126					
1	7	28	84						
1	8	36							
1	9								
1									

帕斯卡把这个三角形向右旋转 45°，进一步发现从第三行开始，中间的每一个数都等于它肩上两个数之和。这些数字的排法好面熟啊！像在哪儿见过。

1

1　1

1　2　1

1　3　3　1

1　4　6　4　1

1　5　10　10　5　1

1　6　15　20　15　6　1

1　7　21　35　35　21　7　1

1　8　28　56　70　56　28　8　1

1　9　36　84　126　126　84　36　9　1

帕斯卡反复回忆，啊！想起来了，他在纸上写出一串等式：

$(a+b)^2=a^2+2ab+b^2$,

$(a+b)^3=a^3+3a^2b+3ab^2+b^3$,

$(a+b)^4=a^4+4a^3b+6a^2b^2+4ab^3+b^4$,

$(a+b)^5=a^5+5a^4b+10a^3b^2+10a^2b^3+5ab^4+b^5$.

这里每一个二项式展开式的系数，不正好是这个三角形一行的数吗？不用问，这最下面的一行数必定是 $(a+b)^9$ 展开式各项的系数。

有了这个三角形，写以自然数为指数的二项式展开式就方便多了。比如求 $(a+b)^6$ 的展开式，只要从三角形的顶尖往下数到第七行，就得到各项的系数，a的指数从 6 开始降幂排列；b的指数从 1 开始升幂排列，可以写出：

$$(a+b)^6=a^6+6a^5b+15a^4b^2+20a^3b^3+15a^2b^4+6ab^5+b^6.$$

后来人们就把这个三角形叫作“帕斯卡三角形”。这个三角形给出了二项式展开式系数的规律，对研究二项式非常有用。

其实，这个三角形并不是帕斯卡最早发现的，早在帕斯卡前五六百年，11 世纪我国北宋数学家贾宪曾给出类似的三角形。

贾宪曾在北宋朝廷里做过左班殿直（低级武官）。贾宪对数学颇有研究，著有三本数学书，《算法敩（xiào）古集》《黄帝九章细草》和《释锁》，可惜都已失传。贾宪对数学最重要的贡献是建立了一种开高次方的新方法——“增乘开方法”。用这种方法可以开三次或三次以上的任意次方。

贾宪解方程时，反复遇到二数和的任意次方的展开问题。他发现了展开式中系数的规律，并造了一张数表，叫作“开方作法本源”，包括相当于 0 次到 6 次的二项式展开式的全部系数。

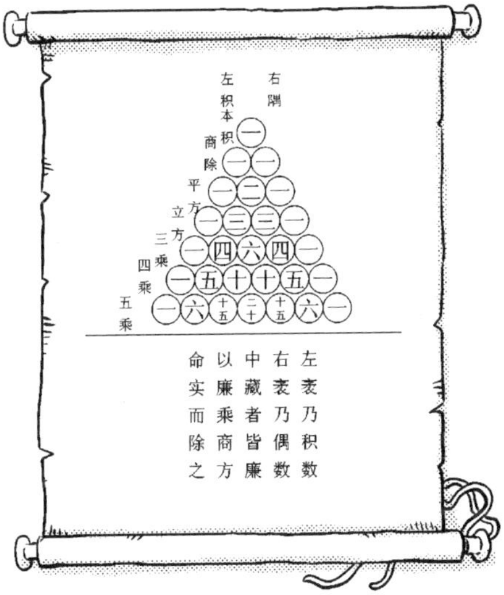

由于贾宪的著作都已失传，因此贾宪所作“开方作法本源”载于南宋数学家杨辉所撰的《详解九章算法》一书中。杨辉部分数学著作被收入明初编写的巨篇《永乐大典》中。清末，英国侵略者把《永乐大典》掠夺去许多册，其中恰好包括“开方作法本源”图的那一册，此书现藏于剑桥大学图书馆，我国国内已没有了。

从制作此图时间的早晚来看，此三角形应叫“贾宪三角形”更合适。比帕斯卡早的还有中亚数学家阿尔·卡西，他于 1427 年发表类似三角形。16 世纪德国的阿皮亚纳斯也曾造出此三角形。

《算盘书》和兔子问题

13 世纪,欧洲普鲁士王国的弗雷德里希二世,听说意大利有个解题能手叫斐波那契,此人聪明过人。弗雷德里希二世邀请斐波那契参加王宫的科学竞赛。参加科学竞赛的还有来自欧洲各国的才子和数学家。

弗雷德里希二世出的第一道题是:

"求一个数x,使x^2+5与x^2-5都是平方数。"

参加竞赛的人都在紧皱双眉冥思苦想,而斐波那契用他独创的方法得出答案$3\frac{5}{12}$。有人不相信他能算得这样快,做了一下验算:

$(3\frac{5}{12})^2+5=\frac{1681}{144}+\frac{720}{144}=\frac{2401}{144}=(\frac{49}{12})^2$;

$(3\frac{5}{12})^2-5=\frac{1681}{144}-\frac{720}{144}=\frac{961}{144}=(\frac{31}{12})^2$.

完全正确!

用代数的方法,设

$$x^2+5=t_1^2,\quad x^2-5=t_2^2,$$

得 $$t_1^2-t_2^2=10.$$

即 $$(t_1-t_2)(t_1+t_2)=10.$$

令 $t_1-t_2=t$,则 $t_1+t_2=\frac{10}{t}$,

于是得 $t_1=\frac{1}{2}(t+\frac{10}{t})$.

$\therefore\quad x^2=\frac{1}{4}(t+\frac{10}{t})^2-5=\frac{1}{4}(t^2+\frac{100}{t^2})$.

令 $t=\frac{3}{2}$,就得 $x=3\frac{5}{12}$.

弗雷德里希二世又出了一道题:

"有一笔款,甲、乙、丙三人各占$\frac{1}{2}$,$\frac{1}{3}$,$\frac{1}{6}$。现各从中取款若干,直到取

完为止。然后，三人分别放回自己所取款的$\frac{1}{2}$，$\frac{1}{3}$，$\frac{1}{6}$，再将放回的钱平均分给三人，这时各人所得恰好是他们应有的。问原有钱若干？第一次各取若干？”

这道题本身就挺绕人，有人听了三遍题还没把题目的意思弄懂。可是斐波那契已经把答数交给弗雷德里希二世了。答案是：总数是47元，第一次甲取33元，乙取13元，丙取1元。

这个问题可以用方程组来解。

设原有钱x元，第一次甲取u元，乙取v元，丙取w元，可得

$$u+v+w=x,$$

$$\begin{cases}(\frac{u}{2}+\frac{v}{3}+\frac{w}{6})\cdot\frac{1}{3}+\frac{u}{2}=\frac{x}{2},\\(\frac{u}{2}+\frac{v}{3}+\frac{w}{6})\cdot\frac{1}{3}+\frac{2v}{3}=\frac{x}{3},\\(\frac{u}{2}+\frac{v}{3}+\frac{w}{6})\cdot\frac{1}{3}+\frac{5w}{6}=\frac{x}{6}.\end{cases}$$

解这个方程组可得以上答数。

通过这次竞赛，斐波那契名声大震。有人评论说，斐波那契的水平显得比他实际水平高，这是因为没有与他匹敌的同时代人。

斐波那契生于意大利的比萨，父亲是商人。他早年跟随父亲到北非，后又到埃及、叙利亚、希腊、西西里岛和法国游历。他每到一国，都注意该国数学的发展情况。通过比较各国使用的算术，他认为阿拉伯数字和算法最先进。斐波那契返回意大利之后，于1202年写成一部数学专著，起名叫《算盘书》。这本书被欧洲各国选作数学教材，使用达200年之久，在欧洲有巨大的影响。

《算盘书》全书分15章。前7章为十进制的整数及分数的计算问题；第8~11章有适合商业计算的比例、利息和级数求和问题；第12~13章是求一次方程的整数解问题；第14章是求平方根与立方根的法则；第15章是几何度量和代数。《算盘书》

内容丰富,方法先进,向欧洲普及了阿拉伯数字,推动了欧洲数学的发展。

《算盘书》中有一道非常出名而又十分有趣的题目——“兔子问题”。

有人想知道一年内一对兔子可繁殖成多少对，便筑了一道围墙将一对兔子关在里面。已知一对兔子每一个月可以生一对小兔，而一对小兔子生下后第二个月就又开始生小兔。假如一年内没有死亡，一对兔子一年内可繁殖成几对?

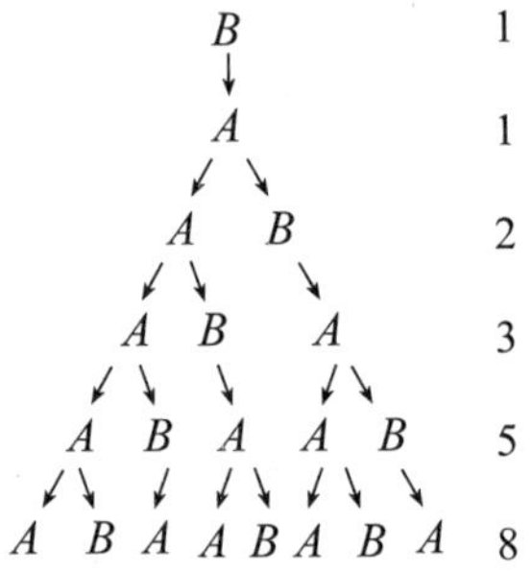

如果用A表示一对成年的大兔,用B表示一对未成年的小兔。它们的增长规律是:

从上面这个表可以看出,开始是1对小兔,一个月后变成1对大兔,两个月后变成2对兔子,三个月后变成3对兔子,四个月后变成5对兔子,五个月后变成8对兔子……有什么规律没有?我们可以多写出几项来观察,

$$1,1,2,3,5,8,13,21,34,\cdots \qquad (1)$$

不难发现,从第三项开始,每后一项都等于相邻的前两项之和,如 $2=1+1,3=2+1,5=3+2,\cdots$ 19世纪,法国数学家敏聂给出了表示上面一串数(1)的一般公式:

$$F_n=\frac{1}{\sqrt{5}}\left[\left(\frac{1+\sqrt{5}}{2}\right)^n-\left(\frac{1-\sqrt{5}}{2}\right)^n\right].$$

其中 $\frac{1+\sqrt{5}}{2}$ 与 $\frac{1-\sqrt{5}}{2}$ 是方程 $x^2-x-1=0$ 的两个根。数列(1)叫做“斐波那契数列”。

“斐波那契数列”有许多奇妙的性质,在物理学和生物学上有着广泛的应用。数学家泽林斯基在一次国际数学会议上提出树木生长问题:如果一棵树苗在一年以后长出两条新枝,然后休息一年。在下一年又长出一条新枝,并且每一条树枝都按照这个规律长出新枝(如下页图)。这样,第一年只有主干,第二年有2枝,第三年有3枝,接下去是5枝、8枝、13枝等。把这些枝数排起来,恰好是“斐波那契数列”。生物学中所谓的“鲁德维格定律”,实际就是“斐波那契数列”在植物学中的应用。

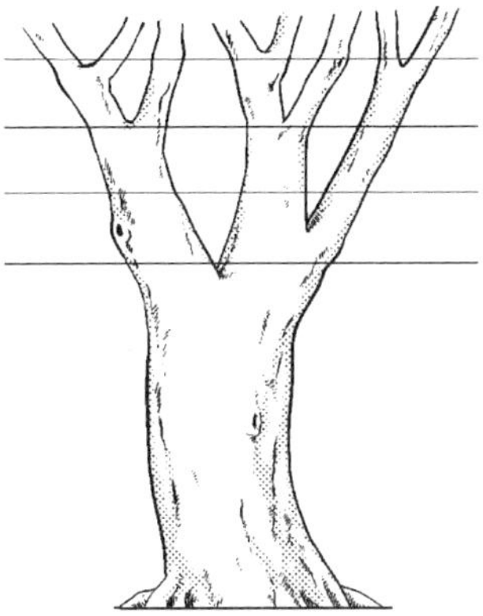

他延长了天文学家的生命

“给我空间、时间和对数,我可以创造一个宇宙。”这是16世纪意大利著名学者伽利略的一段话。从这段话中可以看出,伽利略把对数与最宝贵的空间和时间相提并论。

对数的发展绝非一人的功劳,首先要提到的是16世纪瑞士钟表匠彪奇。这个人心灵手巧,他不但精通钟表修理,还会修理天文仪器。后来彪奇被任命为布拉格的宫廷钟表师。在布拉格期间,彪奇结识了天文学家开普勒,他看到开普勒每天与天文数字打交道,数字之大,计算量之繁重,常使开普勒头痛。彪奇就产生了简化计算的思想。

造对数表的主要困难在于取什么数作底数。比如在 $y=\log_a x$ 中取 $a=10$,问 $y=0.0001$ 时,x 等于多少?

由 $0.0001=\log_{10}x$ 可得 $x=10^{0.0001}=10^{\frac{1}{10000}}=\sqrt[10000]{10}$。这里需要计算10开一万次方,这个工作量太大了。

把底取大点好吗?比如取 $a=10^{10000}$,这样可以解决开一万次方的矛盾,但是新问题又出现了,先来算几个数,对于 $y=\log_a x$ 来说:

当 $y = 0.0001$ 时　$x = (10^{10000})^{0.0001} = 10^1 = 10$;

当 $y = 0.0002$ 时　$x = (10^{10000})^{0.0002} = 10^2 = 100$;

当 $y = 0.0003$ 时　$x = (10^{10000})^{0.0003} = 10^3 = 1000$;

……

当 $y = 0.99$ 时　$x = (10^{10000})^{0.99} = 10^{9900}$.

对数每增加万分之一，真数就增加十倍。真数变化太快。这种表真数变化太快，不好用。

经过反复演算发现，彪奇取了这样的底a，

$a = 1.0001^{10000} = (1 + \frac{1}{10000})^{10000}$.

取这样的底可以使对数和真数变化的速度差不多。

彪奇从 1603 年到 1611 年，前后用了 8 年时间，硬是一个数一个数算，造出了一个对数表。彪奇造出的对数表帮了开普勒的大忙。开普勒深刻了解对数表的实用价值，劝彪奇赶快把对数表出版。彪奇自己嫌这个对数表还过于粗糙，一直没下决心出版。

正在彪奇犹豫不定的时候，1614 年 6 月在爱丁堡出版了苏格兰耐普尔男爵所造的、题为《奇妙的对数规律的描述》一书。在这本书中，耐普尔取底为$a = 1.0000001^{10^7}$。这个对数表的出版震动了数学界。许多人对这个表感兴趣。

“对数”(logarithm)一词是耐普尔首先创造的，意思是“比数”。最早他用“人造的数”来表示对数。

俄国著名诗人莱蒙托夫是位数学爱好者。传说有一次他解算一道数学题，冥思苦想也没能解决。睡觉时他做了个梦，梦见一位老人提示他应该如何去解这道题，醒后他真的把这道题解出来了。莱蒙托夫把梦中老人的像画了出来，大家一看，竟是数学家耐普尔。这个传说告诉我们，耐普尔在人们心目中的地位是很高的。

1616 年，英国牛津大学数学天文学教授布里格斯访问耐普尔，首先向这位伟大的对数发现者表示敬意，而后向耐普尔提了个建议：为了实用方便，是否把对数的底由1.0000001^{10^7}。改为 10，因为以 10 为底在数值计算上具有优越性。耐普尔也早有这个想法，双方同意合作造以 10 为底的对数表。不幸的是第二年耐普尔就去世了。

耐普尔的死，没有动摇布里格斯造新对数表的决心。他与荷兰数学家和出版者弗拉寇合作，用十年时间造出了以 10 为底的 14 位的对数表，这就是于 1624 年发表的《对数算术》。布里格斯先造出了从 1 到 20000 和从 90000 到 100000 的对数表。后来又在弗拉寇的帮助下补上了从 20000 到 90000 的对数表。

布里格斯造表的工作量是非常大的，下面以他计算lg5 为例，看看他的计算过程：布里格斯是把真数的几何平均数与对数的算术平均数相对应进行计算的：

真数	对数
$A=1$,	$a=0.0000$（原为 14 位）,
$B=10$,	$b=1.0000$,
$C=\sqrt{AB}=3.1623$,	$c=\dfrac{a+b}{2}=0.5000$,
$D=\sqrt{BC}=5.6234$,	$d=\dfrac{b+c}{2}=0.7500$,
$R=\sqrt{CD}=4.2170$,	$r=\dfrac{c+d}{2}=0.6250$,

……

如此下去，一共进行了22次开方，求出真数约为5.000，相应的对数是0.6990，即$\lg 5 = 0.6990$。

布里格斯的对数表是我们现在用的四位常用对数表的先驱。

最后应提到两点，最早研究对数的彪奇，直到1620年才发表自己的对数表，比耐普尔晚了六年；现在教科书上都是指数在前，对数在后，而实际上是对数的发现早于指数的应用，这是数学史上的反常情况之一。

对数的出现使学术界，特别是天文学界简直沸腾起来了。法国著名数学家和天文学家拉普拉斯说："对数的算法，不仅免除大数计算时不易避免的错误，并且数月的工作可用数天完成，无异延长了天文学家的生命。"

躺在床上思考的数学家

笛卡儿是17世纪法国哲学家、数学家、物理学家、生理学家。笛卡儿从小丧母，深得父亲的疼爱。他身体不好，父亲与学校商量，每天叫笛卡儿多睡会儿。后来笛卡儿养成了早上躺在床上沉思的习惯。据说笛卡儿许多发现都是早上在床上思考而得的。

数学是一门抽象的科学。方程、函数等都是比较抽象的概念。如果能把数学也搞得比较直观、形象该多好！笛卡儿为这件事动了脑筋。笛卡儿想：几何图形是直观的，而代数方程则比较抽象。能不能用几何图形来表示方程呢？关键是如何把组成几何图形的"点"与满足方程的每一组有序实"数"挂上钩，要在方程和几何之间架设一座桥梁。

传说有一次笛卡儿生病卧床，这是他思考问题的好时机。身体有病，头脑可不能闲着。笛卡儿反复琢磨通过一种什么办法，能够把点和数挂起钩来。突然，他看见屋顶上的一只蜘蛛拉着丝垂了下来。一会儿，蜘蛛又顺着丝爬了上去，在屋顶上左右爬行。

笛卡儿看到蜘蛛的"表演"，灵机一动，他想，可以把蜘蛛看作为一个点，它在屋子里可以上、下、左、右运动，能不能用一组有序实数把蜘蛛的位置确定下来？他又想，屋子里相邻的两面墙与地面交出了三条线。如果把地面上的墙角作为计算起点，把交出来的三条线作为三根数轴，那么空间中任一点的位置，不是可以用在这三根数轴找到的三个有顺序的数来表示了吗？比如图中的P点，它用$(3,2\frac{1}{2},2)$来表示，$(3,2\frac{1}{2},2)$叫作P点的坐标。反过来，任意给一组三个有顺序的数，也可以用空间中的一个点来表示它们。

在蜘蛛爬行的启示下，笛卡儿创建了坐标系。坐标系如同架设在代数和几何之间的一座桥梁。在坐标系下，几何图形和方程建立了联系，可以把几何图形通过坐标系转化成代数方程来研究，也可以画出方程的图形来研究方程的性质。笛卡儿还创造了用代数方法来研究几何图形的数学分支——解析几何。

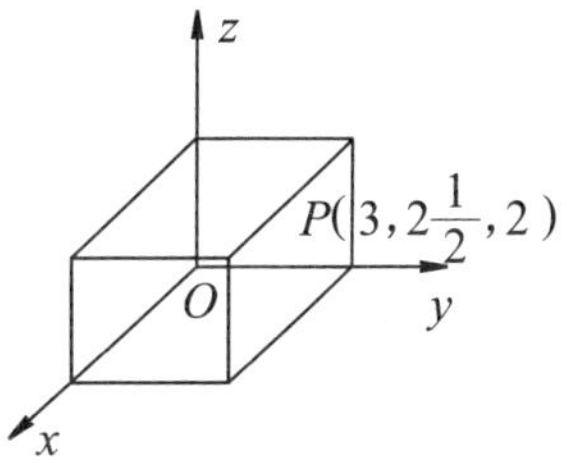

应该说明的是：笛卡儿最初开始创造的并不是直角坐标系，而是很不完备的斜坐标系。1637年，笛卡儿匿名出版了他的划时代著作，题为《方法论》。为什么要匿名出版呢？因为笛卡儿的哲学主张遭到反动教会的反对，意大利著名学者伽利略刚刚被宗教法庭审判，因此，笛卡儿不敢用真名发表。即使这样，1647年宗教法庭还是判处笛卡儿有罪，将笛卡儿的著作交宗教法庭烧毁！

笛卡儿这本书有三个附录，即《折光》《陨星》《几何学》。笛卡儿是在附录《几何学》中首先引入了坐标系的。他在一根给定的轴上标出x，在与该轴成固定角的线上标出y，并且作出其x值和y值满足给定关系的点。

笛卡儿并不是专门研究数学的。他研究哲学，还从事文学创作。多方面的兴趣、细心的观察、深入的思考，使他

在数学方面创造了许多重要的方法。笛卡儿写道:“虽说我从小就喜欢把空闲的时间用在解决数学问题上,但是这都是些小事情。在这些小事情当中,可能我发现了比普通数学更精确的地方。我抛弃了专门研究代数和几何,使我能献身于多方面的数学研究。在细心寻思时,我发现一切科学,所有跟顺序和度量有关的知识都属于数学,它们总要表现在数、图形、星座和声调里。”笛卡儿坐标系的建立,解析几何的创立,对数学的发展有着重大意义,是数学发展的一个重要转折点。

真函数与假函数

“函数”这个词被用作数学的术语，最早提出的是德国数学家莱布尼茨。他于1692年第一次用这个词。最初莱布尼茨用函数一词表示幂，比如x,x^2,x^3都叫函数;后来,他又用函数一词表示在直角坐标系中,曲线上一点的横坐标、纵坐标等。

把函数理解为幂的同义词,可以看成是函数的代数起源;用函数表示与几何有关的量,可以看作函数的几何起源。

进入18世纪,数学家将函数概念进行了扩展:

1718年,瑞士数学家伯努利把函数定义为:“由某个变量及任意的一些常数结合而成的数量。”意思是凡变量x与常量所构成的式子都叫作x的函数。伯努利已不再强调幂的形式了,凡是用公式表达的都叫作函数,如x^3+2x+1, $\sin x$, $\cos x$, e^x+1都是函数。

后来数学家觉得不应该把函数概念局限于只能用公式来表示。只要一些变量变化,另一些变量能随之而变化就可以,至于这两类变量的关系是否要用公式来表示,就不作为判别函数的标准。

1775年,瑞士数学家欧拉把函数定义为:“如果某些变量,以某一种方式依赖于另一些变量,即当后面这些变量变化时,前面这些变量也随着变化,我们把前面的变量称为后面变量的函数。”在欧拉定义中,就不强调函数要用公式表示了。

由于函数不一定要用公式来表达，欧拉曾把画在坐标系中的曲线也叫“函数”。如图，只要把曲线上点P_0的横坐标x_0确定，通过曲线就可以把点P_0的纵坐标y_0确定。当曲线上点P的横坐标x变化时，点P的纵坐标y也随之而变化。实际上，欧拉这里讲的是函数的图象表示法。

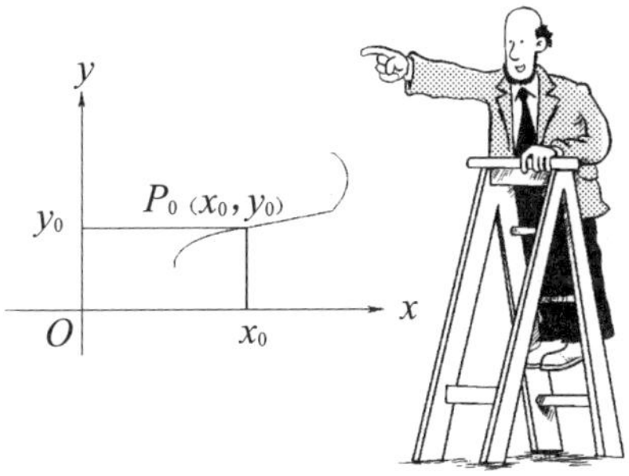

有的数学家对于不用公式来表示函数感到很不习惯，有的数学家甚至对不用公式来表示函数，还抱怀疑态度。因此，数学家曾把能用公式表示的函数叫“真函数”，把不能用公式表示的函数叫“假函数”。

现行中学课本上的函数定义是谁提出来的呢？最先提出类似定义的是法国数学家柯西。柯西于 1821 年提出如下定义：“在某些变量间存在着一定的关系，当一经给定其中某一变量的值，其他变量的值可随着而确定时，则将最初的变量叫作自变量，其他各变量叫作函数。”在柯西的定义中出现了“自变量”一词。

与柯西同时期的德国数学家黎曼也提出过类似的定义：“对于x的每一个值，y总有完全确定的值与它对应，而不拘建立x、y之间的对应方法如何，把y叫作x的函数。”

从用公式表示的才叫函数，扩充到现在用公式法、图像法、列表法等表示的都叫作函数，经历了一段很长的认识过程。19 世纪 70 年代，德国数学家康托尔提出了集合论，函数便明确地定义为集合间的对应关系，使得函数这个概念更准确，应用范围更广泛。

汉语中的“函数”是个意译词，就像“收音机”“自行车”一样，是把外文的词按意思转译过来的。它是我国清代数学家李善兰在译著《代微积拾级》中首先使用的。中国古代“函”字与“含”字通用，都有着“包含”的意思。李善兰的定义是：“凡式中含天，为天之函数。”中国古代用天、地、人、物四个字来表示四个不同的未知数或变量。这个定义的含意是“凡是公式中含有变量x，则该式子叫作x的函数”。所以“函数”是指公式里含有变量的意思。它比现在中学所学的函数定义要狭窄一些。

由瓦里斯问题引起的推想

17世纪英国著名数学家瓦里斯，自学成才，被人们称赞为“当时最有能力、最有创造力的人”。他在牛津大学当了54年数学教授。他著的《无穷的算术》一书，对数学发展影响很大。

瓦里斯曾提出一个问题：如何证明周长相同的矩形中正方形面积最大？这是300多年前的一个求极大值问题。

证明瓦里斯问题的方法很多，下面用二次函数来证明：

设矩形的周长为$2p$，长为x，则宽就是$p-x$.

矩形的面积 $S=x\cdot(p-x)$

$$=-x^2+px.$$

这是一个二次函数。

对于二次函数$y=ax^2+bx+c$来说，当$a>0$时，y有极小值；当$a<0$时，y有极大值。

$\because$ $S=-x^2+px$, $a=-1<0$,

$\therefore$ S有极大值.

对上面二次函数进行配方：

$$S=-\left(x^2-px+\frac{p^2}{4}\right)+\frac{p^2}{4}$$

$$=-(x-\frac{p}{2})^2+\frac{p^2}{4}.$$

当 $x=\frac{p}{2}$ 时，S 有最大值 $\frac{p^2}{4}$，且当 $x=\frac{p}{2}$ 时，$p-x=\frac{p}{2}$，说明周长为 $2p$ 的矩形中，以正方形的面积最大。

同样利用二次函数做工具，可以把瓦里斯问题层层引申，解决许多有趣的极值问题。

问题1：用一定长的篱笆，靠墙围成一个矩形，问怎样围法才能使围的面积最大？

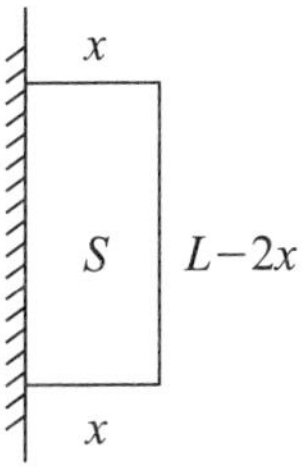

问题1图

设篱笆总长为L，如图设一边为x，另一边为$L-2x$，所围矩形面积为S.

$$S=x(L-2x)$$
$$=-2x^2+Lx.$$

由二次项系数为−2，所以该函数有极大值。使用配方法，得：

$$S=-2(x^2-\frac{L}{2}x+\frac{L^2}{16})+\frac{L^2}{8}$$
$$=-2(x-\frac{L}{4})^2+\frac{L^2}{8}.$$

当 $x=\frac{L}{4}$时，S的最大值为$\frac{L^2}{8}$，此时另一边为 $L-2\cdot\frac{L}{4}=\frac{L}{2}$。

问题2：在一个锐角三角形中作一个内接矩形。问怎样作法才能使内接矩形的面积最大？

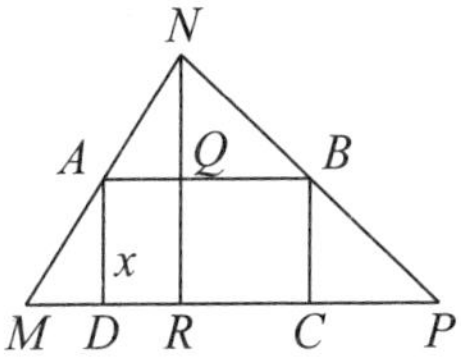

问题2图

设$\triangle MNP$的底边 $MP=a$，高 $NR=h$。又设内接矩形$ABCD$的一边$AD=x$.

$\because\quad \triangle ABN\backsim\triangle MPN$,

$\therefore\quad \frac{AB}{MP}=\frac{NQ}{NR},\qquad \frac{AB}{a}=\frac{h-x}{h},$

$$AB=\frac{(h-x)a}{h}.$$

设内接矩形$ABCD$的面积为S.

$$S = AD \times AB$$
$$= \frac{a}{h}(h-x) \cdot x = -\frac{a}{h}(x^2 - hx)$$
$$= -\frac{a}{h}(x^2 - hx + \frac{h^2}{4}) + \frac{ah}{4}$$
$$= -\frac{a}{h}(x - \frac{h}{2})^2 + \frac{ah}{4}.$$

当$x = \frac{h}{2}$时，S有最大值$\frac{ah}{4}$.

这个结果说明，当把垂直于底边的矩形一边取作三角形高的一半时，内接矩形有最大面积。最大面积恰好等于三角形面积的一半。

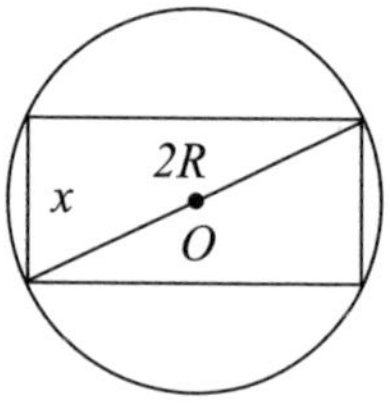

问题 3 图

问题 3：在半径为R的圆内作一个内接矩形。问怎样作法才能使内接矩形的面积最大？

设圆内接矩形的一边为x，由勾股定理可得矩形的另一边为$\sqrt{4R^2 - x^2}$。

设内接矩形的面积为S.

$$S = x\sqrt{4R^2 - x^2}.$$

从表面上看，这不是一个关于x的二次函数，但是可以把它化成为二次函数。

将上式两边同时平方，得

$$S^2 = x^2(4R^2 - x^2) = -x^4 + 4R^2x^2.$$

若S^2有最大值，S必有最大值，而且在相同的x值处取得最大值（注意，此处$S>0$才有此结论，否则无此结论）。因此，只需要求S^2的最大值就可以了。

$$S^2 = -x^4 + 4R^2x^2,$$

令 $y = x^2$,

则 $S^2 = -y^2 + 4R^2y = -(y - 2R^2)^2 + 4R^4.$

当 $y = 2R^2$ 时，S^2 有最大值 $4R^4$。

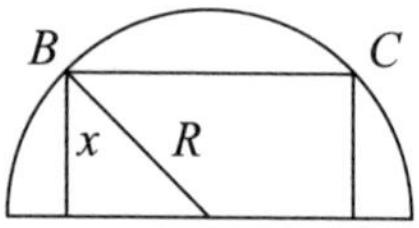

问题 4 图

由 $y=x^2$ 可得 $x=\sqrt{2}R$，此时 $S=2R^2$，另一边是 $\sqrt{4R^2-x^2}=\sqrt{4R^2-2R^2}=\sqrt{2}R$.

这说明，当圆的内接矩形为一正方形时面积最大，等于 $2R^2$。

问题4：在半径为R的半圆中，作一个内接矩形。问怎样做法，能使内接矩形的面积最大？

设内接矩形的一边为x，连接OB，由勾股定理可得 $AO=\sqrt{R^2-x^2}$，所以另一边 $AD=2AO=2\sqrt{R^2-x^2}$.

设内接矩形面积为S.

$$S=2x\sqrt{R^2-x^2}.$$

两边同时平方，可得

$$\begin{aligned}S^2&=4x^2(R^2-x^2)\\&=-4\left(x^2-\frac{R^2}{2}\right)^2+R^4.\end{aligned}$$

当 $x^2=\frac{R^2}{2}$，即 $x=\frac{\sqrt{2}}{2}R$ 时，S 有最大值 R^2。此时矩形的另一边 $AD=2\sqrt{R^2-\frac{R^2}{2}}=\sqrt{2}R$，恰好是AB的两倍。

这说明，当平行于直径的一边是另一边的两倍时，内接矩形的面积最大。

神奇的普林顿322号

被挖掘出来的古代巴比伦人制作的泥板，已经超过50万块，其中纯数学泥板约有300块。在已经分析过的巴比伦数学泥板中，最引人注意的也许是普林顿322号。它是哥伦比亚大学普林顿收集馆的第322号收藏品。该泥板是用古代巴比伦字体写的，时间为公元前1900年到前1600年。

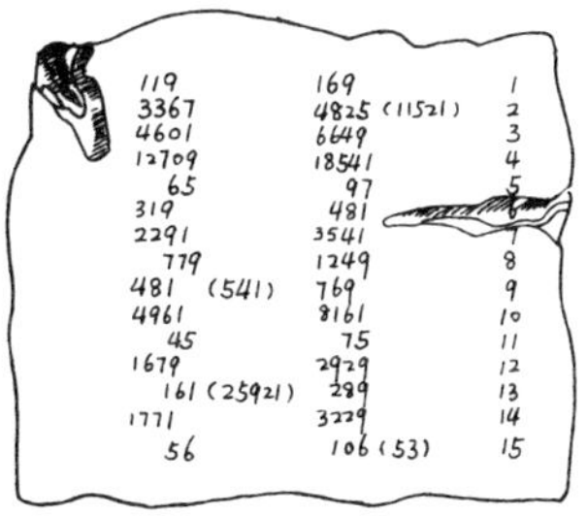

该泥板左边掉了一块，右边靠中间有一个很深的缺口，左上角也剥落了一片。通过验查，发现泥板左边破处有现

代胶水的结晶。这表明，这块泥板在挖掘时大概是完整的，后来破了。科学工作者曾试着用胶水把它们粘在一起，以后又分开了。碎片也许还在，如果能把这块碎片找到，一定会引起人们很大的兴趣。

普林顿322号包括基本上完整的三列数字。为了方便，我们用阿拉伯数字改写了。显然，靠右边的那一列只不过是用来表示行数的。另外两列，乍一看，好像杂乱无章。但是认真研究之后，会发现：两列中的对应数字（除了四个例外）恰好构成边长为整数的直角三角形的斜边和一条直角边。那四个例外，图中把正确的数字写在右边的括号里。

我们都知道，像3，4，5这样一组能作为一个直角三角形三条边的正整数叫作勾股数，或称毕氏三数（毕达哥拉斯三数）。如果这一组数中，除了1以外没有其他公因子，就称为素毕氏三数。比如3，4，5是素毕氏三数，而6，8，10就不是素毕氏三数。数学家已经证明：所有的毕氏三数a,b,c能用下列公式表达

$$a=2uv,\ \ b=u^2-v^2,\ \ c=u^2+v^2.$$

其中u和v互质，奇偶性不同，并且$u>v$。例如$u=2$，$v=1$则满足互质、u偶数、v奇数及$u>v$的条件。将它们代入公式，得：

$a=2\times2\times1=4$，$b=2^2-1^2=3$，

$c=2^2+1^2=5$，即3，4，5为一组素毕氏数。

利用勾股定理，假定普林顿泥板上给出的是斜边c和直角边b，就可以算出另一条直角边a来。见下表：

a	b	c	u	v
120	119	169	12	5
3456	3367	4825	64	27
4800	4601	6649	75	32
13500	12709	19541	125	54
72	65	97	9	4
360	319	481	20	9
2700	2291	3541	54	25
960	799	1249	32	15
600	481	769	25	12
6480	4961	8161	81	40
60	45	75	2	1
2400	1679	2929	48	25
240	161	289	15	8
2700	1771	3229	50	27
90	56	106	9	5

比如由$\sqrt{169^2-119^2}=\sqrt{14400}=120$。算出$a=120$。$a=2\times12\times5=120$，$b=12^2-5^2=119$，$c=12^2+5^2=169$，所以$u=12$，$v=5$。

上列毕氏三数中，除第 11 行的 60，45，75，第 15 行的 90，56，106 之外都是素毕氏三数。为了便于研究，我们给出了这些毕氏数的参数u，v的值。

普林顿 322 号告诉了我们，早在 3000 多年前，古代巴比伦人就知道了素毕氏数的一般表达式了。这真是一件了不起的贡献！

我需要一个特殊时刻

泰勒斯是古希腊哲学的鼻祖，是古希腊爱奥尼亚学派的创始人。

泰勒斯早年是个商人，游历过许多地方。关于他的传说也很多，下面说一个泰勒斯测金字塔的故事。

2500 多年以前，埃及法老阿玛西斯命令说："找人测量一下雄伟的金字塔究竟有多高。"可是所有埃及的聪明人都试验过了，谁也测不出来。

泰勒斯在埃及跟僧侣学习过数学，他答应测出金字塔的高度。那时候连件像样的测量仪器也没有，想直接测出四棱锥形金字塔的高，真是困难呀！

泰勒斯对法老阿玛西斯说："我需要找一个特殊时刻，才能测出金字塔的高。"

泰勒斯在金字塔旁竖立一根 1 米长的木棒，他不断测量这根木棒的影长。等到木棒的影子也是 1 米长时，特殊时刻来到了。因为在同一场所，同一时刻，金字塔的影子也应该和金字塔的高度一样长。

木棒的影子和金字塔的影子有所不同。木棒的影子可以全部测出来，而金字塔的影子却有一部分藏在金字塔的底座里。如果像下图那样，把金字塔从当中切开，藏在里面的影子正好等于底边的一半b。再把金字塔外面的影长a测出来，二者相加得$a+b$，就是金字塔的高。

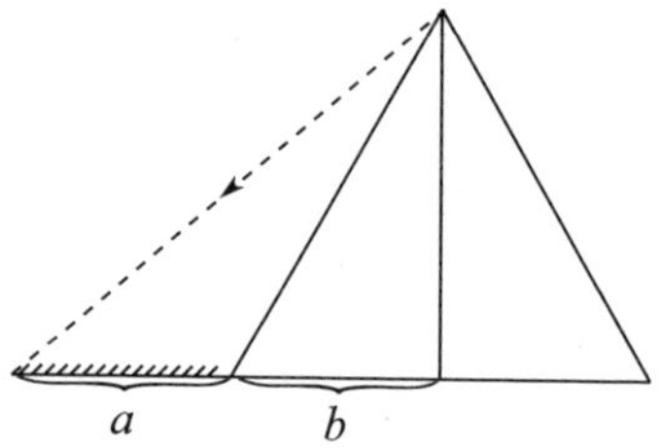

泰勒斯测金字塔的高度，是人类用相似原理进行测量最早的尝试。

泰勒斯在数学上最大的贡献是开创了命题的证明，使数学从直观判断跃升为逻辑证明，从而使数学定理更可靠了。泰勒斯曾证明“圆被任一直径所平分”“等腰三角形的两底角相等”等几何命题。

泰勒斯还是天文学家，会预测日食的发生。传说，当时的美地亚国和吕地亚国发生战争，5 年不分胜负，伤亡惨重。泰勒斯预先测知有日食发生，便传话给两国，说上天反对战争，如双方不停止战斗，某月某日必用日食来警告。到了那一天，双方战斗正在激烈进行，突然太阳失去光辉，白天变成了黑夜。双方非常害怕，认为是上天的惩罚，于是停战。后来查阅史料知道，这次日食发生在公元前 585 年 5 月 28 日。

但很多学者对上述传说抱怀疑态度，认为在那个时代准确地测出日食，几乎是不可能的！

刘徽发明“重差术”

刘徽是我国三国时期的魏国人，可能是山东人。他曾从事度量衡考校工作，研究过天文历法，但主要是研究数学。

刘徽自幼就学习《九章算术》，对该书有独到的研究。他不迷信古人，对《九章算术》中许多问题的解法不满意，于 263 年完成了《九章算术注》，对《九章算术》的公式和定理给出了合乎逻辑的证明，对其中的重要概念给出了严格的定义，为我国古代数学建立了完备的理论。

刘徽创造了一种测量可望而不可即目标的方法，叫作“重差术”。重差术也叫“海岛算经”，附在《九章算术注》之后，共有 9 个问题。

刘徽说：“凡望极高，测绝深而兼知其远者必用重差，勾股则必以重差为率，故曰重差也。”这段话的意思是，重差用于测不可到达物的距离。用两次测量之差，再利用相似比来进行计算。

“海岛算经”的第一个问题是“测海岛高及距离”。题目原文是：

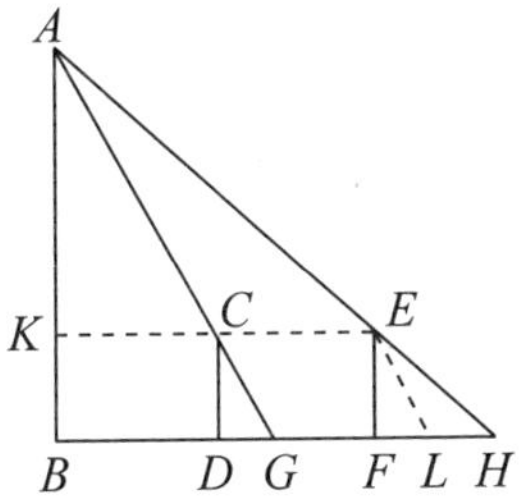

“今有望海岛，立两表，齐高三丈，前后相去千步，令后表与前表参相直。从前表却行一百二十三步，人目著地取望岛峰，与表末参合。从后表却行一百二十七步，人目著地取望岛峰，亦与表末参合。问岛高及去表各几何。”按现代数学语言译出，就是：“为了求出海岛上的山峰AB的高度，在D和F处树立标杆DC和FE，标杆高都是 3 丈，两标杆相距 1000 步，AB、CD和EF在同一平面内。从标杆DC退后 123 步到G点，看到岛峰A和标杆顶端C在一条直线上；从标杆FE退后 127 步到H点，也看到岛峰A和标杆顶端E在一条直线上。求岛峰高AB及水平距离BD。”

为解此题，可令标杆高为h，两标杆的距离为d，第一次退a_1，第二次退a_2。又设岛高为x，BD为y。

按刘徽的做法是，作$EL \parallel AG$交BH于L点.

$\because \quad \triangle ELH \backsim \triangle ACE$,

$\triangle EHF \backsim \triangle AEK$,

$\therefore \quad \frac{EC}{HL}=\frac{AE}{EH}, \frac{AE}{EH}=\frac{AK}{EF}$,

$\therefore \quad \frac{EC}{HL}=\frac{AK}{EF}$.

已知$EC=DF=d$, $HL=FH-FL=FH-DG=a_2-a_1$, $EF=h$,可得

$$\frac{d}{a_2-a_1}=\frac{AK}{h},\ AK=\frac{d}{a_2-a_1}h,$$

$$x=AK+h=\frac{d}{a_2-a_1}h+h.$$

$$\text{又}\because \quad \triangle CDG \backsim \triangle AKC,$$

$$\therefore \quad \frac{KC}{DG}=\frac{AK}{CD}.$$

已知$KC=y$, $DG=a_1$, $AK=\frac{d}{a_2-a_1}h$, $CD=h$,所以

$$\frac{y}{a_1}=\frac{\frac{d}{a_2-a_1}h}{h},$$

$$y=\frac{d}{a_2-a_1}a_1.$$

在上面公式里$\frac{d}{a_2-a_1}$是两个差数之比,所以叫重差术。也有人说因为两次用到差 a_2-a_1,所以叫重差。

刘徽也得到了上面的公式,其公式为:

$$\text{岛高}=\frac{\text{表高}\times\text{表间}}{\text{后表却行}-\text{前表却行}}+\text{表高},$$

$$\text{前表去岛之远近}=\frac{\text{前表却行}\times\text{表间}}{\text{后表却行}-\text{前表却行}}。$$

其中“表”就是标杆,“却行”就是后退。

将“海岛算经”第一题的数据代入公式,可得$x=1506$ 步,$y=30750$ 步。

“海岛算经”本来不独立成书,是附在《九章算术注》中“勾股”章后面的一个附录,主要讲用勾股定理进行测量的补充和发展。到公元 7 世纪唐朝

初年，才从《九章算术注》中抽出来成为一部独立著作。因为第一题是关于测量海岛的高和远，所以起名《海岛算经》。

现传本《海岛算经》的九个问题中，有三个问题需要观测两次；有四个问题要观测三次；还有两个问题要观测四次。所有的观测和计算，都是应用相似三角形对应边成比例进行的，虽然没有引入三角函数，但是利用线段之比，同样可得结果。

重差术是我国数学上的一个创造。

代数符号小议

1842 年，数学家内塞尔曼把代数的发展分为三个时期：

(1) 古老的文字叙述代数。

(2) 简化代数。由古希腊数学家丢番图开始的用缩写方法来表示代数。

(3) 符号代数。这是近 400 年才出现的。

20 世纪英国著名哲学家、数学家罗素说，什么是数学？数学是符号加逻辑。可见，数学符号在数学发展中起着重要作用。

公元 13 世纪，意大利数学家斐波那契首先使用符号“℞”表示平方根号，它是取拉丁文 Radix 头尾两个字母合并而成。17 世纪，法国数学家笛卡儿使用“$\sqrt{\ }$”表示根号。这个符号包含两个意思：“√”是由拉丁字母“r”演变而来，它的原词为“root”（方根）；上面的短线“—”表示括线，相当于常用的括号。

指数符号。首先是苏格兰人休姆引入一个记号，用罗马数字表示指数，写在底的右上角，后经笛卡儿改良变成现在的A^n形式。

分指数最早见于奥力森的《比例算法》一书中。他把

$$2^{\frac{1}{2}}\ 写作\ \frac{1\ \cdot\ P}{2\ \cdot\ 2},\quad \left(2\frac{1}{2}\right)^{\frac{1}{4}}\ 写作\ \frac{1\ \cdot\ P\ \cdot\ 1}{4\ \cdot\ 2\ \cdot\ 2}$$

或者

$9^{\frac{1}{3}}$ 写作 $\frac{1}{3}\cdot 9^P$， $2^{\frac{1}{2}}$ 写作 $\frac{1}{2}2^P$，后经牛顿改造成现在的形式。

17 世纪，英国数学家沃利斯最早提出了负指数。他在《无穷算术》一书中说："平方数倒数的数列 $\frac{1}{1},\frac{1}{4},\frac{1}{9},\cdots$ 的指数是 -2，立方数倒数的数列 $\frac{1}{1},\frac{1}{8},\frac{1}{27},\cdots$ 的指数是 -3，两者逐项相乘，就得到'五次幂倒数'的数列 $\frac{1}{1},\frac{1}{32},\frac{1}{243},\cdots$ 它的指数显然是 $-2-3=-5$，……同样，'平方根倒数'的数列 $\frac{1}{\sqrt{1}},\frac{1}{\sqrt{2}},\frac{1}{\sqrt{3}},\cdots$ 的指数是 $-\frac{1}{2}$。"

沃利斯引入了负指数，但是没有给出负指数符号，还是牛顿第一个给出了负指数符号。1676 年 6 月 13 日，牛顿写信给英国皇家学会秘书奥尔登伯格，请他把信转给德国数学家莱布尼茨。信中说："因为代数学家将 aa，aaa，$aaaa$ 等写成 a^2,a^3,a^4 等，所以我将 $\sqrt{a}$，$\sqrt{a^3}$，$\sqrt[3]{a^5}$ 写成 $a^{\frac{1}{2}},a^{\frac{3}{2}},a^{\frac{5}{3}}$；又将 $\frac{1}{a},\frac{1}{aa},\frac{1}{aaa}$ 写成 a^{-1},a^{-2},a^{-3}。"

对数符号"log"是 logarithm（对数）的字头。苏格兰男爵耐普尔于 1614 年在爱丁堡出版了《奇妙的对数规则的描述》一书。耐普尔引进了对数这个词。

1620 年，英国牛津大学教授布里格斯的一位同事冈特使用了"cosine（余弦）"和"cotangent（余切）"，首先出现在他写的《炮兵测量学》中。

"sine（正弦）"一词由雷基奥蒙坦最早使用。雷基奥蒙坦是 15 世纪西欧著名数学家。

"secant（正割）"及"tangent（正切）"最早见于 16 世纪丹麦数学家托马斯·芬克所写的《圆几何学》一书。

"cosecant（余割）"最早见于 16 世纪锐梯卡斯所写的、1596 年出版的《宫廷乐曲》一书。

1626年，阿贝尔特·格洛德最早将“sine”“tangent”“secant”简写成“sin”“tan”“sec”。1675年，英国人奥特雷德最早将“cosine”“cotangent”“cosecant”简写为“cos”“cot”“csc ”。这些符号一直到1748年经欧拉应用，才逐渐普及起来。

欧拉于1734年引入函数符号$f(x)$；于1736年引入自然对数的底e。

7. 代数的威力

裁纸与乘方

在书和本子的背面,你会看见:8开、16开、32开等字样。你知道这是什么意思吗?

一张整张的纸(787毫米×1092毫米),叫整开纸。把它对折裁开,就得到两张对开的纸。对开纸也叫两开纸。如果把对开纸再对折裁开,就得到四张4开纸。像这样再继续对折裁开,还可以得到8开、16开、32开、64开等各种大小不同的纸。如果换一种对折的方法裁纸,还会得到18开、22开等其他开型的纸。

研究一下用对折方法裁开的纸:折一次得2开纸,$2=2^1$;折二次得4开纸,$4=2^2$;折三次得8开纸,$8=2^3$;往下是16开,$16=2^4$;32开,$32=2^5$;64开,$64=2^6$……

以上这些数都可以写成幂的形式:幂底2表示裁纸的方法,每次都是把一张纸裁成两张;幂指数表示折纸的次数;幂是裁出纸的张数,也就是纸张的开型。

在数学上，把求相同因数的积的运算，叫作乘方。乘方的结果叫作幂。有人把乘方叫作加、减、乘、除四种运算之外的第五种运算。

喜马拉雅山的主峰——珠穆朗玛峰，海拔 8844.43 米，是世界第一高峰，被称作“世界屋脊”。一张报纸只有$\frac{1}{100}$厘米厚，但是把一张报纸连续对折 30 次后，它的厚度能够超过珠穆朗玛峰！

是危言耸听吗？可以用计算来回答：

一张报纸连续对折，它的层数按如下规律增加：1，2，4，8，16，32，…即 $1,2^1,2^2,2^3,2^4,2^5,\cdots$

对折 30 次，层数为 2^{30}。可用对数算出 2^{30}：设 $x=2^{30}$，两边同时取对数：

$$\lg x = 30\lg 2 = 30\times 0.3010 = 9.030,$$

$$\therefore\ x = 1.072\times 10^9.$$

如果按 100 层报纸厚为 1 厘米计算，

$$x = 107200(\text{米}).$$

也就是说，这张报纸连续对折 30 次后，它的厚度大约是 107200 米，比 12 座珠穆朗玛峰接在一起还要高！

有了乘方和幂，就可以用幂的形式来记大数或小数了。比如人体大约有 100 万亿个细胞。100 万亿就是 100000000000000，这里 0 真够多的，很容易弄错。用幂形式记就是 10^{14}，很方便。

幂的形式不仅记数方便，计算更是简便。比如人体大约有 100 万亿个细胞，我国有 10 亿人，问共有多少个细胞？

设细胞总数为 n，则

$$n = 100000000000000\times 1000000000$$

$$= 100000000000000000000000.$$

是个24位的大数，其中0有23个。

如用幂的形式来记，再使用乘方法就有

$$n=10^{14}\times10^{9}=10^{14+9}=10^{23}.$$

10的幂指数是多少，1后面就写多少个0。如能记住“千”对应着10^3，“亿”对应着10^8，使用起来就更方便了。

幂字的趣味

“幂”字有12画，古代的幂字却只有两画，写作“冖”。“冖”是个象形字，表示一块盖桌子的布。你看，“冖”字多像一块布盖在桌子上，两边还垂下一部分来。

我国古代数学家就借用“冖”字来表示一块方形布的面积。现在a的二次幂的几何意义，就是表示以a为边的正方形的面积。

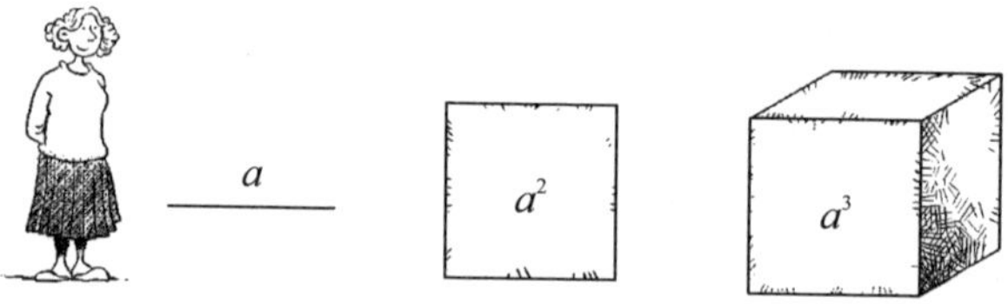

16世纪，法国数学家韦达把a的一次幂叫作“长度”，a的二次幂a^2叫作“面积”，a的三次幂a^3叫作“体积”。

a的四次幂a^4叫什么呢？韦达也有办法。他把a^4叫作“面积 — 面积”，把a^5叫作“面积 — 体积”，把a^6叫作“体积 — 体积”。依次类推，一直到a^9叫作“体积 — 体积 — 体积”。人们对幂的理解，就是从几何直观开始的。

人对大数的认识和表示，与“幂”字的发展是密不可分的。早在2000多年前，古希腊的数学家阿基米德在《数沙者》一书中写道：“有人认为无论是在叙拉古城，还是在整个西西里岛，或者在全世界所有有人烟和无人迹的地方，沙子的数目是无穷的；也有人认为沙子数目不是无穷的，但是想表示沙子的数目是办不到的。但是我的计算表明，如果把所有的海洋和洞穴都填满沙子，这些沙子的总数不会超过1后面有100个零。”这里阿基米德提出了一个大数：10^{100}。在这本书中阿基米德还提出计算大数的单位——“万万”即10^{8}。以万万为起点，可以得到一系列新的大数10^{16}，10^{24}等。

阿基米德在著名的“阿基米德牛群”问题中，提出了更大的数。该问题说：

朋友，请告诉我，
西西里岛上有多少头牛？
如果你不缺少智慧，
请数一数吧！
这些牛分成四群，
以不同颜色相区别：
一群乳白色闪闪发亮，
一群灰黑色如同海浪，
一群红褐色的像一团火，
一群杂色的像花儿开放。

每一牛群中都有公牛和母牛，
它们虽然极其众多，
却也不是没有一定规律：
白色公牛的数目，
等于$\left(\frac{1}{2}+\frac{1}{3}\right)$黑色公牛数目，加上褐色公牛数目；
黑色公牛的数目，
等于$\left(\frac{1}{4}+\frac{1}{5}\right)$杂色公牛数目，加上褐色公牛数目；
杂色公牛的数目，
等于$\left(\frac{1}{6}+\frac{1}{7}\right)$白色公牛数目，加上褐色公牛数目。
母牛数目也有一定规则：

白色母牛的数目，

等于($\frac{1}{3}+\frac{1}{4}$)黑色公牛加母牛的数目；

黑色母牛的数目，

等于($\frac{1}{4}+\frac{1}{5}$)杂色公牛加母牛的数目；

杂色母牛的数目，

等于($\frac{1}{5}+\frac{1}{6}$)褐色公牛加母牛的数目；

褐色母牛的数目，

等于($\frac{1}{6}+\frac{1}{7}$)白色公牛加母牛的数目。

朋友，还请你注意，

公牛数的特别性质：

如果把白色和黑色公牛一个挨一个排列，

将构成一个正方形；

如果把杂色和褐色公牛一个挨一个排列，

将构成一个三角形。

朋友，请运用你的智慧回答：

共有多少公牛和母牛？

各种颜色的公牛和母牛各有多少？

如果你能回答，

你将是世界上最聪明的人！

由于题目很长，条件也比较多，想当“世界上最聪明的人”也并不容易。

假设以X,Y,Z,T分别表示白色、黑色、褐色、杂色公牛数。再以x,y,z,t分别表示相应的母牛数，则可得方程组：

$$X=\left(\frac{1}{2}+\frac{1}{3}\right)Y+Z,$$

$$Y=\left(\frac{1}{4}+\frac{1}{5}\right)T+Z,$$

$T=\left(\frac{1}{6}+\frac{1}{7}\right)X+Z,$

$x=\left(\frac{1}{3}+\frac{1}{4}\right)(Y+y),$

$y=\left(\frac{1}{4}+\frac{1}{5}\right)(T+t),$

$t=\left(\frac{1}{5}+\frac{1}{6}\right)(Z+z),$

$z=\left(\frac{1}{6}+\frac{1}{7}\right)(X+x),$

$X+Y=$完全平方数（即$X+Y=P^2$），

$T+Z=$三角形数[即$T+Z=\frac{q(q+1)}{2}$].

这是一个难解的不定方程，它包含了8个未知整数。这8个未知整数受7个线性方程和两个附加条件的约束。

尽管此题很困难，阿基米德还是给出了详细的解法，答数很大，有的超过206500位数。俄罗斯数学家维谢洛夫斯基说：“如果每页写2500个数字，这道题的答案全部写出来需要660页的一本书。如果用幂来表示就方便多了，比如白色公牛数$X=1598\times10^{206541}$，公牛总数为7766×10^{206541}。”

沈括与围棋

围棋棋局变化万千，自古以来几乎没有看到过完全相同的棋局。围棋与数学的关系密切，其中棋局总数有多少就是一个数学问题。这个问题看起来很简单，可是棋路多了计算就很复杂。传说我国唐代的张遂曾计算过棋局总数，但他是怎样计算的，没有留下记载。

沈括是我国北宋时期杰出的科学家。他多才多艺，在许多领域内取得重要成就。沈括对棋局的总数进行了计算，他认为棋路多了，棋局总数大得很，“非世间名数可能言之”，就是说，已有的数目字都不够用。

沈括是由简到繁来考虑的。他从二路开始计算。如果棋盘是二路见方，只考虑一个用子位置，对方就有三种落子的可能，也就有三种变化。用子可以有四种位置。因此，只考虑四个棋子的位置就可以有 $3^4=81$ 种变化。以后不管是横是直，每增加一个用子位置，棋局数目就乘 3。

如果棋盘增加到三路见方，有 9 个棋子位置，$3^9=19683$，可变出一万九千六百八十三局。一直算下去，如果棋盘是七路以上见方的，棋局总数就无法用当时所有的大数名称表达出来。围棋的棋盘一般是十九路，共 $19\times19=361$ 个用子的位置，棋局总数更大得惊人。但是，沈括研究出三种计算方法，求出了总局数。

下面先用对数方法计算一下总局数是多少。

设总局数为 x，则 $x=3^{361}$。

两边同时取对数，得：

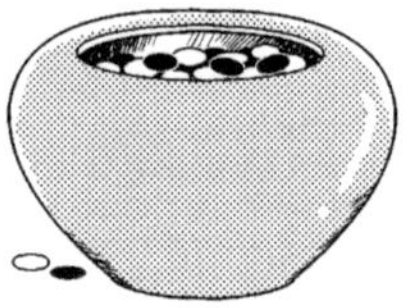

$$\begin{aligned}\lg x &= \lg 3^{361}\\ &= 361\times\lg 3\\ &= 361\times 0.47712\\ &\approx 172.24075\end{aligned}$$

$$\therefore\quad x\approx 1.74\times10^{172}.$$

棋局总数远远超过 1 古戈 (10^{100})。

重要的一点是，沈括在计算中用到了指数法则，例如 $a^3\times a^3=a^6$，$a^{12}\times a^6=a^{18}$ 等。

组成最大的数

我国现代一位著名数学家，他在中学读书时，有一次数学老师给班上同学出了一道题："用三个 9 组成一个最大的数。"

有个同学很快就答道是 999；

有的同学认为不对，应该是 99^9；

还有同学提出 9^{99} 最大，或 $(9^9)^9$ 最大；

我国这位著名数学家一直没发言，后来举手回答说："9^{9^9} 最大。"

究竟谁回答得对呢？

用对数算一算：

设 $x=99^9$，

$$\lg x=\lg 99^9=9\lg 99=9\times 1.9956=17.9604,$$

$$x=9.128\times 10^{17},\ 即\ 99^9=9.128\times 10^{17}.$$

设 $y=9^{99}$，

$$\lg y=\lg 9^{99}=99\lg 9=99\times 0.9542=94.4658$$

$$y=2.922\times 10^{94},\quad 即\ 9^{99}=2.922\times 10^{94}.$$

设 $z=(9^9)^9=9^{81}$，

$$\lg z=\lg 9^{81}=81\lg 9=81\times 0.9542=77.2902,$$

$$z=1.951\times 10^{77},\quad 即\ (9^9)^9=1.951\times 10^{77}.$$

设 $u=9^{9^9}$，

$$\lg u=\lg 9^{9^9}=9^9\lg 9,\quad 再令\ 9^9=v,$$

$$\lg v=\lg 9^9=9\lg 9=9\times 0.9542=8.587,$$

$$v=3.871\times 10^8.$$

$$\lg u=v\lg 9=3.871\times 10^8\times 0.9542$$

$$=3.694\times 10^8=369400000,$$

$$u=10^{369400000},\quad 即\ 9^{9^9}=10^{369400000}.$$

9^{9^9} 这个不太显眼的数，没想到有这么大，比 1 古戈大多了。

从富兰克林的遗嘱谈起

美国著名政治家富兰克林曾立下一份遗嘱，下面是遗嘱的摘要：

“一千英镑赠给波士顿的居民。如果他们接受了这一千英镑，那么这笔钱应该托付给一些挑选出来的公民，他们要把这笔钱按每年百分之五的利率借给一些年轻的手工业者。这笔钱过了 100 年增加到 131000 英镑。我希望，那时候用 100000 英镑来建立一所公共建筑物，剩下的 31000

英镑拿去继续生利息。在第二个 100 年的末了，这笔钱增加到 4061000 英镑，其中的 1061000 英镑还是由波士顿的居民来支配，而其余的 3000000 英镑让马萨诸塞州的公众来管理。过此以后，我可不敢多作主张了。”

留下一千英镑，富兰克林却在为几百万英镑安排用场，这可能吗？数学计算证实富兰克林所说的一切是可能做到的。

1000 英镑，每年增加到 1.05 倍。

第一年为 $x_1 = 1000 \times 1.05$

$= 1050$（英镑）.

第二年得 $x_2 = (1000 \times 1.05) \times 1.05$

$= 1000 \times 1.05^2$（英镑）.

这里要注意的是计算第一年的钱数时，“本”是 1000 英镑，“利”即利息是 50 英镑。而计算第二年的钱数时，“本”是第一年的“本利和”1050 英镑，是在第一年的本利和上乘以 1.05 的。

第三年得 $x_3 = (1000 \times 1.05^2) \times 1.05$

$= 1000 \times 1.05^3$（英镑）.

如此算下去，第 100 年末的本利和

$$x_{100} = 1000 \times 1.05^{100}\text{（英镑）}.$$

可以用对数来计算：

$$\begin{aligned}\lg x_{100} &= \lg 1000 \times 1.05^{100} \\ &= \lg 1000 + 100\lg 1.05 \\ &= 3 + 100 \times 0.0212 \\ &= 5.12.\end{aligned}$$

$$x_{100} = 131800\text{（英镑）}.$$

（如果用七位数学用表，$\lg 1.05 = 0.0211893$，$x_{100} = 131000$。上面用的是四位数学用表）。计算结果和富兰克林遗嘱基本一致。

用类似的方法，可以计算第二个 100 年末的本利和：

$$x_{200} = 31000 \times 1.05^{100}$$

$$\lg x_{200} = \lg 31000 + 100 \times \lg 1.05$$
$$= 5.4914 + 2.12$$
$$= 7.6114.$$
$$x_{200} = 4087000\ (\text{英镑}).$$

如果用高位的对数表来算,会得到4061000英镑。

富兰克林遗嘱实际上讲了一个“复利问题”。贷款或在银行储蓄所得到的报酬叫作利息,简称利。贷款或储蓄的金额叫作本金,简称本。每期利息对本金的百分率叫作利率。富兰克林最初留下的本金是1000英镑。年利率是百分之五。

如果计算利息时,无论经过多少期,都用存款作本金,利不生利,叫作单利;如果把每期的利息加入本金作为下一期的本金,这样利上加利的计算利息叫作复利。复利第n期本利和的计算公式为:

$$\text{本金} \times (1 + \text{利率})^n.$$

所以富兰克林遗嘱中讲的是复利。

从密码锁到小道消息

有一种密码锁,锁上有5个圈子,圈子可以转动,每个圈子上都有0到9共十个数。只有把这5个圈对上某一个5位数,密码锁才能打开。

现在要问,这把密码锁可以组合出多少个5位数字?

可以从简到繁来考虑:如果只有一个圈子,那么只有10个不同的数字;如果有2个圈子,就有$10 \times 10 = 10^2$个不同的数字……现在有5圈,就会有10^5个,也就是十万个不同的5位数字。看来,密码锁靠碰运气去开,实在是可能性太小了。

俄国十月革命胜利以后,从沙俄某机关里发现了一个保险柜。保险柜里藏有什么呢?保险柜的门用的就是密码锁。门上有5个圈

子，每个圈子上都有 36 个字母，只有将这 5 个圈子的字母组成某个字时，门才能打开。

5 圈字母，每圈有 36 个字母，可组成 $36^5 = 60466176$ 种字母组合。如果想把这 6000 多万个字母组合都组完，假定每个组合要 3 秒钟，就要用 $3 \times 60466176 = 181398528$（秒），超过 5 万小时。按每天工作 8 小时计算，大约要 6300 个工作日，差不多有 20 年！

再说说小道消息。你知道小道消息传播有多快吗？

比如一个人得到了一条小道消息，他偷偷地告诉了两个朋友。半小时后这两个朋友又各自偷偷地告诉了自己的两个朋友。如果每个得到小道消息的人在半小时内把这一消息告诉两个朋友，计算一下 24 小时后有多少人知道这条小道消息：

半小时有 $1 + 2$ 人，

一小时有 $1 + 2 + 2^2$ 人，

一个半小时有 $1 + 2 + 2^2 + 2^3$ 人，

……

设 24 小时后有 x 人知道，则

$$x = 1 + 2 + 2^2 + 2^3 + \cdots + 2^{48}.$$

这个数怎样算才能简便一些呢？可以两边同时用 2 乘，即

$$2x = 2 + 2^2 + 2^3 + 2^4 + \cdots + 2^{49},$$

再减去原式

$$x = 1 + 2 + 2^2 + 2^3 + \cdots + 2^{48},$$

得
$$x = 2^{49} - 1.$$

可以利用对数计算出 2^{49} 的值。设 $y = 2^{49}$，

$$\lg y = \lg 2^{49}$$

$$= 49\lg 2 = 49 \times 0.3010$$

$$= 14.7490,$$

$$y = 561000000000000$$

$$= 5.61 \times 10^{14}.$$

$$x = y - 1 \approx 5.6 \times 10^{14}.$$

也就是说从第一个人知道消息开始，只过了一天时间就有 561 万亿人知道这条小道消息。这个数字竟是全世界的人口 70 亿的 8 倍！当然，由于许多人不愿意传播小道消息，小道消息在传播过程中会遇到各种抵制和限制，所以永远不可能传遍全世界所有的人。

小道消息常常不可靠。我们不要传播小道消息。

韦达定理用处多

不论是解方程，还是研究方程的性质，韦达定理都很有用。

第一个例子：在方程 $x^2-(m-1)x+m-7=0$ 中已知下列条件之一，求m的值.

(1) 有一个根为零；(2) 两根互为倒数；(3) 两根互为相反数。

可以这样来解：

(1) 由题目条件知“有一个根为零”，不妨设$x_1=0$。由韦达定理可知

$$x_1 \cdot x_2 = m - 7.$$

$$\because \quad x_1 = 0,$$

$$\therefore \quad m - 7 = 0,\ m = 7.$$

(2) 题目条件给出“两根互为倒数”，必有 $x_1=\dfrac{1}{x_2}$，由韦达定理可知

$$x_1 \cdot x_2 = m - 7.$$

$$\because \quad x_1 \cdot x_2 = x_1 \cdot \frac{1}{x_1} = 1,$$

$$\therefore \quad m - 7 = 1,\ m = 8.$$

(3) 由于“两根互为相反数”，有$x_1=-x_2$，由韦达定理可知

$$x_2 + x_2 = m - 1.$$

$$\because \quad x_1 + x_2 = 0,$$

$$\therefore \quad m-1=0, \quad m=1.$$

第二个例子：已知方程 $x^2+2x-18=0$ 的两根为α和β，

(1) 写出以 $2\alpha+3\beta$ 和 $2\beta+3\alpha$ 为两根的方程；

(2) 写出以 $\alpha+\dfrac{2}{\beta}$ 和 $\beta+\dfrac{2}{\alpha}$ 为两根的方程。

可以这样来解：

(1) 由韦达定理得

$\alpha+\beta=-2, \quad \alpha\cdot\beta=-18,$

$\because \quad (2\alpha+3\beta)+(2\beta+3\alpha)$

$=5(\alpha+\beta)$

$=5\times(-2)=-10.$

又$\because \quad (2\alpha+3\beta)\cdot(2\beta+3\alpha)$

$=6\alpha^2+13\alpha\beta+6\beta^2$

$=6(\alpha^2+\beta^2)+13\times(-18)$

$=6(\alpha^2+\beta^2)-234.$

而 $\alpha^2+\beta^2=(\alpha+\beta)^2-2\alpha\beta$

$=(-2)^2-2\times(-18)$

$=40.$

且 $(2\alpha+3\beta)\cdot(2\beta+3\alpha)$

$=6\times40-234=6.$

$\therefore$所求方程为$x^2+10x+6=0.$

(2) $\because \quad \left(\alpha+\dfrac{2}{\beta}\right)+\left(\beta+\dfrac{2}{\alpha}\right)$

$=\alpha+\beta+2\,\dfrac{\alpha+\beta}{\alpha\beta}$

$=-2+2\times\dfrac{-2}{-18}$

$=-\dfrac{16}{9},$

又$\because \quad \left(\alpha+\dfrac{2}{\beta}\right)\cdot\left(\beta+\dfrac{2}{\alpha}\right)$

$$=\alpha\beta+\frac{4}{\alpha\beta}+4$$

$$=-18+\frac{4}{-18}+4$$

$$=-\frac{128}{9},$$

∴ 所求方程为 $x^2+\frac{16}{9}x-\frac{128}{9}=0$,

即 $9x^2+16-128=0$.

下面是1956年北京市中学生数学竞赛的一道题:

已知 $x^2-x-4=0$,不许解方程,求出 $x_1^2+x_2^2$ 和 $\frac{1}{x_1^3}+\frac{1}{x_2^3}$ 的值。

由韦达定理可知

$$x_1+x_2=1,\ x_1\cdot x_2=-4,$$

$$x_1{}^2+x_2{}^2=(x_1+x_2)^2-2x_1x_2$$

$$=1^2-2\times(-4)=9;$$

$$\frac{1}{x_1{}^3}+\frac{1}{x_2{}^3}=\frac{x_1{}^3+x_2{}^3}{x_1{}^3\cdot x_2{}^3}$$

$$=\frac{(x_1+x_2)(x_1{}^2-x_1x_2+x_2{}^2)}{(x_1\cdot x_2)^3}$$

$$=\frac{(x_1+x_2)[(x_1{}^2+x_2{}^2)-x_1x_2]}{(x_1\cdot x_2)^3}$$

$$=\frac{1\times[9-(-4)]}{(-4)^3}$$

$$=-\frac{13}{64}.$$

一般来说,韦达定理主要有以下4个方面的用途:

(1) 利用韦达定理可以观察出一些一元二次方程的根;

(2) 已知方程的两根之间的某种关系,可以求出系数来(第一个例子);

(3) 已知二次方程,求它的两个根的齐次幂的和(第三个例子);

(4) 已知二次方程,求作一个新的二次方程,使得两个方程的根满足某种关系(第二个例子)。

算术根引出的麻烦

算术根是一个不太好掌握的概念，稍不注意就会出问题。

现在证明“蚂蚁和大象一样重”：

设蚂蚁重量为x，大象重量为y，又设$x+y=2v$，

由$x+y=2v$，移项得$x-v=v-y$，

两边同时平方，得$(x-v)^2=(v-y)^2$，

因为$v-y$可以写成$[-(y-v)]$，

所以　$(v-y)^2=[-(y-v)]^2=(y-v)^2$，

即　$(x-v)^2=(y-v)^2$，

两边同时开方$\sqrt{(x-v)^2}=\sqrt{(y-v)^2}$，

得到$x-v=y-v$，

因此$x=y$。

即　蚂蚁的重量=大象的重量。

还可以证明“$-1=1$”。

由等式　$2^2+3^2=3^2+2^2$，

两边各减去$2\times2\times3$，得

$2^2-2\times2\times3+3^2=3^2-2\times2\times3+2^2$.

根据公式$a^2-2ab+b^2=(a-b)^2$，有

$$(2-3)^2=(3-2)^2,$$

两边同时开方，有

$\sqrt{(2-3)^2}=\sqrt{(3-2)^2}$

$2-3=3-2$，

因此　$-1=1$.

上面两个荒唐的结论，问题出在哪儿呢？都出在算术根上！

$x^2=4$，x等于多少？

$x=2$,还是 $x=\pm 2$?

$\sqrt{4}$ 等于多少?

$\sqrt{4}=2$,还是$\sqrt{4}=\pm 2$?

每个问题都有两个答案,究竟哪个对呢?

$x^2=4$,求x等于多少,意思是让你解这个方程,找出x所有的根。因为$2^2=4$,$(-2)^2=4$,所以 $x=\pm 2$ 是对的。

$\sqrt{4}$表示什么?既然$2^2=4$,$(-2)^2=4$,如果用$\sqrt{4}$表示4的平方根的话,可以规定$\sqrt{4}=\pm 2$,但是这种表示法使得我们无法对平方根进行运算。如果让$\sqrt{4}=\pm 2$,必然有$\sqrt{9}=\pm 3$,此时$\sqrt{4}+\sqrt{9}$等于多少呢?会出现四个答案:

$\sqrt{4}+\sqrt{9}=2+3=5$;

$\sqrt{4}+\sqrt{9}=2+(-3)=-1$;

$\sqrt{4}+\sqrt{9}=-2+3=1$;

$\sqrt{4}+\sqrt{9}=(-2)+(-3)=-5$.

而且这四个答数全都对!假如我们做$\sqrt{4}+\sqrt{9}+\sqrt{16}$的话,会得出八个答数,也是个个都对。这样就和我们过去所做过的加、减、乘、除四则运算的题目不同了,那时答数都只有一个。运算有多个答数,会影响我们的计算结果。

因此,数学上规定,当一个数a $(a \geqslant 0)$的平方根有两个时,$\sqrt{a}$只代表那个正的平方根,叫作 a 的算术平方根,简称算术根。在这种规定下,$\sqrt{4}$只能代表4的正的平方根,即$\sqrt{4}=2$。

负数不能开平方。只有$a=0$时,$\sqrt{a}=0$。今后看到符号$\sqrt{a}$ $(a \geqslant 0)$时,记住它代表算术根,是个非负数。

这样一来,在算术根的意义下,$\sqrt{4}+\sqrt{9}=5$,$\sqrt{4}+\sqrt{9}+\sqrt{16}=9$,答数都唯一了。

再看看上面提出的两个错误结论:在"蚂蚁和大象一样重"的问题中,$\sqrt{(x-v)^2}$代表算术根,应该是非负数。可是$\sqrt{(x-v)^2}=x-v$,其中$x-v$是非负数吗?v代表蚂蚁与大象重量之和的一半,x代表蚂蚁的重量。蚂蚁多轻啊！因此$x-v$应该是一个负数，根据算术根的规定$\sqrt{(x-v)^2}\neq x-v$，而应该等于$v-x$。按着$\sqrt{(x-v)^2}=v-x$，将得到

$$v-x=y-v,$$

$$x+y=2v.$$

这是我们的假设，是对的。不会再出现$x=y$了。

在"$-1=1$"中，$\sqrt{(2-3)^2}$究竟等于什么呢？因为$\sqrt{(2-3)^2}$代表的是算术根，应该是一个非负数，而在上面证明中却取了$\sqrt{(2-3)^2}=2-3=-1$了，左边是算术根，右边是-1，这怎么能相等？正确的应该是$\sqrt{(2-3)^2}=3-2=1$。只要正确理解算术根，就不会得出荒唐的结论了。

神通广大的算术根

算术根是初中代数中非常重要的概念，在根式的恒等变换、方程、函数图象中起很大作用，可谓神通广大。

根式运算是以根式性质为基础的，而根式性质又建立在算术根之上。符号$\sqrt{A}$（$A>0$）只代表算术根。

比如，性质$\sqrt[n]{a^m}=\sqrt[np]{a^{mp}}$必须$a\geqslant 0$，否则不一定成立。因此，将代数式由根号内移到根号外时要特别注意。例如

$$\sqrt{\frac{(a^2-2ab+b^2)y}{25}}$$

$$=\sqrt{\frac{(a-b)^2y}{5^2}}$$

$$=\begin{cases}\dfrac{a-b}{5}\sqrt{y}\ (a\geqslant b),\\[2mm] \dfrac{b-a}{5}\sqrt{y}\ (a<b).\end{cases}$$

$$\sqrt{(2-x)^2}+\sqrt{(x-1)^2}$$
$$=|2-x|+|x-1|$$
$$=\begin{cases}3-2x & (x<1),\\ 1 & (1\leqslant x<2),\\ 2x-3 & (x\geqslant 2).\end{cases}$$

算术根可以巧妙地运用于解方程,比如根据算术根的定义可以判定某些无理方程无解。例如,以下无理方程可直接看出无解。

(1) $\sqrt{x^2+2x+3}=-1$,

(2) $\sqrt{x-1}+\sqrt{2-x}=-3$,

(3) $\sqrt{x+1}-\sqrt{x-1}=0$,

(4) $\sqrt{x-3}-\sqrt{x-4}=0$.

以上四式等号左端都是算术根,不可能为负数,因此(1)、(2)两个方程无解;由于$x+1\neq x-1$,$x-3\neq x-4$,因此(3)、(4)也无解。

有些无理方程需要用到算术根定义来解。

例如方程　$\sqrt{x^2-6x+9}=3-x$,

$\sqrt{(x-3)^2}=3-x$,

由于　$\sqrt{(x-3)^2}\geqslant 0$, 即$3-x\geqslant 0$,

所以　$x\leqslant 3$.

当$x\leqslant 3$时, $\sqrt{(x-3)^2}=3-x$,

即　$3-x=3-x$为恒等式。

∴　方程的解为$x\leqslant 3$.

有些函数作图也离不开算术根。比如:

(1) 作$y=\sqrt{x^2}$的图象。

$$\sqrt{x^2}=\begin{cases}x & (x\geqslant 0),\\ -x & (x<0).\end{cases}$$

该函数图象如下面左图。

(2) 作$y=\sqrt{(x^2-4)^2}$的图象。

$$\sqrt{(x^2-4)^2}$$
$$=\begin{cases}x^2-4 & (x\geqslant 2 \text{ 或 } x\leqslant -2),\\ -x^2+4 & (-2<x<2).\end{cases}$$

其函数图象如下右图。

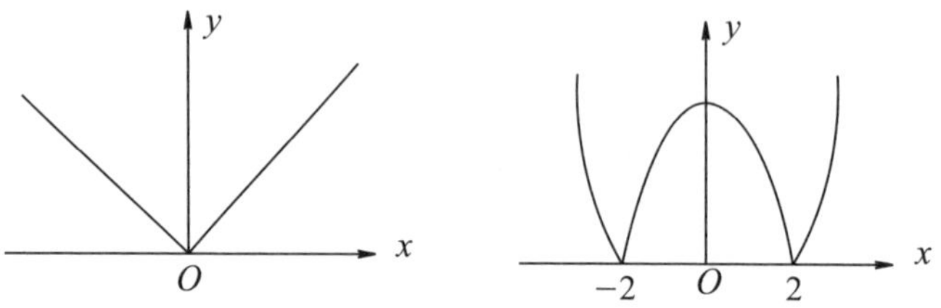

测量古尸的年代

我国曾在湖南长沙的马王堆挖掘出一具保存完好的汉代古尸，这个考古发现震动了全世界。这具古尸生前所在的年代是多少呢？

现代考古工作中，常使用一种碳 14 测定年代法，它可以帮助确定死者生前所在的年代。

碳 14 是一种放射性同位素，每年都按着相同的比例将一小部分碳 14 转变成氮 14。生物体内都含有一定数量的碳 14，当生物活着的时候，碳 14 一方面消耗，一方面补充，总保持一定水平。一旦生物死亡了，碳 14 就停止补充，它只能按一定规律减少。这样一来，只要测出生物遗体中碳 14 减少的程度，就可以推算出生物生前所在的年代。

假如我们知道碳 14 每年有 0.012%变成氮 14，计算一下 1 克的碳 14 经过多少年变成$\frac{1}{2}$克碳 14。

原有碳 14 为 1 克，

第一年剩下的碳 14 为

$$y_1 = 1 - \frac{12}{100000} = \frac{99988}{100000}(\text{克}).$$

第二年剩下的碳 14 为

$$y_2 = y_1 \times \left(1 - \frac{12}{100000}\right) = y_1 \times \frac{99988}{100000} = \left(\frac{99988}{100000}\right)^2(\text{克}).$$

第三年剩下的碳 14 为

$$y_3 = y_2 \times \left(1 - \frac{12}{100000}\right) = y_2 \times \frac{99988}{100000} = \left(\frac{99988}{100000}\right)^3(\text{克}).$$

第x年剩下的碳 14 为

$$y = \left(\frac{99988}{100000}\right)^x(\text{克}).$$

我们设经过了x年碳 14 从 1 克变成为$\frac{1}{2}$克，则有

$$\frac{1}{2} = \left(\frac{99988}{100000}\right)^x,$$

两边同时取对数，得

$$\lg\frac{1}{2} = x\lg\frac{99988}{100000},$$

$$x = \lg\frac{1}{2} \div \lg\frac{99988}{100000}.$$

用更高位数的对数表可算得$x = 5700$年。这说明 1 克碳 14 要经过 5700 年才变成$\frac{1}{2}$克碳 14。把 5700 年叫碳 14 的半衰期，而求半衰期需要解一个特殊的方程——未知数在指数的方程，这种方程叫指数方程。

马王堆古尸经考证死于公元前 160 年，而用碳 14 测定死者距今为 2130

年。公元前160年距现在约有2140年，两者相差很少。

我国辽东半岛普兰店曾挖掘出古莲子，至今还能开花。用碳14测定，大约距今有1040年了。又如荷兰长期处于构造下沉，用碳14测定在近7500年内每百年下沉21厘米。

用几何法证代数恒等式

古代的希腊人是用线段长度来表示数，根本没有任何适当的代数符号。为了进行代数运算，他们设计了灵巧的几何法证代数恒等式。这种几何法，大部分应归功于古希腊的毕达哥拉斯学派。在欧几里得的《几何原本》的前几卷可以零星地见到这种形式。证明方法是毕达哥拉斯的“剖分法”。下面是《几何原本》中的几个命题。

第二卷命题4:

如果一条线段被分成两部分，则以整个线段为边的正方形等于分别以这两部分为边的两个正方形以及以这两部分为边的矩形的两倍之和。

单纯用语言来叙述，不好理解。如果引进字母就容易弄明白。命题4说：边长为$a+b$的正方形可以分成面积分别为a^2，b^2，ab，ab的两个正方形和两个矩形。

命题4就是用几何法证明代数恒等式。

$$(a+b)^2=a^2+2ab+b^2.$$

从右图可以看出以$a+b$为边的正方形，被剖分成四部分，分别以a，b为边的两个正方形，以a，b为邻边的两个长方形。大正方形的面积等于两个小正方形和两个长方形面积之和，所以有

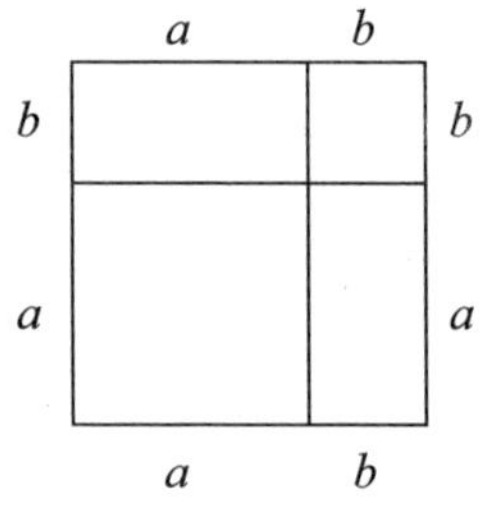

$$(a+b)^2=a^2+ab+ba+b^2$$
$$=a^2+2ab+b^2.$$

第二卷命题5:

如果一线段既被等分又被不等分，则以不等分为边的矩形加上以两分点之间的线段为边的正方形等于以这一线段的一半为边的正方形。

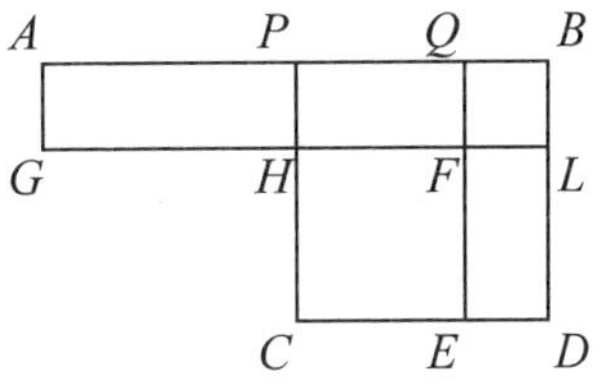

如果AB是给定的线段,P为等分点,Q为不等分点。命题5可写作:

$AQ \cdot QB+PQ^2=PB^2.$

如果令$AQ=2a$,$QB=2b$,则可导出代数恒等式

$4ab+(a-b)^2=(a+b)^2.$

如果令$AB=2a$,$PQ=b$,则可导出另外形式的代数恒等式

$(a-b)(a+b)=a^2-b^2.$

下面以剖分法进行证明:

取$AG=QB$,作矩形$AGLB$,以PB为边作正方形$PCDB$。

$$\begin{aligned}AQ \cdot QB+PQ^2&=S_{AGFQ}+S_{HCEF}\\&=S_{AGHP}+S_{PHFQ}+S_{HCEF}\\&=S_{PHLB}+S_{PHFQ}+S_{HCEF}\\&=S_{PHLB}+S_{FEDL}+S_{HCEF}\\&=S_{PCDB}=PB^2.\end{aligned}$$

妙啊,恒等式

等式$(a+b)(a-b)=a^2-b^2$在代数里是常见的。这个等式中a和b无论取什么数都是正确的,我们把它叫作“恒等式”。下面是比较复杂一点的恒等式:

$$(a^2+b^2)(c^2+d^2)=(ac+bd)^2+(ad-bc)^2. \tag{1}$$

它可以从熟知的公式$(a+b)^2=a^2+2ab+b^2$入手来验证。把它的右边

乘出来:

$$(ac+bd)^2+(ad-bc)^2$$
$$=(a^2c^2+2abcd+b^2d^2)+(a^2d^2-2abcd+b^2c^2)$$
$$=a^2c^2+b^2d^2+a^2d^2+b^2c^2$$
$$=(a^2c^2+a^2d^2)+(b^2c^2+b^2d^2)$$
$$=a^2(c^2+d^2)+b^2(c^2+d^2)$$
$$=(a^2+b^2)(c^2+d^2).$$

这正是(1)式的左边。

由恒等式(1)可以得出一些有趣的结果:如果两个数中每一个数又都是两个平方数之和,则乘积也是两个平方数之和。比如

$$13=9+4=3^2+2^2,$$
$$41=25+16=5^2+4^2,$$

则

$$13\times41=(3^2+2^2)\times(5^2+4^2)$$
$$=(3\times5+2\times4)^2+(3\times4-2\times5)^2$$
$$=23^2+2^2.$$

18世纪瑞士著名数学家欧拉,发现了下面一个恒等式:

$$(a_1^2+a_2^2+a_3^2+a_4^2)\times(b_1^2+b_2^2+b_3^2+b_4^2)$$
$$=(-a_1b_1+a_2b_2+a_3b_3+a_4b_4)^2+(a_1b_2+a_2b_1+a_3b_4-a_4b_3)+(a_1b_3-a_2b_4+a_3b_1+a_4b_2)^2+(a_1b_4+a_2b_3-a_3b_2+a_4b_1)^2. \quad (2)$$

要想验证这个恒等式并不困难,把等式两边各自都乘出来,再利用公式

$$(x_1+x_2+x_3+x_4)^2$$
$$=x_1^2+x_2^2+x_3^3+x_4^2+2x_1x_2+2x_1x_3+2x_2x_3+2x_1x_4+2x_2x_4+2x_3x_4.$$

就可以证出,只是麻烦一些,要细心一点。

由恒等式(2)可以得出:如有两个数,其中每个数都是四个平方数之和,则这两个数的乘积也是四个平方数之和。

早在17世纪，法国数学家费马就猜想：每个正整数都可以表示成最多是四个平方数之和。费马本人并没有给出证明。

18世纪，法国数学家拉格朗日利用恒等式(2)对费马猜想给出了一个很出色的证明。使费马猜想变成了费马定理。

在费马定理的基础上，法国数学家刘维尔提出：每个正整数都可以表示成最多是53个四次方数之和。

代数滑稽戏

结论是荒谬的，推理又好像正确，这是诡辩题的特点。能不能指出推理中的错误，是对你基本概念、基本方法是否掌握的考验。

诡辩题 1

证明：1=2.

证明：设$a>0$，$b>0$，并且$a=b$，

等式两边同乘以a，得$a^2=ab$，

等式两边同减去b^2，得 $a^2-b^2=ab-b^2$，

分解因式，得$(a+b)(a-b)=b(a-b)$，

等式两边同除以$(a-b)$，得 $a+b=b$，

用b代a，得 $2b=b$，

两边同除以b，得 $2=1$.

错在哪里?

由于证明开始时设$a=b$，那么$a-b=0$。而在证明过程中又同用$(a-b)$去除等式两端，相当于用0做除数，这是不允许的！

诡辩题 2

证明：$\frac{1}{8}>\frac{1}{4}$.

证明：显然　$3>2$，

两数同乘以 $\lg\frac{1}{2}$，得 $3\lg\frac{1}{2}>2\lg\frac{1}{2}$，

根据对数性质有 $\lg(\frac{1}{2})^3>\lg(\frac{1}{2})^2$，

因此 $(\frac{1}{2})^3>(\frac{1}{2})^2$，

$\frac{1}{8}>\frac{1}{4}$.

错在哪里？

由于 $\lg\frac{1}{2}<0$，根据不等式的性质，用负数乘不等式两边，不等号要改变方向。

诡辩题 3

证明：$-1=1$.

证明：显然 $(-1)^2=1^2$，

两边同时取对数，得 $\lg(-1)^2=\lg1^2$，

根据对数性质，有 $2\lg(-1)=2\lg1$，

因此 $-1=1$.

错在哪里？

由于“零和负数无对数”，因此把 $\lg(-1)^2$ 变成 $2\lg(-1)$ 是不允许的。

诡辩题 4

推导：$7=13$.

解：分式方程 $\frac{x+5}{x-7}-5=\frac{4x-40}{13-x}$， ①

左端通分，得 $\frac{x+5-5(x-7)}{x-7}=\frac{4x-40}{13-x}$，

$$-\frac{4x-40}{x-7}=\frac{4x-40}{13-x},$$

$$\frac{4x-40}{7-x}=\frac{4x-40}{13-x}. \quad ②$$

根据“如果两个分式相等而且有相等的分子，则它们也有相等的分母”，得

$$7-x=13-x,$$

即 $7=13$.

错在哪里?

“如果两个分式相等而且有相等的分子,则它们也有相等的分母”这一根据是错误的。比如$\frac{0}{3}=\frac{0}{5}$,显然等式成立,而且分子相等,但是分母却不等。

正确的是“如果两个分数相等而且有相等的非零分子,则它们也有相等的分母”。分式方程①有根$x=10$,将$x=10$代入方程②,得

$$\frac{4\times10-40}{7-10}=\frac{4\times10-40}{13-10},$$

$$\frac{0}{-3}=\frac{0}{3}.$$

尽管分母不等,由于分子都是零,两端还是相等的,但是,不能以此推出 $-3=3$ 来。

8.方程博览会

最古老的方程

“莱因特纸草书”是用古埃及的象形文字写成的。有这样一道题(该书的第11题):

科学家对这道怪题进行了翻译:其|,||,|||表示1,2,3,记号∩表示10,那么∩∩∩就表示30。30下面再加七道,表示37。因此最右边表示的是37。符号表示\(\frac{2}{3}\),表示\(\frac{1}{2}\),表示\(\frac{1}{7}\)。

我们把这道用象形文字写的题,从左到右读一下:最左边的三个符号表示“未知数”和“乘法”,第五个符号小鸭子表示“加法”,第九个符号上半部有一个小人头,旁边写数字1,表示“全体”。串联在一起就是

$$x\left(\frac{2}{3}+\frac{1}{2}+\frac{1}{7}+1\right)=37.$$

用现代代数语言来叙述是:“有一个未知数,它的$\frac{2}{3}$,$\frac{1}{2}$,$\frac{1}{7}$和它本身一

共是 37,问该未知数是多少? ”

这是一道 3000 多年前的一元一次方程，可以说是目前已知的人类最古老的方程了。

这道古方程很容易解:

$$\frac{97}{42}x=37,$$

$$x=\frac{1554}{97}.$$

1893 年俄国收藏家哥连尼雪夫又得到一本古埃及的纸草书。这本纸草书于 1912 年转归莫斯科艺术博物馆保存,起名叫“莫斯科纸草书”。书中有 25 道题,其中有两道方程题。一道是:“某长方形的面积为 12,其宽是长的$\frac{3}{4}$,求其长和宽。”如果设长为x,则宽为$\frac{3}{4}x$。根据长方形面积公式,可得

$$\frac{3}{4}x\cdot x=12,$$

$$\frac{3}{4}x^2=12.$$

这是一个一元二次方程。

另一道题是:“某直角三角形的一条直角边是另一条直角边的 $2\frac{1}{2}$倍,其面积为 20,求其两个直角边之长。”如果设一条直角边长为x,则另一条直角边长为 $2\frac{1}{2}x$。根据直角三角形面积公式,可得

$$\frac{1}{2}\cdot 2\frac{1}{2}x\cdot x=20,$$

$$\frac{1}{2}\cdot\frac{5}{2}x\cdot x=20,$$

$$\frac{5}{4}x^2=20.$$

这也是一个一元一次方程。

“莱因特纸草书”和“莫斯科纸草书”表明,早在 3000 多年前,人们已经建立了初步的方程概念，并且提出了与一元一次方程和一元二次方程有关的问题。

墓碑上的方程

古希腊的大数学家丢番图生活的年代距现在有2000年左右了。他对代数学的发展做出过巨大贡献。

1842年，数学家内塞尔曼把代数学发展分为三个时期：①文字叙述代数。这个时期还没有出现代数符号，全靠文字叙述运算过程。②简化代数。这个时期，用缩写方法来简化文字叙述运算。③符号代数。其中第二个时期就是从丢番图开始的，因此有人把丢番图称为“代数学的鼻祖”。

丢番图著有《算术》一书，共13卷，但是只有6卷保留下来了。从书中可以知道，丢番图用P′表示未知数，⋔表示减法，I表示等式。他已经从单纯的叙述转为借助符号，采用更简单的写法。这在代数发展史上是非常重要的一步。

但是，人们对于丢番图的生平知道得非常少。他唯一的简历是从《希腊文集》中找到的。这是由麦特罗尔写的丢番图的“墓志铭”。“墓志铭”是用诗歌形式写成的：

过路的人！
这儿埋葬着丢番图。
请计算下列数目，
便可知他一生经过了多少寒暑。
他一生的六分之一是幸福的童年，
十二分之一是无忧无虑的少年。
再过去一生的七分之一，
他建立了幸福的家庭。
五年后儿子出生，
不料儿子竟先其父四年而终，
只活到父亲岁数的一半。

晚年丧子老人真可怜，

悲痛之中度过了风烛残年。

请你算一算，丢番图活到多大，

才和死神见面？

可以用方程来解这个问题：

设丢番图共活了x岁，

童年$\frac{x}{6}$，少年$\frac{x}{12}$，过去$\frac{x}{7}$年建立家庭，儿子活了$\frac{x}{2}$，按题目条件可列出方程：

$$\frac{x}{6}+\frac{x}{12}+\frac{x}{7}+5+\frac{x}{2}+4=x.$$

这是一个一元一次方程，解得$x=84$.

进一步解算可知丢番图33岁结婚，38岁得子，80岁丧子，本人活了84岁。

丢番图的《算术》中有解一元一次方程的一般方法。他说：“如果方程两边遇到的未知数的幂相同，但是系数不同，那么应该由等量减去等量，直到得出含未知数的一项等于某个数为止。”丢番图的这段话相当于现在解方程中的移项。

丢番图的《算术》的另一个特点是，代数从几何形式下脱离出来独树一帜，使它成为数学中的一个分支。

《算术》一书的缺点是，除解一元一次方程外，解算其他问题时没有普遍适用的解法，是因题而异，一道题一种特殊解法。这样做固然显露出丢番图的数学才华，但是也降低了自身的科学价值。正如19世纪德国史学家韩克尔所说：“近代数学家研究了丢番图100个题后，去解101道题，仍然感到困难。”

丢番图已经懂得负数运算的符号法则，他说：“消耗数乘以消耗数得到增添数，消耗数乘以增添数得到消耗数。”这里的“消耗数”就是指负数，“增添数”指的是正数。这个法则相当于“负负得正，负正得负”。

泥板上的方程

从 19 世纪开始，考古学家在巴比伦王国的遗址进行了挖掘，共挖出 50 万块写有文字的泥板，大的和一般教科书差不多大小，小的只有几平方厘米。在这 50 万块泥板中，大约有 300 块数学泥板。

经数学家研究，在这些泥板上刻有一些二次方程题和它的解法。例如有这样一道题："如果某正方形的面积减去其边长得 870，问边长是多少？"

泥板上的解法是：取 1 的一半，得 $\frac{1}{2}$；以 $\frac{1}{2}$ 乘 $\frac{1}{2}$，得 $\frac{1}{4}$；把 $\frac{1}{4}$ 加在 870 上，得 $\frac{3481}{4}$，它是 $\frac{59}{2}$ 的平方，再加上 $\frac{1}{2}$，结果是 30。

泥板上有好几道这种类型的题，古巴比伦人都是以相同的步骤来解的。这说明古巴比伦人已经掌握了一些特殊类型的二次方程的解法了。

这是些什么样的二次方程呢？特殊在哪儿呢？

以上面的题目为例：如果设正方形的边长为 x，那么正方形的面积就是 x^2。由"正方形的面积减去其边长得 870"，可列出方程

$$x^2 - x = 870.$$

这种特殊二次方程就是

$$x^2 - px = q \text{ 或 } x^2 - px - q = 0,$$

根据古巴比伦人的解题步骤可以得出下式

$$x = \sqrt{(\frac{1}{2})^2 + 870} + \frac{1}{2},$$

对于 $x^2 - px = q$ 可以得到公式

$$x = \sqrt{(\frac{p}{2})^2 + q} + \frac{p}{2},$$

或写成 $$x=\frac{p+\sqrt{p^2+4q}}{2}.\quad ①$$

对于一般一元二次方程 $ax^2+bx+c=0\ (a\neq 0)$ 来说有求根公式

$$x=\frac{-b\pm\sqrt{b^2-4ac}}{2a}.\quad ②$$

对照①和②不难看出，古巴比伦人会解的是 $a=1, b=-p, c=-q$ 的特殊型二次方程。

我们不能不佩服古巴比伦人在4000年前就能掌握这种解法。这表明古巴比伦人具有很高的数学水平。

当二次方程的二次项系数不是1时，古巴比伦人也会解。他们使用类似现代代数中的换元法解此类方程。在发掘出的一块泥板上，有如下的方程：

$$11x^2+7x=195.$$

令 $y=11x$，然后将方程的两边同乘以11，得

$$(11x)^2+7\cdot(11x)=195\times 11,$$

$$y^2+7y=2145.$$

解这个二次项系数为1的方程，可以代入公式

$$y=\sqrt{(\frac{p}{2})^2+q}+\frac{p}{2}$$

$$=\sqrt{(-\frac{7}{2})^2+2145}-\frac{7}{2}$$

$$=\frac{\sqrt{8629}-7}{2},$$

$$x=\frac{\sqrt{8629}-7}{22}.$$

当然，古巴比伦人只会求正根。

《希腊文集》中的方程

《希腊文集》是一本用诗写成的问题集，主要是六韵脚诗。荷马著名的长诗《伊利亚特》和《奥德赛》就是用这种诗体写成的。《希腊文集》在10世纪到14世纪特别流行。

《希腊文集》中有一道关于毕达哥拉斯的问题。毕达哥拉斯是古希腊著名数学家。他生活在公元前 6 世纪，早年留学埃及，也可能到过巴比伦和印度。后来他在意大利南部的克罗顿建立了一个秘密组织，形成“毕达哥拉斯学派”。这个学派对数学发展有重要贡献。有关毕达哥拉斯的问题是这样提的：“尊敬的毕达哥拉斯，请告诉我，有多少名学生在你的学校里听你讲课？”

毕达哥拉斯回答说：“一共有这么多学生在听课：其中$\frac{1}{2}$在学习数学，$\frac{1}{4}$学习音乐，$\frac{1}{7}$沉默无言，此外，还有 3 名妇女。”

可以设听课的学生有x人，根据题目条件列出方程：

$$\frac{x}{2}+\frac{x}{4}+\frac{x}{7}+3=x.$$

这是一个一元一次方程。

移项

$$x-\frac{x}{2}-\frac{x}{4}-\frac{x}{7}=3,$$

$$\frac{3}{28}x=3,$$

$$x=28.$$

毕达哥拉斯有 28 名学生。

《希腊文集》中还有许多神话形式的题目。比如：

“时间之神柯罗诺斯，请告诉我，今天已经过去多少时间了？”

柯罗诺斯回答说：“现在剩余的时间等于已经过去的$\frac{2}{3}$的两倍。”

古希腊人把一天分为 12 小段。如果我们还是按一天 24 小时来计算，此题可以这样解：

设过去的时间为x小时。由于剩余的时间等于已经过去的$\frac{2}{3}$的两倍，所以剩余的时间为$2\times\frac{2}{3}x$。可列方程

$$x+\frac{4}{3}x=24.$$

也是一元一次方程，解得　$x=10\frac{2}{7}$.

今天已经过去 $10\frac{2}{7}$小时。

《希腊文集》中还有用童话形式写的题目。如“驴和骡子驮货物”这道题，曾被欧拉改编过，本书前面已有介绍，这里再用代数方法来解。

“驴和骡子驮着货物并排走在路上。驴不住地埋怨自己驮的货物太重，压得受不了。骡子对驴说：‘你发什么牢骚啊！我驮的比你更重。倘若你的货给我一口袋，我驮的货就比你驮的重一倍；而我若给你一口袋，咱俩才驮得一样多。’驴和骡子各驮几口袋货物？”

可以用方程组来解：

设驴驮x口袋，骡子驮y口袋。

则驴给骡子一口袋后，驴还剩$x-1$，骡子成了$y+1$，这时骡子驮的货物的重量是驴的二倍（重一倍），所以有

$$2(x-1)=y+1. \qquad ①$$

又因为骡子给驴一口袋后，骡子还剩$y-1$，驴成了$x+1$，此时骡子和驴子驮的相等，有

$$x+1=y-1. \qquad ②$$

联立(1)与(2)，有

$$\begin{cases}2(x-1)=y+1,\\ x+1=y-1.\end{cases}$$

这是一个二元一次方程组。

由①－②得

$x-3=2$,

$x=5$,　　③

将③代入②，得　$y=7$.

驴原来驮 5 口袋，骡子原来驮 7 口袋。

古印度方程

印度是世界的文明古国之一，出现过许多优秀的数学家，12 世纪的婆什迦罗就是其中的一个。在他所著的《丽罗娃提》《算法本原》中有许多可以用方程来解的有趣的数学问题。

先看蜂群问题：

“有一群蜜蜂，其半数的平方根飞向茉莉花丛，$\frac{8}{9}$留在家里，还有一只去寻找在荷花瓣里嗡嗡叫的雄蜂。这只雄蜂被荷花的香味所吸引，傍晚时由于花瓣合拢，飞不出去了。请告诉我，这群蜜蜂有多少只？”

如果设这群蜜蜂为x只的话，那么“其半数的平方根”就是$\sqrt{\frac{x}{2}}$，会出现无理方程。

如果设这群蜜蜂为 $2x^2$只，则飞向茉莉花丛的就是$\sqrt{\frac{2x^2}{2}}=x$只（$x>0$）。留在家里的是$\frac{8}{9}(2x^2)$只。一只雄蜂被困在花瓣里，另外一只蜂去寻找这只雄蜂，总共是两只蜜蜂。可以列出方程：

$$2x^2=x+\frac{16}{9}x^2+2.$$

整理，得一元二次方程

$$2x^2-9x-18=0.$$

用求根公式解得：

$$x=\frac{9\pm\sqrt{81+144}}{4}$$
$$=\frac{9\pm15}{4}.$$

只取正根 $x=6$， $\therefore\quad 2x^2=72.$

这群蜜蜂有 72 只。

再看两道有趣的猴群问题：

(1)有一群猴子在小树林中玩耍：总数的$\frac{1}{8}$的平方只猴子，在欢乐地蹦跳；还有12只猴子愉快地啼叫。小森林中的猴子，总共有多少？

可以设这群猴子总共有x只，则可列出方程

$(\frac{x}{8})^2+12=x.$

整理，得

$x^2-64x+768=0.$

这是一个一元二次方程。

$$x=\frac{64\pm\sqrt{64^2-4\times768}}{2}$$

$$=\frac{64\pm32}{2}.$$

$x_1=48,\ x_2=16.$

此问题有两解，这群猴子可以是48只，也可以是16只。

(2)有一群猴，它的$\frac{1}{5}$再减去3之后的平方只猴躲在洞中，只留下一只在外面树上。求共有多少只猴。

设共有x只猴子，则可列出方程

$$(\frac{x}{5}-3)^2+1=x.$$

整理，得

$$(\frac{x}{5}-3)^2-5(\frac{x}{5}-3)-14=0.$$

令$y=\frac{x}{5}-3$，得

$$y^2-5y-14=0.$$

解得$y_1=7,\ y_2=-2.$

即$x_1=50,\ x_2=5$。婆什迦罗在结尾处指出“因为$\frac{1}{5}\times5-3$为负数，故只有第一个根是适用的。”

这群猴子共50只。

婆什迦罗还出过一道著名的战争题材的方程题：

“在一次会战中，波利赫的勇猛的儿子阿尔宗携带若干支箭去射卡尔诺：半数的箭用于自卫，总数平方根的四倍用于射马，6 支用于射车夫沙尔亚，3 支射破卡尔诺的华盖，毁坏了他的弓和旗，只有最后一支射穿了卡尔诺的头颅。阿尔宗共有多少支箭？”

从题目中就可以感觉到激烈的战斗场面。如果设阿尔宗共有x支箭，那么：有$\frac{x}{2}$支箭用于自卫；$4\sqrt{x}$支箭用于射马；6 支箭用于射车夫沙尔亚；3 支箭射破卡尔诺的华盖，毁坏了他的弓和旗；1 支箭射穿卡尔诺的头颅。

这样就能列出方程

$$\frac{x}{2}+4\sqrt{x}+6+3+1=x.$$

这是无理方程。

可以设$\sqrt{x}=y$，则 $x=y^2$，原方程可化为

$$\frac{1}{2}y^2+4y+10=y^2,$$

整理，得 $y^2-8y-20=0.$

解得 $y_1=10, y_2=-2$（舍去）.

因此，可得 $x=y^2=100.$

阿尔宗一共带了 100 支箭。

以上我们一共举了 4 道方程题，这 4 道题都出自古印度数学家婆什迦罗之手。它们都是二次方程，都是根据“全体等于各部分之和”列出方程的。题目是有趣的，但是这些问题的面比较窄，只限于一种模式。这是古印度数学家研究方程的一个特点。

小偷与方程

“小偷”是一个使人厌恶的名字。奇怪的是,从古到今我们都能发现一些与小偷有关的数学题。

我国南宋大数学家秦九韶编著的《数书九章》中有一道题,译成白话文叙述如下:

“三个小偷从三个箩筐中各偷走一些米。三个箩筐原来装米量相等,事后发现,第一箩筐中余米1合,第二箩筐中余米1升4合,第三箩筐中余米1合。据三个小偷供认:甲用木勺从第一箩筐里舀米,每次都舀满装入口袋;乙用木盒从第二箩筐里舀米装袋每次都舀满;丙用大碗从第三箩筐里舀米,每次也都舀满。经测量,木勺容量为1升9合,木盒容量为1升7合,大碗容量为1升2合。问:每个小偷各偷米多少?”

这道题解起来并不很容易。可设x表示用木勺舀米的次数,y表示用木盒舀米的次数,z表示用大碗舀米的次数。

根据题意可以得到如下结果:

$19x+1=17y+14=12z+1$

由$19x+1=12z+1$,得

$$19x=12z,$$

$$x=\frac{12}{19}z.$$

因为x、y、z都是整数,所以可设

$$z=19t,$$

$$x=12t,$$

这样一来 $$17y=228t-13,$$

$$y=\frac{228}{17}t-\frac{13}{17}.$$

令t分别取1,2,3,…直到y得整数为止,容易验证当$t=14$时,$y=187$。

因此，$x=168$，$y=187$，$z=266$.

$19x=3192$，$17y=3179$，$12z=3192$.

即甲偷米3石1斗9升2合，乙偷米3石1斗7升9合，丙偷米3石1斗9升2合。

牛顿与方程

阿基米德、牛顿、高斯被誉为历史上最伟大的三位数学家。牛顿是17世纪英国著名科学家。他和德国数学家莱布尼茨共同创立了微积分。他提出了牛顿三定律和万有引力定律。他对光学也有重大贡献。这位大数学家喜欢用方程解题。他不认为用方程详细地去解“文字题”会降低自己的身份。

牛顿说：“要想解一个有关数目的问题，或者有关量的抽象关系的问题，只要把问题里的日常用语，译成代数语言就成了。”

列方程的过程就是把日常用语译成代数用语的过程。比如：“父子两人年龄的和是58岁。7年后，父亲的年龄是儿子的2倍。求父亲和儿子的年龄。”设父亲年龄为x岁，则儿子年龄为$(58-x)$岁。7年后，儿子是$[(58-x)+7]$岁，父亲是$x+7$，而父亲又是儿子年龄的2倍，可列出等式：

$$x+7=2[(58-x)+7].$$

这最后一个等式，就是代数语言。解算代数语言就可以解答用日常用语提出来的问题，实际上就是解方程。

牛顿常常出一些方程问题，下面来看其中的两道题。这些题出自牛顿的名著《普通算术》。要说明的是，为便于理解，我们把长度和重量的单位都已改为现行通用单位。

“邮递员 A 和 B 相距 59 千米，相向而行。A 两小时走了 7 千米，B 三小时走了 8 千米，而B比A晚出发 1 小时，求A在遇到B前走了多少千米？”

设 A 在遇到 B 前走了$\left(x+\frac{7}{2}\right)$千米，其中$\frac{7}{2}$是 A 比 B 早出发 1 小时所走的路程。

此时 B 走了$\left[59-\left(x+\frac{7}{2}\right)\right]$米，即$\left(55\frac{1}{2}-x\right)$千米.

两人相向而行，同时相遇，所用时间一样，可列出等式：

$$x\div\frac{7}{2}=\left(55\frac{1}{2}-x\right)\div\frac{8}{3}.$$

整理，得

$$\frac{37}{56}x=\frac{333}{16},$$

$$x=31.5,$$

$$x+\frac{7}{2}=35.$$

答：A 在遇到 B 前走了 35 千米。

上面是一道一元一次方程应用题，下面再看牛顿出的另一道题：

“某人买了 40 千克小麦，24 千克大麦，20 千克燕麦，共用 31.2 元。第二次用 32 元买了 26 千克小麦、30 千克大麦和 50 千克燕麦。第三次用 68 元又买了 24 千克小麦，120 千克大麦和 100 千克燕麦。问各种谷物每千克的价钱。”

可设小麦每千克x元，大麦每千克y元，燕麦每千克z元。可列出方程组：

$$\begin{cases}40x+24y+20z=31.2,\\26x+30y+50z=32,\\24x+120y+100z=68.\end{cases}$$

化简系数，得

$$\begin{cases}10x+6y+5z=7.8, & ①\\13x+15y+25z=16, & ②\\12x+60y+50z=34. & ③\end{cases}$$

由 $2\times$②$-$③，得 $14x-30y=-2$， ④

由 $5\times$①$-$②，得 $37x+15y=23$， ⑤

由 $2\times$⑤$+$④，得 $88x=44$，$x=0.5$.

将$x=0.5$代入⑤，得 $15y=4.5$，$y=0.3$.

将$x=0.5$，$y=0.3$代入①，得 $z=0.2$.

答：小麦每千克 0.5 元，大麦每千克 0.3 元，燕麦每千克 0.2 元。

以上是牛顿出题我们来解，下面来看牛顿自己解算的一道题，对我们很有启发。

“一个商人每月将自己的财产增加$\frac{1}{3}$，但从中要花掉 100 元维持全家生计。经过三年，商人发现他的财产增加了一倍。问：商人最初有多少财产？”

牛顿一开始就进行了从日常用语到代数语言的翻译工作。牛顿说：“为了解这个问题，应澄清问题中隐含的所有假定：

文字	代数符号
商人有财产	x
第一年花掉 100 元	$x-100$
然后增加剩余的$\frac{1}{3}$	$x-100+\frac{x-100}{3}=\frac{4x-400}{3}$
第二年又花掉 100 元	$\frac{4x-400}{3}-100=\frac{4x-700}{3}$
然后又增加剩余的$\frac{1}{3}$	$\frac{4x-700}{3}+\frac{4x-700}{9}=\frac{16x-2800}{9}$
第三年再花掉 100 元	$\frac{16x-2800}{9}-100=\frac{16x-3700}{9}$
然后再增加剩余的$\frac{1}{3}$	$\frac{16x-3700}{9}+\frac{16x-3700}{27}=\frac{64x-14800}{27}$
此数等于最初财产的 2 倍	$\frac{64x-14800}{27}=2x$

于是问题归结为解方程

$$\frac{64x-14800}{27}=2x.$$

方程两端同乘 27，得 $64x-14800=54x$，

方程两端同减去 $54x$，得　$10x-14800=0$，

由此得　$x=1480$.

这就是商人最初的财产，即1480元。”

从牛顿解方程中，我们可以看到他是怎样一步一步把一个比较困难的问题，分步译成代数式，最后列出方程来的。

牛顿在《普通算术》一书中写道：“在学习科学的时候，题目比规则还有用些。”牛顿在叙述理论的时候，总喜欢把许多实例放在一起。

下面介绍的是牛顿最著名的“牧场问题”。

“有三片牧场，场上的草是一样密的，而且长得一样快。它们的面积分别是 $3\frac{1}{3}$ 公顷、10公顷和24公顷。第一片牧场饲养12头牛可以维持4个星期；第二片牧场饲养21头牛可以维持9个星期。问在第三片牧场上饲养多少头牛恰好可以维持18个星期？”

牛顿是这样解的，他说：“在青草不生长的条件下，如果12头牛4个星期吃完 $3\frac{1}{3}$ 公顷，则按比例36头牛4个星期之内，或16头牛9个星期之内，或8头牛18个星期之内将吃完10公顷。由于青草在生长，才有21头牛9个星期只吃完10公顷。这就是说，在随后5个星期内，10公顷草地上新生的青草足够 $21-16=5$ 头牛吃9个星期，或足够 $\frac{5}{2}$ 头牛吃18个星期。由此类推，14个星期（即18星期减最初4星期）内新生长的青草可供7头牛吃18个星期。这是因为5个星期∶14星期 $=\frac{5}{2}$ 头牛∶7头牛。上面已经算出，若青草不长，则10公顷草地可供8头牛吃18个星期，现考虑青草生长，故应加上7头，即10公顷草地实际可供15头牛吃18个星期。由此按比例可算出，24公顷草地实际可供36头牛吃18个星期。”

牛顿是用比例算法来解的。此题可以用方程来解：

设 y 表示每公顷每星期新生长青草的份额，则第一片草地每星期新生青草为 $\frac{10}{3}y$，而4星期新生的青草为 $4\times\frac{10}{3}y=\frac{40}{3}y$。因此，12头牛在4星

期内吃的青草所占面积为($\frac{10}{3}+\frac{40}{3}y$)公顷。由此可算出每头牛每星期吃的青草所占面积为:

$$\frac{\frac{10}{3}+\frac{40}{3}y}{12\times4}=\frac{10+40y}{144}\text{(公顷)}. \qquad ①$$

现在求供21头牛吃9个星期的草地面积。它等于$10+90y$。因为每星期每公顷新生青草份额为y,故10公顷草地9个星期新生青草为$90y$。因此,可供1头牛1个星期的草地面积为:

$$\frac{10+90y}{9\times21}=\frac{10+90y}{189}\text{(公顷)}. \qquad ②$$

由于牛的食量相同,故有

$$\frac{10+40y}{144}=\frac{10+90y}{189}.$$

由此得出
$$y=\frac{1}{12}.$$

将y值代入①式可得每头牛1个星期吃的草地面积为:

$$\frac{10+40\times\frac{1}{12}}{144}=\frac{5}{54}\text{(公顷)}.$$

令x表示第三块草地上牛的数目,可得方程:

$$\frac{24+24\times18\times\frac{1}{12}}{18x}=\frac{5}{54}.$$

解上面分式方程,得$x=36$,即第三片草地可供36头牛吃18个星期。

欧拉与方程

瑞士著名数学家欧拉,是18世纪最高产的数学家。他一生著述颇丰。59岁时双目失明,他凭惊人的记忆力和心算能力,一直没有间断研究,长达17年之久。

欧拉非常重视方程,他写的《代数学原理》有许多关于方程的重要论述。下面看几道欧拉出的方程题。

“某人用100元买了猪、山羊和绵羊共100只，其中猪$\frac{7}{2}$元一只，山羊$\frac{4}{3}$元一只，绵羊$\frac{1}{2}$元一只。问各买了多少只？”

这道题和我国《张丘建算经》中的“百鸡问题”很相似，但晚了1000多年。

欧拉解这道题用的方法叫作“盲人法则”。这个“盲人法则”与张丘建解“百鸡问题”的方法很相似。

欧拉设x,y,z分别是猪、山羊、绵羊的数目，它们都是正整数。

先写出总只数，再写出总钱数，可得方程组：

$$\begin{cases}x+y+z=100,\\21x+8y+3z=600.\end{cases}$$

把x暂时看作常数移到符号右端，可得关于y和z的方程组：

$$\begin{cases}y+z=100-x, & ①\\8y+3z=600-21x. & ②\end{cases}$$

由② − 3 × ①，得　　$5y=300-18x$，

$$y=60-\frac{18}{5}x.$$

由8 × ① − ②，得　　$5z=200+13x$，

$$z=40+\frac{13}{5}x.$$

令$x=5t$，则

$$x=5t,\ y=60-18t,\ z=40+13t.$$

由$y=60-18t$中对t的限制，t只能取1，2，3三个值。可得三组解：猪5只，山羊42只，绵羊53只；猪10只，山羊24只，绵羊66只；猪15只，山羊

6只，绵羊79只。

欧拉喜欢出分遗产的问题，题目十分有趣。

“父亲死后留下1600元给三个儿子。遗嘱上说，老大应比老二多分200元，老二应比老三多分100元，问他们各分了多少？”

解这道题时，可以设分得最少的老三得x元，则老二得$x+100$元，老大得$(x+100)+200$元。他们一共分1600元，可列出方程：

$$x+(x+100)+[(x+100)+200]=1600.$$

整理，得 $3x=1200$,

$$x=400,\ x+100=500,\ x+300=700.$$

答：老大分得700元，老二分得500元，老三分得400元。

第二题：“父亲死后，四个儿子按下述方式分了他的财产：

老大拿了财产的一半少3000英镑；

老二拿了财产的$\frac{1}{3}$少1000英镑；

老三拿的恰好是财产的$\frac{1}{4}$；

老四拿了财产的$\frac{1}{5}$加上600英镑。

问整个财产有多少？每个儿子分了多少？”

可以设整个财产为x英镑，则

老大拿了$\frac{x}{2}-3000$；老二拿了$\frac{x}{3}-1000$；

老三拿了$\frac{x}{4}$；老四拿了$\frac{x}{5}+600$。

合在一起恰好等于总财产x，可得方程：

$$\left(\frac{x}{2}-3000\right)+\left(\frac{x}{3}-1000\right)+\frac{x}{4}+\left(\frac{x}{5}+600\right)=x.$$

整理，得

$$\frac{17}{60}x=3400,$$

$$x=12000.$$

$$\frac{x}{2}-3000=3000,\quad \frac{x}{3}-1000=3000,$$

$$\frac{x}{4}=3000,\ \frac{x}{5}+600=3000.$$

答:总财产为 12000 英镑,四个儿子分得一样多,各为 3000 英镑。

第三题:“父亲给孩子们留下了遗产,他们按下列方式分配财产:

第一个孩子分得 100 元和剩下的$\frac{1}{10}$;

第二个孩子分得 200 元和剩下的$\frac{1}{10}$;

第三个孩子分得 300 元和剩下的$\frac{1}{10}$;

第四个孩子分得 400 元和剩下的$\frac{1}{10}$,如此下去,最后发现所有的孩子分得的遗产相等。问财产总数、孩子数和每个孩子得到的遗产数各是多少? ”

可以设每个儿子分得x元,遗产总共有y元。则

第一个儿子分得 $x=100+\frac{y-100}{10}$;

第二个儿子分得 $x=200+\frac{y-x-200}{10}$;

第三个儿子分得 $x=300+\frac{y-2x-300}{10}$,依此类推。

因为第一个儿子与第二个儿子分得遗产数一样多,就有

$$100+\frac{y-100}{10}=200+\frac{y-x-200}{10},$$

整理,得

$$100-\frac{x+100}{10}=0,$$

解得 $x=900.$

将$x=900$ 代入第一个方程中,得

$$y=8100.$$

答:老人有 8100 元遗产,9 个儿子,每个儿子分得 900 元。

爱因斯坦与方程

世界科学史上的巨人、“20世纪的牛顿”、著名物理学家爱因斯坦也喜爱解方程，他生动地比喻了解方程的过程。爱因斯坦说：“代数嘛，就像打猎一样有趣。那藏在树林里的野兽，你把它叫作x，然后一步步地逼近它，直到把它逮住！”

有一次爱因斯坦病了，他的一位朋友给他出了一道题作消遣：“如果时钟上的针指向12点钟，在这个位置把长针和短针对调一下，它们所指示的位置还是合理的。但是有的时候，比如在6点钟，时针和分针就不能对调，否则会出现时针指12点，而分针指6点，这种情况是不可能的。

问时针和分针在什么位置时，它们可以互相对调，并仍能指示某一实际可能的时刻？”

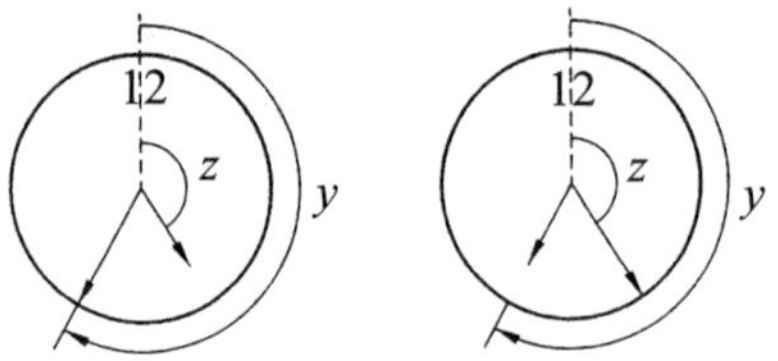

爱因斯坦想了一下说：“这对于病人确实是一个很有意思的问题，有趣味而又不太容易。只是消磨不了多少时间，我已经快解出来了。”

钟盘上共有60个刻度，分针运转的速度是时针的12倍。

爱因斯坦画了个草图。设所求的钟针位置是在x点y分，此时分针在离12点有y个刻度的位置，时针在离12点有z个刻度的地方。

时针走一点钟，分针要转一圈，也就是要转60个刻度。如果时针指向x点钟，分针要转x圈，要转过$60x$个刻度。现在时针指在x点y分，分针从12点起已转过了$(60x+y)$个刻度。由于时针运转速度是分针的十二分之一，所以时针转过的刻度是

$$z=\frac{60x+y}{12}.$$

把时针、分针对调以后，设所指时刻为x_1点z分，这时时针离12点有y个

刻度

$$y=\frac{60x_1+z}{12}.$$

这样就得到了一组不定方程组：

$$\begin{cases}z=\dfrac{60x+y}{12},\\ y=\dfrac{60x_1+z}{12}.\end{cases}$$

其中x和x_1是不大于 11 的正整数或 0。

分别让x_1和x取 0 到 11 的各种数值时，可以搭配出 144 组解。但是当$x=0$，$x_1=0$时是时针、分针同时指向 12 点；而$x=11$，$x_1=11$时算出$y=60$，$z=60$是 11 点 60 分，即 12 点。这样一来，$x=0$，$x_1=0$与$x=11$，$x_1=11$是同一组解。因此，这组不定方程只有 143 组解。

比如，当$x=1$，$x_1=1$时，解出$y=5\frac{5}{11}$，$z=5\frac{5}{11}$，说明 1 点$5\frac{5}{11}$分时，两针重合，可以对调；当$x=2$，$x_1=3$时，解出$y=15\frac{135}{143}$，$z=11\frac{47}{143}$，就是说 2 点$15\frac{135}{143}$分与 3 点$11\frac{47}{143}$分时，两针可以对调。

爱因斯坦的朋友十分佩服他灵活使用方程的能力。

丞相买鸡与不定方程

《张丘建算经》是我国南北朝时期写成的一本数学书，距现在有 1500 多年了。张丘建生平不详。

《张丘建算经》共有 92 个问题，其中有一道著名的“百鸡问题”：

“今有鸡翁一，直钱五；鸡母一，直钱三；鸡雏三，直钱一。凡百钱买鸡百只。问鸡翁、母雏各几何。”

用现代的语言来说就是：公鸡五文钱一只，母鸡三文钱一只，小鸡一文钱三只。今想用一百文钱买一百只鸡，问买公鸡、母鸡、小鸡各多少只？”

关于这道百鸡问题，还有一个传说：当时有位丞相，听说张丘建擅长计算，想考一考他。一天，命人把张丘建的父亲召到府中，给他100文钱到市场去买公鸡、母鸡和小鸡共100只。当时市场上鸡的价格是：公鸡每只五文钱，母鸡每只三文钱，小鸡三只卖一文钱。这一下可难住了老人，这100只鸡如何买法呢？

老人回到家对张丘建说了一遍，张丘建让他父亲到市场上买4只公鸡、18只母鸡、78只小鸡送给丞相。老人如数办了。丞相一算，恰好是100文钱买了100只鸡。丞相很高兴，于是又拿出100文钱，让老人再去买100只鸡，但是公鸡、母鸡和小鸡数要和上次不一样。老人想，这次恐怕办不到了。张丘建算了一下，让他父亲到市场去买8只公鸡、11只母鸡、81只小鸡，拿去见丞相。丞相一算，又恰好是100文钱买了100只鸡。

丞相把张丘建召进府内进行面试。丞相再拿出100文钱命张丘建去买100只鸡，要求公鸡数、母鸡数和小鸡数与他父亲前两次买的又不一样。张丘建很快从市场上买来了12只公鸡、4只母鸡和84只小鸡交给了丞相。丞相一算，又是100文钱恰好买了100只鸡。丞相非常佩服张丘建的计算能力。

上面仅是一个民间流传的故事。如果用代数方法又应该怎样解这道百鸡问题呢？

可以设公鸡为x只，母鸡为y只，小鸡为z只。由题目所给的条件可列出方程组：

$$\begin{cases} x+y+z=100, \\ 5x+3y+\frac{1}{3}z=100. \end{cases}$$

这个方程组有点特殊，未知数有三个，方程却只有两个，数学上把未知数个数多于方程个数的方程或方程组叫“不定方程”。

“百鸡问题”就是一道不定方程。解不定方程时，可以把其中一个未知数移到方程的右端，得

$$\begin{cases} x+y=100-z, \\ 5x+3y=100-\frac{1}{3}z. \end{cases}$$

再给z一些合适的值。比如令$z=78$,由方程组

$$\begin{cases}x+y=22,\\5x+3y=74.\end{cases}$$

可以解得$x=4,y=18$。也就是说用100文钱可以买4只公鸡、18只母鸡、78只小鸡,这正是张丘建父亲第一次买回来的鸡数。

如果令$z=81$,可得方程组

$$\begin{cases}x+y=19,\\5x+3y=73.\end{cases}$$

解得$x=8,y=11$,即8只公鸡,11只母鸡,81只小鸡。这正是张丘建父亲第二次买回来的鸡数。

如果令$z=84$,可解得$x=12,y=4$,即12只公鸡、4只母鸡和84只小鸡,这正是张丘建自己买回来的鸡数。

一般来说,不定方程有无穷多组解。但是对于实际问题,往往只有几组解,比如在"百鸡问题"中z值就不能随便给。当我们把z的值取得小于78或大于84时,鸡数就出现负数了;当我们取78~84的其他数时,鸡数会出现分数,在实际问题中这都是不允许的。

"百鸡问题"在我国民间流传很广,后来又演变出"和尚吃馒头问题":有一百个和尚,有一百个馒头。大和尚一人吃三个馒头,中和尚一人吃一个馒头,小和尚三人吃一个馒头,正好把馒头吃完,求大和尚、中和尚和小和尚各有多少。

还演变出"马拉砖问题":一百匹马拉一百块砖,大马一匹拉三块,中马一匹拉一块,小马三匹共拉一块,正好一次拉完。求大马、中马、小马各多少匹。

《张丘建算经》中正确地给出了百鸡问题的三组解。张丘建是世界上第一个给出一题多解的人。张丘建解算"百鸡问题"的方法也是简单、先进的。书中只有15个字的解法:

"鸡翁每增四,鸡母每减七,鸡雏每益三,即得。"

这个解法怎么来的呢?

原来张丘建解不定方程时,先把x看成常数,这样可得

$$\begin{cases} y+z=100-x, \\ 3y+\frac{1}{3}z=100-5x \end{cases}.$$

解出

$$\begin{cases} y=25-\frac{7}{4}x, \\ z=75+\frac{3}{4}x. \end{cases}$$

为了得到整数解,令$x=4t$,可得一组解:

$x=4t, y=25-7t, z=75+3t.$

当$t=1,2,3$时,就得到上述的三组解,而且t每增加1时,有"鸡翁每增四,鸡母每减七,鸡雏每益三"。

据说我国古代有个皇帝也曾编了个"百牛问题"来考某大臣:"有银子一百两,共买牛一百头。大牛每头价是十两,小牛每头价是五两,牛犊每头价是半两。问买的一百头牛中,大牛、小牛、牛犊各有几头?"

皇帝把"百牛问题"交给了某大臣,该大臣做了半天也做不出来,只好带回家,结果被他儿子给做出来了。

对歌中的方程

电影《刘三姐》中,秀才和刘三姐对歌的场面十分精彩。

地主莫怀仁请来三个秀才,同刘三姐和乡亲们对歌,想压倒刘三姐。陶秀才和李秀才相继被斗败了。这时,罗秀才急忙拿出书来,摇头晃脑地唱道:"三百条狗交给你,一少三多四下分,不要双数要单数,看你怎样分得均?"

刘三姐示意舟妹来答。舟妹唱道:"九十九条打猎去,九十九条看羊来,九十九条守门口,剩下三条财主请来当奴才。"答得绝妙!

罗秀才出的是一道数学题，题目是："把三百条狗分成四群，每群的条数是单数，一群少，三群多，数量多的三群要求条数同样多，问如何分法？"

可以用方程来解。设三群多的每群狗有x条，少的一群有狗y条，可列出方程

$$3x+y=300. \qquad ①$$

其中$0<y<x<300$，x与y取奇数。

一个方程有两个未知数，这是一个不定方程。移项，得

$$x=100-\frac{1}{3}y.$$

因为x必须是正奇数，因此$\frac{1}{3}y$是小于100的正奇数.

可设$y=3t$，得$x=100-t$ 其中t是小于100的正奇数。

可得如下形式的解：

$$\begin{cases}x=100-t,\\ y=3t.\end{cases} \quad (t\text{是小于100的正奇数}) \qquad ②$$

再利用条件$0<y<x<100$，x与y为奇数，可得

$$0<3t<100-t<100,$$

$$0<t<25\ (t\text{为奇数}).$$

t可取的值为1，3，5，7，9，11，13，15，17，19，21，23，共12个奇数。

将t值代入方程②可得12组解：

$$\begin{cases}x=99,\\ y=3;\end{cases}\quad \begin{cases}x=97,\\ y=9;\end{cases}\quad \begin{cases}x=95,\\ y=15;\end{cases}\quad \begin{cases}x=93,\\ y=21;\end{cases}$$

$$\begin{cases}x=91,\\ y=27;\end{cases}\quad \begin{cases}x=89,\\ y=33;\end{cases}\quad \begin{cases}x=87,\\ y=39;\end{cases}\quad \begin{cases}x=85,\\ y=45;\end{cases}$$

$$\begin{cases}x=83,\\ y=51;\end{cases}\quad \begin{cases}x=81,\\ y=57;\end{cases}\quad \begin{cases}x=79,\\ y=63;\end{cases}\quad \begin{cases}x=77,\\ y=69.\end{cases}$$

舟妹回答的只是第一组解：$x=99$，$y=3$。

收粮食和量井深

“方程”一词最早见于我国的《九章算术》。不过，《九章算术》中所说的“方程”与现在的方程含义不同，它不是指那种含有未知数的等式，而是由一些数字排列成的长方形阵。《九章算术》中已经出现了多元一次方程组，解方程组时用算筹，将方程组的系数和常数项摆成长方形阵，然后再解。下面以《九章算术》中“方程”章的第一题为例来说明：

“今有上禾三秉，中禾二秉，下禾一秉，实三十九斗；上禾二秉，中禾三秉，下禾一秉，实三十四斗；上禾一秉，中禾二秉，下禾三秉，实二十六斗。问上、中、下禾实一秉各几何？”

这里“禾”是庄稼，“秉”是捆，“实”是粮食。用现代语言来说：

“今有上等庄稼三捆，中等庄稼二捆，下等庄稼一捆，收粮食三十九斗；上等庄稼二捆，中等庄稼三捆，下等庄稼一捆，收粮食三十四斗；上等庄稼一捆，中等庄稼二捆，下等庄稼三捆，收粮食二十六斗。问上、中、下等庄稼每一捆各收粮食多少？”

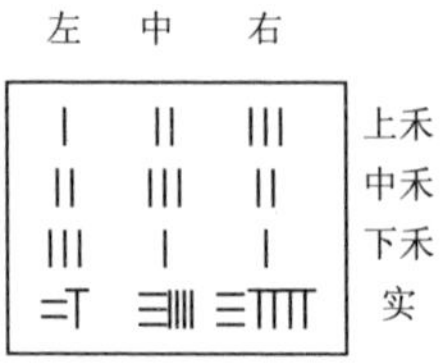

古代解这个问题时，先画一个方框，第一行写上禾的捆数，第二、第三行分别写中禾和下禾的捆数，最下面一行写粮食数。每一列代表一个方程的系数和常数项，次序是从右往左写。这就是一个方阵。用现代符号来写就是

$$\begin{cases}3x+2y+z=39, & ①\\ 2x+3y+z=34, & ②\\ x+2y+3z=26. & ③\end{cases}$$

按《九章算术》的解法“以右行上禾遍乘中行，而以直除”，意思是说用①式中x的系数 3 去乘②的各项，得

$$6x+9y+3z=102. \quad ④$$

由④累减①式两次，有

$$5y+z=24. \quad ⑤$$

再用 $3\times$③，得

$$3x+6y+9z=78. \quad ⑥$$

由⑥减①一次，有

$$4y+8z=39. \quad ⑦$$

同样办法用于⑤和⑦，消去 y，有 $z=2\frac{3}{4}$（斗）。

然后求得 $y=4\frac{1}{4}$（斗），$x=9\frac{1}{4}$（斗）。

《九章算术》中的解法相当于现在的加减消元法，但是它不是把对应项系数互乘，而只是对一个方程乘，然后一次一次地减，这种方法就叫“直除”。它比现在的加减消元法要麻烦一些。

我国古代在解方程组方面表现出很高的水平，不但会解一般方程组，还会解不定方程组。下面以《九章算术》中“五家共井”为例（今译）：

“今有甲、乙、丙、丁、戊五家共用一口水井，不知井有多深。各家都有提水用的绳子，但都不够长。甲家的两条（同样长，下同）和乙家的一条接起来正好够用；乙家的三条和丙家的一条接起来正好够用；丙家的四条和丁家的一条接起来正好够用；丁家的五条与戊家的一条接起来正好够用；戊家的六条与甲家的一条接起来也正好够用，问井深和各家一条绳子的长。”

这是一道很有趣的题。假设甲、乙、丙、丁、戊各家的每条绳长分别为 x,y,z,u,v，井深为 a，则有

$$\begin{cases}2x+y=a,\\3y+z=a,\\4z+u=a,\\5u+v=a,\\6v+x=a.\end{cases}$$

这里五个方程有六个未知数，是不定方程组，是世界上最早的不定方程组。《九章算术》中只给了一组解：$a=721$ 寸，$x=265$ 寸，$y=191$ 寸，$z=148$ 寸，$u=129$ 寸，$v=76$ 寸。

我国三国时期的数学家刘徽给出了这个不定方程的一般解

$$\frac{x}{a}=\frac{265}{721},\frac{y}{a}=\frac{191}{721},\frac{z}{a}=\frac{148}{721}\cdots\frac{v}{a}=\frac{76}{721}.$$

只要符合这个比例，未知数可以取无穷多值。

解三次方程的一场争斗

他的名字叫"结巴"

一元二次方程的解法人们比较早就掌握了，但是如何解一元三次方程和一元四次方程，一直到16世纪才解决。并且，从解决三次方程开始，就进行着一场争斗，争斗的双方是意大利数学家塔尔塔里亚和比他小两岁的另一名意大利数学家卡尔达诺。

塔尔塔里亚本名叫尼科罗，出生在意大利布雷西亚一个马夫家里。1506年法国军队打进布雷西亚，尼科罗才七岁。他父亲背着他躲进教堂，心想同样信仰天主教的法国士兵，不会在圣母像面前杀人。谁想到，法国骑兵冲进教堂，见人就砍。等尼科罗的妈妈到教堂去找他们时，发现尼科罗的父亲已经死了，尼科罗也被砍了三刀，牙床被砍碎。妈妈把他抱回家，没钱买药，就学猫和狗的样子，给他舔伤，居然好了，但是成了结巴。意大利语"塔尔塔里亚"就是"结巴"的意思。后来，人们都把他叫"塔尔塔里亚"，尼科罗这个名字反倒没人叫了。

塔尔塔里亚家里很穷，但他十分好学。没钱买纸和笔，他就捡些小白石条在父亲的青石墓碑上写算。由于他刻苦自学，不到30岁就当上了威尼斯大学的数学教授。

解三次方程的比赛

在塔尔塔里亚任威尼斯大学的数学教授时期，有许多人向他求教数学问题，其中就有三次方程。在当时，三次方程是最困难的数学问题，谁也没公开声明说自己会解三次方程，数学书上也没有三次方程的解法。塔尔塔里亚通过努力，找出一个解不完备三次方程的方法，他对朋友说他已经会解三次方程了。

塔尔塔里亚会解三次方程的消息传到了波隆那大学教授菲俄的耳朵里。菲俄不信，他认为只有他才会解三次方程，因为菲俄的老师费罗曾把解三次方程的方法，秘密传授给他。因此，菲俄声明只有他才会解三次方程。塔尔塔里亚年轻好胜，一气之下向菲俄提出挑战，两人约定1535年2月22日在米兰的圣玛利亚大教堂进行公开比赛。

当时意大利盛行数学争辩的风气，争辩双方各带30道题，在公证人面前交换题目，规定50天为期，谁解出的题多，谁就胜利。

由于塔尔塔里亚只会解特殊的三次方程，而又知道菲俄真会解三次方程，塔尔塔里亚心里十分后悔。他知道比赛那天，菲俄一定会出三次方程题来考他。怎么办？塔尔塔里亚为了获得三次方程更一般的解法，常常彻夜不眠。直到比赛前10天，才得出比较好的一般解法。

2月22日比赛正式开始，果然不出塔尔塔里亚所料，菲俄一连出了30道三次方程问题，其中包括如下三次方程：

$$x^3+9x^2=100,\qquad x^3+3x^2=2,$$

$$x^3+4=5x^2,\qquad x^3+6=7x^2.$$

由于塔尔塔里亚事先有准备，在两个小时内，全部解出来了。而塔尔塔里亚出的30道几何代数题，菲俄却一道也没做出来。比赛结果，塔尔塔里亚大获全胜，被米兰人民当作英雄看待。许多人向塔尔塔里亚求教三次方程的解法，他却只字不漏。其实，他当时解三次方程的方法仍不完备，直到1541年才获得了比较完备的解法。他想把这个解法将来收进自己的著作中。

骗走了解法

塔尔塔里亚与菲俄比赛获胜的消息不胫而走，传到了意大利数学家卡尔达诺的耳朵里。卡尔达诺正在写《大法》一书，他非常想把解三次方程这个最新数学成果编进自己的书里。卡尔达诺身为数学家，却有一些不良作风，比如好赌博，常给人家算命，还常常说假话。

卡尔达诺找到塔尔塔里亚，要塔尔塔里亚把解三次方程的解法告诉给他。当然，塔尔塔里亚是不会轻易告诉他的。卡尔达诺死缠着塔尔塔里亚不放，发誓不会把解三次方程的方法泄露出去。塔尔塔里亚被他缠得没有办法，把解法写成一首语言很难懂的诗给了卡尔达诺。卡尔达诺很快就把解法弄清楚了，并且把这个解法写入自己的《大法》一书中，此书于1545年在纽伦堡出版。后来，人们就把解三次方程的公式叫"卡尔达诺公式"。

卡尔达诺的失信行为激怒了塔尔塔里亚。塔尔塔里亚向卡尔达诺提出挑战，约定1545年8月10日仍在米兰市的圣玛利亚教堂进行公开辩论。可是到了约定时间，卡尔达诺只派了自己的学生和仆人费拉里出席。费拉里带着一群亲朋好友来到圣玛利亚教堂，等塔尔塔里亚进行辩论时一起起哄，使塔尔塔里亚辩论不下去。塔尔塔里亚看到无法辩论下去，就离开了米兰，而卡尔达诺却宣布辩论的结果是他获胜。

三次方程的解法

究竟怎样解三次方程呢？

卡尔达诺在《大法》一书中，首先给出了缺二次项，而三次项系数为1

的特殊三次方程的解法：

$$x^3 + mx = n. \quad ①$$

考虑恒等式

$$(a-b)^3 + 3ab(a-b) = a^3 - b^3. \quad ②$$

如果选取a和b，使得

$$3ab = m,\ a^3 - b^3 = n. \quad ③$$

那么方程①中的x就相当于②式中的$a-b$。

可以从方程组③中解出a和b来：

$$\begin{cases} a^3 - b^3 = n, & ④ \\ 3ab = m. & ⑤ \end{cases}$$

④的平方$+4\left[\dfrac{⑤}{3}\right]$的立方，得

$$(a^3-b^3)^2 + 4a^3b^3 = n^2 + 4\left(\frac{m}{3}\right)^3,$$

$$(a^3+b^3)^2 = 4\left[\left(\frac{n}{2}\right)^2 + \left(\frac{m}{3}\right)^3\right],$$

$$a^3 + b^3 = 2\sqrt{\left(\frac{n}{2}\right)^2 + \left(\frac{m}{3}\right)^3}. \quad ⑥$$

由[④+⑥]÷2，得

$$a^3 = \frac{n}{2} + \sqrt{\left(\frac{n}{2}\right)^2 + \left(\frac{m}{3}\right)^3},$$

$$a = \sqrt[3]{\frac{n}{2} + \sqrt{\left(\frac{n}{2}\right)^2 + \left(\frac{m}{3}\right)^3}}.$$

同样可得　$b = \sqrt[3]{-\dfrac{n}{2} + \sqrt{\left(\dfrac{n}{2}\right)^2 + \left(\dfrac{m}{3}\right)^3}}.$

$$\therefore \quad x = a - b = \sqrt[3]{\frac{n}{2} + \sqrt{\left(\frac{n}{2}\right)^2 + \left(\frac{m}{3}\right)^3}} - \sqrt[3]{-\frac{n}{2} + \sqrt{\left(\frac{n}{2}\right)^2 + \left(\frac{m}{3}\right)^3}}.$$

得到了三次方程的一个根。

如果所遇到的三次方程是一般的，即

$$ax^3 + bx^2 + cx + d = 0\ (a \neq 0).$$

又该怎样解呢？

可以利用变换 $x=z-\frac{b}{3a}$，把上述方程变成为特殊形式

$$z^3+3hz+g=0.$$

这样就好解了。

后来，卡尔达诺的学生和仆人费拉里解决了用公式法解一元四次方程。数学史家伊夫斯称三次方程和四次方程的解决是“16 世纪最壮观的数学成就”。

阿贝尔与五次方程

在挪威首都奥斯陆的皇家公园里，竖立着一位年轻人的塑像，他就是 19 世纪挪威著名数学家阿贝尔。

阿贝尔出生在一个穷牧师家里，有 7 个兄弟姊妹。小时候阿贝尔跟着父亲学文化，一直到 13 岁才有机会到一所天主教学校，靠一点奖学金读书。

教数学的老师是个酒徒，教学枯燥无味，还经常体罚学生。在学生和家长的抗议下，后来换了年轻的大学助教洪堡来教数学。洪堡是著名天文学家汉斯廷的助教，学识渊博。他采用灵活、新颖的教学方法，尽量发挥学生的独立解题能力，并经常出一些有趣的数学问题，叫学生演算。

在洪堡老师的教育下，阿贝尔深深地爱上了数学。他常能解出一般同学解不出来的难题。洪堡对阿贝尔的评语是“一个优秀的数学天才”。阿贝尔沉迷于数学之中，他一头钻进图书馆找牛顿和达朗贝尔的书来读，把自己研究的一些收获记在一个大笔记本中。据洪堡后来回忆说：“阿贝尔以惊人的热情和速度向数学这门科学进军。在短时间内他学了大部分初等数学。在他的要求下，我单独给他讲授高等数学。过了不久，他就自己读法国数学家泊松的作品，读数学家高斯的书，特别是拉格朗日的书。他已经开始研究几门数学分支了。”阿贝尔 16 岁时发现数学家欧拉对二项式定理只证明了有理指数的情形，于是他给出了一般情况都成立的证明。

在学校里，阿贝尔和同学相处得很好，他并不因为数学教师对他的赞扬而傲视其他同学。由于营养不良，他面色苍白；由于贫穷，他衣服破烂得像个穷裁缝，同学们给他起了个外号叫“裁缝阿贝尔”。

自从16世纪意大利数学家找到了解一元三次方程和一元四次方程的方法后，人们一直在寻求一元五次方程的解法。可是经历了300年的探索，没有一个数学家能够解决这个问题。

一次，阿贝尔听洪堡讲，解五次方程是当前数学上悬而未决的难题。数学家想按照解二次方程那样用求根公式，通过有限次的加、减、乘、除及开方运算，用方程的系数来表示五次方程的根，但是一直没有成功。

阿贝尔暗下决心，一定要解决五次方程求根的难题。经过一番考虑之后，阿贝尔写出了一篇解决五次方程的论文送交洪堡。洪堡看了半天也没有看懂，只好寄给自己的老师汉斯廷教授。汉斯廷教授也没看懂，又转给丹麦著名数学家达根。达根没有看出阿贝尔的文章有什么错误，但是达根考虑：以前那么多大数学家都没能解决的数学难题，不可能就这么简单地解决了。透过阿贝尔的论文，达根发现阿贝尔是个很有数学才能的人。达根给阿贝尔回信，建议他用实际例子来验证自己的方法。通过验证，阿贝尔发现了自己文章中的错误。

失败激励着阿贝尔去更深入地考虑这个问题。正当他发奋研究五次方程解法的时候，他父亲去世了，家境更加贫穷。洪堡希望阿贝尔上大学，他与教授和朋友们一起筹钱供阿贝尔读书，让他免费住宿。由于弟弟年小无人照顾，大学还特别准许阿贝尔带着他弟弟住在学校里，一边读大学一边照料弟弟。

贫穷、劳累都没能动摇阿贝尔探索数学奥秘的决心。他一边学习一边研究，一连在汉斯廷创办的科学杂志上发表了几篇很有价值的数学论文，受到数学界的重视。在此基础上，阿贝尔又继续猛攻五次方程的求解问题。

首先，阿贝尔成功地证明了下面的定理："可以用根式求解的方程，它的根的表达式中出现的每一个根式，都可以表示成该方程的根和某些单位根的有理函数。"举个简单的例子：比如二次方程$x^2+bx+c=0$是可以用根式求解的。它的根的表达式

$$x=\frac{-b\pm\sqrt{b^2-4c}}{2}$$

只有一个根式$\sqrt{b^2-4c}$。由韦达定理可知

$$b=-(x_1+x_2),$$

$$c=x_1\cdot x_2.$$

因此，$\sqrt{b^2-4c}=\sqrt{(x_1+x_2)^2-4x_1\cdot x_2}$

$=\sqrt{x_1^2-2x_1x_2+x_2^2}=|x_1-x_2|$，

而x_1-x_2或x_2-x_1是方程根x_1,x_2的有理函数。

所谓单位根，就是若一个数的n次乘方等于1，则称此数为n次单位根，例如1，-1，i，-i，因为$1^4=(-1)^4=i^4=(-i)^4=1$，所以它们都是4次单位根。

接着阿贝尔就用这个定理证出：不可能用加、减、乘、除、开方运算和方程的系数来表示五次方程根的一般解。他的证明结束了人们200年的探索。

在当地印刷厂的帮助下，这篇论文被印制出来了。为了使更多的人了解，这篇论文是用法文写的。可是因为穷，为了减少印刷费，他把论文压缩成只有6页。

阿贝尔满怀信心地把自己的论文寄给外国的数学家，包括当时被誉为数学王子的高斯，希望能得到他们的支持。可惜文章太简洁了，没有人能看懂。当高斯收到这篇论文时，觉得不可能用这么短的篇幅，证明出这个世界著名的问题，结果高斯看也没有看就把这篇论文放到书信堆去了。

阿贝尔大学毕业后，一直找不到工作。他向政府申请旅行研究金，到外国做两年研究，希望回来后，能找到一个正式职业。

1825年，他离开挪威，先到德国的汉堡，后来到柏林住了6个月。1826年7月，阿贝尔离开德国去法国。他在巴黎期间很难和法国大数学家谈论自己的研究成果。他们的年纪太大，对年轻人的工作并不重视。阿贝尔把自己的研究写成长篇论文，交给法国数学家勒让德。勒让德看不大懂，又转给了另一位数学家柯西。柯西只是随便翻了翻，就丢弃到一旁。阿贝尔想在法国科学院发表这篇论文的想法落空了。

1827年5月底，阿贝尔回到了奥斯陆。他身无分文，还欠了债。为生活所迫，他只好去给人家补习功课，从小学生到准备上大学的学生都给补习。他不但帮人补习数学，还补习德文、法文。

即使在这种状况下，阿贝尔也没有放弃他心爱的数学研究，他对数学许多分支的发展都做出了重要的贡献。后来阿贝尔又发表了两个“关于五次以上方程不可能用根式求解”的证明。

贫穷和劳累使阿贝尔的身体越来越衰弱了。1828年夏天，他持续高烧，而且咳嗽——他得了肺结核。他给德国工程师克勒的信中写道：“我已经病了一个时期，而且被迫要躺在床上了。我很想工作，但是医生警告我，任何事操心都对我有极大的伤害。”

从1829年3月开始，阿贝尔病情恶化，他胸痛，吐血，时常昏迷，一直躺在床上。有时他想写数学论文，可是手不能提笔写字。1829年4月6日，年仅26岁的阿贝尔离开了人间。阿贝尔是挪威人民的骄傲。

悬赏十万马克求解

有一个著名的数学难题,至今世界上还没有人能够解决,这就是“费马问题”。

费马1601年生于法国的图卢兹。他是一名法官,业余从事数学研究。他的所有数学著作在生前都没有发表。他是通过与其他数学家的通信,来广泛地参与数学研究活动的。费马未加证明地提出了许多富有洞察力的命题,这些命题在他去世后很久才陆续被证明。到1840年,只剩下一个命题还没有被证明,这就是“费马问题”。

费马问题的内容很简单:当整数n大于2时,方程$x^n+y^n=z^n$不存在整数解,其中x,y,z不等于0。

当$n=2$时,方程就变成了$x^2+y^2=z^2$,是我们熟悉的“勾方加股方等于弦方”,也就是勾股定理。这时方程$x^2+y^2=z^2$是有无穷多组整数解。比如$x=3,y=4,z=5$;$x=5,y=12,z=13$;$x=6,y=8,z=10$等都是该方程的解。这些整数解可以用一组公式来表示:

$$x=m^2-n^2,\ y=2mn,\ z=m^2+n^2.$$

其中m,n为不相等的整数。

尽管$n=2$时,方程$x^n+y^n=z^n$有无穷多组整数解,但是费马预言:只要n大于2,方程$x^n+y^n=z^n$连一组非零的整数解也没有。

费马是怎么想起这件事的呢?事情是这样的:1621年,公元3世纪希腊著名数学家丢番图的《算术》一书刚刚译成法文,费马就买了一套。费马有个习惯,喜欢把读书的感想随手写在书页的空白处。他在这本书中看到了丢番图关于方程$x^2+y^2=z^2$有无穷多组正整数解的讨论,于是就在书底页的空白处写了一行旁注:“另一方面,不可能把一个立方数表示为两个三次方数之和。一般来说,一个次数大于2的方幂不可能是两个方幂之和。我确实发现了这个奇妙的证明,但是书的页边太窄了,写不下。”

费马提出的结论究竟对不对呢？他没有给出证明，但是他声称确实发现了这个奇妙的证明。费马死后，他的儿子整理了他的全部遗稿和书信，遗憾的是并没有找到关于这个问题的证明，于是它就成了悬而未决的“费马问题”。

“费马问题”的迷人之处，在于它的内容如此简单，如此容易理解，即使具有一般数学知识的人好像也能解决。正如要验证$x^3+y^3=z^3$没有非零的整数解，前十个正整数的立方是 1，8，27，64，125，216，343，512，729，1000。不难看出其中没有一个数可以表示为另外两个立方数之和。借助于电子计算机甚至可以证明 10 位以内数的立方，不可能是其他两个立方数之和。困难的是整数有无穷多个，不管用什么样的电子计算机，也不能对无穷多个数进行检验。

费马问题引起数学家的注意。许多大数学家为解决这个问题花费了不少心血，也取得了一定的进展。

1770 年，大数学家欧拉证明了当$n=3$时，费马的结论是对的；

1823 年，勒让德证明了当$n=5$时，结论是对的；

1839 年，拉梅证明了当$n=7$时，结论也对。

特别值得一提的是，靠自学成才的法国女数学家苏菲娅·吉耳曼证明了如果p是奇素数（即除掉 2 的素数），$2p+1$也是素数，那么$x^p+y^p=z^p$没有整数解。这样一来，小于 100 的所有奇素数都解决了。

研究费马问题最有成就的要算德国数学家库默尔，他几乎用了一生的时间来研究这个问题。虽然他没有最终解决，但是提出了一整套的数学理论，推动了数学的发展。法国科学院为了表彰库默尔的贡献，给他发了奖。

有趣的是，有的数学家自以为解决了“费马问题”而欣喜若狂，但是后来有人指出证明中有错误，结果是一场空欢喜。比如数学家拉梅在法国科学院的一次会议上，宣布自己已经证明了"费马问题"。但是当他讲解自己的证明方法时，数学家刘维尔当场指出他的证明是行不通的，使拉梅感到十分困窘。著名数学家勒贝格晚年也沉迷于解决"费马问题"，他向法国科学院呈上一篇论文，说用他的理论可以全部解决这个问题。法国科学院十分高兴，如果勒贝格真能解决，法国就可以向全世界宣布：这个300年前由法国人提出来的世界难题，最终由本国人解决了。法国科学院立即组织一批数学家，仔细研究了勒贝格的论文，结果发现其证明也是错误的。勒贝格拿着退回来的论文不甘心地说："我想，我这个错误是可以改正的。"但是，直到他死，也没能解决这个问题。

1900年，德国著名数学家希尔伯特，总结了当时数学界还没解决的重大问题，提出了23个数学难题，"费马问题"被列为第十个问题。

1908年，德国的一位数学爱好者沃尔夫斯凯尔提出，在2007年以前，谁能解决"费马问题"，就奖给他十万马克奖金。

前几年，美国数学家大卫·曼福特证明了方程$x^n+y^n=z^n$如果有整数解，那么这样的整数是非常大，解的个数是非常少的。这样的整数解数值之大，不仅超过现有大型计算机的计算能力，还远远超过从长远看来能够设想的任何计算机的能力。但是，他终究没有彻底解决这个难题。

这个问题最终被英国数学家解决了。

20世纪60年代初，一个年仅10岁的英国少年安德鲁·怀尔斯看到了费马问题，他立志要解决这个难题。长大以后，他到美国普林斯顿大学任教，1986年他在"费马问题"上取得了突破性进展。1993年6月23日在英国剑桥大学的国际数学家学术会议上，年仅40岁的怀尔斯做了题为《系数结构、椭圆曲线和盖氏理论》的报告，解决了困扰数学家350年之久的难题，受到与会数学家的高度称赞。但是，同年11月有数学家对他的证明过程提出疑问。12月4日怀尔斯发出电子邮件，承认证明有问题。1994年10月25日，美国俄亥俄州立大学的卡尔·鲁宾教授向全世界发出电子邮件宣布，怀尔斯证明中的问题已经得到解决，怀尔斯成功证明了费马的猜想是对的。

9. 闯关纵横谈

他为什么不放心

——一闯抽象关

请你从 1 开始写出三个相邻的奇数。

你很快就可以写出 1,3,5。

再请你把所有相邻的三个奇数都写出来。

这可要好好想一想了:写出 3,5,7 对吗? 不对! 这仅是一组相邻的三个奇数。多写出几组行吗? 1,3,5;3,5,7;5,7,9……这也不行。就是写出成千上万组,也没有把“所有的”都写出来!

这个问题用算术方法是解决不了的,用代数方法解决起来就很容易。代数的一个重要特征就是以字母代替具体的数。这个问题的正确答案是: $2k+1, 2k+3, 2k+5$。你看,当 $k=0$ 时是 1,3,5;当 $k=1$ 时是 3,5,7;当 $k=2$ 时是 5,7,9……

很明显，这里的k不是具体的哪一个数，而代表了任意整数，这是整个问题的关键。只有使用了字母，才使得$2k+1$，$2k+3$，$2k+5$表示的不再是三个具体的数，而是所有的三个相邻的奇数。

使用字母表示数，这是一种抽象化。刚从小学升到初中的人，往往弄不明白为什么要用字母来代替数。举个例子：有些杂志的编辑部经常收到小读者的来信，说他们发现了一些数学规律，又不知对不对，请编辑帮助看看。有位初一同学的信中写道：我发现了一个有趣的数学规律：

$3^2=2+2^2+3$，

$4^2=3+3^2+4$，

$5^2=4+4^2+5$，

……

总之，一个自然数的平方等于它前面一个相邻数加上这个相邻数的平方再加上这个数本身的和。我试了许多数都对，您说有这个规律吗？

这个同学既然试了“许多数”都对，为什么还不放心呢？看来这是位细心的同学，知道自然数是无穷尽的，他无法对所有的数都进行试验。

这又是一个用算术方法解决不了的问题，必须用代数来解决。

引入一个字母n，如果用一个代数式来表示这个同学发现的规律就是：

$$(n+1)^2=n+n^2+(n+1),$$

变形，得 $$(n+1)^2=n^2+2n+1,$$

又得 $$(n+1)^2=n^2+2n\cdot 1+1^2.$$

这最后一个代数式多么眼熟啊！与$(a+b)^2=a^2+2ab+b^2$比一比，原来就是一回事，只不过让这个公式里的$a=n$，$b=1$而已。

看来，这个同学找到的数学规律是对的，它就是“二数和的平方公式”。只可惜，他没有经过代数抽象这一步，所以没列出这个代数公式。要是这位同学掌握了代数抽象的方法，并且是在若干年以前这样做了，说不定这个“两数和的平方公式”会是这位同学发现的呢！

这不是开玩笑。抽象的目的正是为了更深刻地发掘数学规律，更准确地表达数学规律,在更广泛的范围内肯定数学规律的正确性。

怎样闯过抽象关?

首先,必须改变一下你的立脚点。在小学学习数学的时候,总是从具体的数字出发来考虑问题。学习代数以后,就要多和字母相联系了。这时候,要注意观念上的转变,不能以算术的观点认为a只代表一个数。要考虑这个字母可能代表着许多数,甚至代表一切数。不要只想着它只代表正数,它也代表负数和零;要考虑它不仅可能代表已知数,也可能代表未知数。总之,要注意字母抽象化的特点。

如果你常常想到:一个字母可以表示“许多数”或“无穷多个数”,解题就不容易出错了。

例如“$a+b$一定大于a吗?”这个问题就不可能简单地回答“大”或“不大”。而要把b分成几种情况加以讨论:

当$b>0$时,$a+b>a$;

当$b=0$时,$a+b=a$;

当$b<0$时,$a+b<a$.

这种讨论形式的答案,在算术中是很少见的,而在代数中却必须掌握。

为了闯过抽象关,还应该熟记一些常用的表达式。例如:全体偶数可以用$2n$表示(n为整数);

全体奇数可以用$2n+1$或$2n-1$表示;

可以被k整除的数用kn表示(n为整数);

所有大于2而小于5的数a,可以表示为$2<a<5$等。

掌握了把数抽象为字母的方法,才能进一步使用字母去探求数学规律。例如:

“怎样表示比a的$\frac{4}{5}$大1的数?”

“怎样表示k与 6 的差的 30%？”

想一想就知道前者的答案是$\frac{4a}{5}+1$；后者的答案是$(k-6)\times 30\%$。

2a和 3a 哪个大

——二闯负数关

3 和 2 哪个大？当然 3 大。

3a和 2a哪个大？如果你回答“当然 3a大”，这可就错了。在代数里，3a不一定比 2a大。不信，用具体数试一试。

当$a=-5$时，$3a=-15$，$2a=-10$。你看，3a 就比 2a 小了。

由于字母可以代表任何数，也包括了负数，这样 3a和 2a哪个大，就有大于、小于和等于三种可能关系，比 3 和 2 哪个大的关系复杂多了。

负数是正数的相反数，在实际问题中，负数和正数总是表示意义相反的两个量。夏天你从电视屏幕上看到武汉市的气温高达 42℃，你会想到武汉真是个名副其实的大火炉；冬天你会看到哈尔滨最低气温达－32℃，一个负号就会使你不寒而栗。深刻理解正数和负数是互为相反的数，是闯过负数关的关键。

闯过负数关，要经过哪几个关口呢？

第一个关口是负数比大小。在实际生活中，负数的大小问题，一般是不会弄错的。比如北京最低气温是－15℃，沈阳最低气温是－28℃，哪个城市气温低？谁都会回答说是沈阳气温低。可是，抽象地问，－28 和

-15 哪个大？就会有同学回答：-28 比 -15 大。这是什么原因呢？刚上初一的同学，往往一提比大小，就想到正数比大小的法则，忘了负数是正数的相反数。这是一种需要克服的习惯。今后，一定要注意负号，要根据负数的特点来比大小。

过负数比大小这个关口，要多依赖数轴这个重要的工具。在数轴上，不管是正数，还是负数，谁靠右边谁就大。

第二个关口是负数和绝对值的关系。请回答，$|a|=a$和$|a|=-a$哪个对？不管你回答哪个对，都不对。

这两个等式的左边都是a的绝对值，由于绝对值最小是零，不可能是负数。要想上面两个等式成立，就必须保证$|a|=a$中的a，或$|a|=-a$中的$-a$不是负数才行。但是，字母a可以代表任何数，a也好，$-a$也好，都不能保证不是负数。比如，当$a=-2$时，$|a|=a$就成了$|-2|=-2$，绝对值成了负数，显然不对；又比如，当$a=3$时，$|a|=-a$，就成了$|3|=-3$，也不对。可以肯定这两个式子都不成立。

这个问题的正确答案是：

当$a\geqslant 0$时，$|a|=a$；

当$a<0$时，$|a|=-a$.

根据什么标准就肯定这样写是对的呢？标准是不管a取正数、负数或零，等式都成立。比如，当$a=3>0$时，$|3|=3$，就是$|a|=a$；当$a=-3<0$时，$|-3|=3=-(-3)$，就是$|a|=-a$；当$a=0$时，$|0|=0$，就是$|a|=a$。因此，不管a取什么数，都是对的。

这样，我们就有了一条经验，遇到绝对值符号里面有字母的时候，一定要分情况讨论。比如，计算$|1-a|+|2a+1|+|a|$的值(其中$a<-2$)。在这道题中，限定了字母a的值要小于-2。在去掉绝对值符号时，要保证每一个绝对值都不是负数。因此有

$$|1-a|=1-a>0;$$

$$|2a+1|=-(2a+1)>0;$$

$$|a| = -a > 0.$$

这样，$|1-a|+|2a+1|+|a|$

$=1-a-2a-1-a$

$=-4a.$

在这道题中，如果不给$a<-2$的限制，你还会做吗？题目虽然复杂了，只要记住绝对值不能是负数，完全可以做对。办法是先要一个一个讨论，要综合在一起得出答案。具体解答是：先求出可使其中一个绝对值等于0的a值，它们是$-\frac{1}{2}$，0，1。

当$a<-\frac{1}{2}$时，$|1-a|+|2a+1|+|a|$

$=1-a-(2a+1)-a$

$=1-a-2a-1-a=-4a;$

当$-\frac{1}{2}\leqslant a<0$时，$|1-a|+|2a+1|+|a|$

$=1-a+2a+1-a=2;$

当$0\leqslant a<1$时，$|1-a|+|2a+1|+|a|$

$=1-a+2a+1+a=2a+2;$

当$a\geqslant 1$时，$|1-a|+|2a+1|+|a|$

$=-(1-a)+2a+1+a$

$=-1+a+2a+1+a=4a.$

综合起来写在一起，得

$$|1-a|+|2a+1|+|a|=\begin{cases}-4a\left(a<-\frac{1}{2}\right),\\ 2\left(-\frac{1}{2}\leqslant a<0\right),\\ 2a+2(0\leqslant a<1),\\ 4a(a\geqslant 1).\end{cases}$$

你如果能正确地解答出下列问题，可以说过了第二个关口：

(1) 解方程$|x-3|=4$;

(2) 解方程 $|x+1|+|x-1|=1$;

(3) 化简 $|a+1|-|1-2a|$.

负数和绝对值的关系,在求算术根、解方程、解不等式、求函数定义域等问题中还要多次遇到。

第三个关口是使用负数。能灵活使用负数,是学懂负数的主要标志。有这样一道趣题:

“有一座三层的楼房着火了。一个救火员搭了梯子爬到三层楼去抢救东西。当他爬到梯子正中一级时,二楼的窗口喷出火来,他就往下退了 3 级。等到火过去了,他又爬上了 7 级,这时屋顶上有一块砖掉下来了,他又往后退了 2 级。幸亏砖没有打着他,他又爬上了 6 级,这时他距离最高一层还有 3 级。你想想,这梯子一共有几级?”

由于梯子有正中一级,因此梯子级数一定是奇数,可设为 $2n+1$。把往上爬算正,往下退算负,可以写出算式。

$$n=(-3)+7+(-2)+6+3=11.$$

所以 $$2n+1=2\times 11+1=23.$$

答:梯子一共有 23 级。

应该说,只有在大量使用负数过程中,才能逐步深入理解负数的本质,闯过负数关。

老虎怎样追兔子

——三闯变化关

先来做一道老虎追兔子的题:

“一只老虎发现离它 10 米远的地方有一只兔子,马上扑了过去。老虎每秒钟跑 20 米,兔子每秒钟跑 18 米,老虎要跑多远的路,才追得上兔子?”

这道题目中把速度、距离都说清楚了,算起来比较容易。因为老虎比兔子跑得快，速度差为 $20-18=2$，这样老虎追上兔子所用的时间为 $10\div2=5$（秒）。老虎跑的路程为 $20\times5=100$（米）。这就是答案。

现在把这道题改一下，看你会不会做？

“一只老虎发现离它 10 米远的地方有一只兔子，马上扑了过去。老虎跑 7 步的距离，兔子要跑 11 步。但是兔子频率快，老虎跑 3 步的时间，兔子能跑 4 步。问老虎能不能追上兔子？如果能追上，它还要跑多远的路？”

这道题没有直接把速度告诉我们，要求出速度需费一番周折。用算术方法解比较困难，可用代数方法来解。

可以设老虎跑 7 步的路程为 x 米，则兔子跑完 x 米需要 11 步。求速度还需要知道时间。因此，又设老虎跑 3 步用了 t 秒，则兔子在 t 秒钟跑了 4 步。这里的 x 和 t 不是具体的数，而是抽象的字母。还有，在老虎追赶兔子的过程中，路程和时间不是固定不变的，而是在不断地变化。

下面来求速度：老虎 7 步跑了 x 米，每一步的距离是 $\frac{x}{7}$ 米。另一方面，老虎在 t 秒钟跑了 3 步，合 $3\times\frac{x}{7}$ 米。这样，老虎的速度 v_1 就可以求出来了，即

$$v_1=\frac{3}{7}x\div t=\frac{3}{7}\cdot\frac{x}{t}.$$

同样，可以求出兔子的速度 $v_2=\frac{4}{11}\cdot\frac{x}{t}.$

虽然 v_1，v_2 具体是多少还不知道，但是它们谁大谁小是清楚的。因为 $\frac{x}{t}$ 是一个大于零的数，又因为 $\frac{3}{7}>\frac{4}{11}$，所以 $v_1>v_2$。这说明老虎的速度比兔子快，它是可以追上兔子的。

再来解第二个问题。设 s_1，s_2 分别表示老虎追上兔子时，老虎和兔子跑过的路程。由于兔子在老虎前 10 米处，所以 $s_1=10+s_2$（米）。

$\because\quad s_1=v_1t,\qquad s_2=v_2t.$

$\therefore\quad \frac{s_1}{s_2}=\frac{v_1t}{v_2t}=\frac{3}{7}\cdot\frac{x}{t}\div\frac{4}{11}\cdot\frac{x}{t}=\frac{33}{28}.$

即 $\quad s_2=\frac{28}{33}s_1.$

将上式代入 $s_1 = 10 + s_2$ 中，得

$$s_1 = 10 + \frac{28}{33}s_1.$$

解出 $s_1 = 66$ (米).

说明老虎要跑 66 米才能追上兔子。

从解题过程中可以看出，后一个问题难在老虎和兔子的速度始终没有求出个具体数来，我们是通过速度的比 $v_1 : v_2 = 33 : 28$ 来解出路程 s_1 的。在这个问题中，我们始终是把这些字母看作是变化的，我们所寻求的就是这些变化的量之间的关系。

日常生活中没有一成不变的量，数字中就要有相应的“变量”来描述它。比如一个人骑自行车，在他行驶的过程中，行驶的距离 s 和行驶的时间 t，都是变化的量。学函数，把字母看成是不断变化的变量，要过“变化关”。下面以骑车为例加以说明。

一个人骑车以每小时 15 千米的速度从甲地驶往乙地。两地相距 45 千米，求自行车离开甲地的距离 s（千米）和行驶时间 t（小时）的关系。

1 小时自行车离开甲地 15 千米，2 小时离开甲地 15×2 千米……t 小时离开甲地 $15t$ 千米。我们找到 s 和 t 的关系 $s=15t$。

对于式子 $s = 15t$ 来说，t 可以任意变化，可是对于这个实际问题来讲，t 的取值只能是 $0 \leqslant t \leqslant 3$，因为出发后 3 小时就到达乙地了。式子 $s = 15t$ $(0 \leqslant t \leqslant 3)$ 反映了自行车运动的规律，这里的 t 和 s 都是变量。

怎样使 t 和 s 在我们脑子里变化起来呢？

一种办法是列表。比如间隔半小时给 t 取一个值，再通过 $s = 15t$ 算出相应的 s 值，就可以列出表来：

t（小时）	0.5	1	1.5	2	2.5	3
s（千米）	7.5	15	22.5	30	37.5	45

这个表描述了 t 和 s 的变化。在第 1 小时末，自行车行进了 15 千米；第

2.5 小时末，行进了 37.5 千米。这不是t在变，s也跟着变吗？当然用这个表来描述t和s的变化还比较粗糙。比如想求 1.4 小时自行车行进了多远的距离，在表上是查不到的。

另一种办法是画图。在坐标系中画出$s=15t$的图象。图象是一条线，这条线反映了随着t的增大，s也增大的变化。

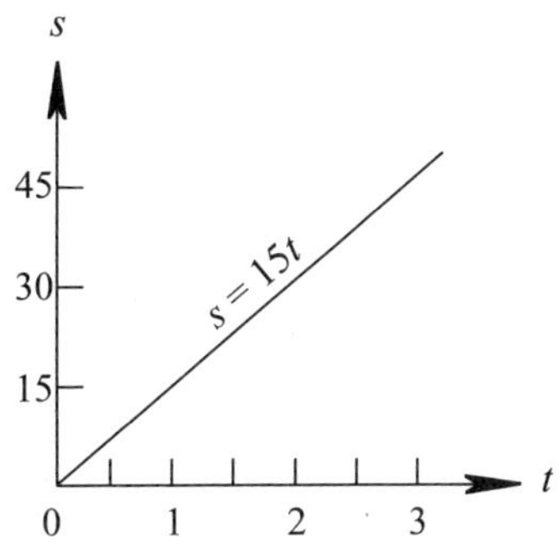

大数学家没做出来

——四闯综合关

莱布尼茨是 17 世纪德国著名数学家，微积分的创始人之一。他不会分解代数式x^4+a^4，认为这个式子不能再分解了。

18 世纪英国数学家泰勒说，x^4+a^4还可以进一步分解，把它分解成$(x^2+\sqrt{2}ax+a^2)(x^2-\sqrt{2}ax+a^2)$，泰勒分解的方法并不复杂，仅仅是用了配方法：

$$\begin{aligned}&x^4+a^4\\=&(x^4+2a^2x^2+a^4)-2a^2x^2\\=&(x^2+a^2)^2-(\sqrt{2}ax)^2\\=&[(x^2+a^2)+\sqrt{2}ax][(x^2+a^2)-\sqrt{2}ax]\\=&(x^2+\sqrt{2}ax+a^2)(x^2-\sqrt{2}ax+a^2).\end{aligned}$$

这个历史事实告诉我们，掌握代数中的基本概念和基本方法还不算太困难，但是能够灵活使用这些方法，去解决一些综合性问题却比较困难，这需要掌握一些技巧。

比如，设函数$y=\lg\left(2-\frac{m}{4}\right)\cdot x^{m^2-7m+11}$.

问：(1) 当m为何值时，y是x的反比例函数？

(2) 当m为何值时，y是x的正比例函数，且图象通过Ⅱ、Ⅳ象限？

这个问题中涉及的知识比较多，如对数函数、幂函数、正比例函数、反比例函数、图象在坐标系中的位置。这些知识中如果有一环没掌握好，题目就不可能做对。

可以这样来解：

(1) 若y是x的反比例函数，

则 $$y=\frac{k}{x}=kx^{-1} \qquad (k\neq 0).$$

现在的问题是寻找合适的m值，使得

$$\lg\left(2-\frac{m}{4}\right)=k. \qquad ①$$

$$m^2-7m+11=-1. \qquad ②$$

①和②两式中②式起决定作用。解方程

$$m^2-7m+12=0,$$

得 $$m_1=3,\ m_2=4.$$

将$m_2=4$代入①式中，得

$$k=\lg\left(2-\frac{4}{4}\right)=\lg 1=0.$$

所以$m_2=4$不能取；

将$m_1=3$代入①式，得$k=\lg\left(2-\frac{3}{4}\right)$

$$=\lg\frac{5}{4}\neq 0.$$

因此，取$m=3$.

(2) 若y是x的正比例函数，则 $y=kx$，仿 (1) 得二次方程

$$m^2-7m+11=1,$$

$$m^2-7m+10=0,$$

解得 $m_1=5,\ m_2=2.$

因为正比例函数的图象过Ⅱ、Ⅳ象限，

所以 $\lg(2-\frac{m}{4})<0.$

将 $m_1=5$ 代入，得

$$k=\lg(2-\frac{5}{4})=\lg\frac{3}{4}<0.$$

将 $m_2=2$ 代入，得

$$k=\lg(2-\frac{3}{4})=\lg\frac{5}{4}>0.$$

因此，取 $m=5$.

要提高解综合问题的能力，还要使自己的思路更开阔些。国外流传着这样一个故事：从前有一个大国的国王叫爱数，从名字就可以知道，他非常喜欢数学。爱数国王爱上了邻国的一位公主，就向公主求婚。

公主说："听说国王非常喜欢数学，我给你一个十四位的大数，要求你把它分成质因数的连乘积。如果三天之内你能分解出来，我就嫁给你，不然的话，请不要再提求婚的事！"

爱数国王觉得办成这件事并不困难，回国以后就从最小的质数 2 开始试除。由于这个数字太大，他试了两天两夜也没分解出来，爱数国王发愁了。

大臣孔唤石觐见爱数国王，见国王愁容满面，问明原因以后，孔唤石笑着说："这有何难？我国有一千万百姓，按十进位制把他们分组、编号。比如，一个老百姓在二军团、五军、三师、八团、九营、〇连、二排，这个老百姓的编号就是 2538902。"

爱数国王问："给老百姓编上号有什么用？"

孔唤石大臣说："你把公主给的十四位数公布出去，让每个老百姓用自己的编号去除这个大数，凡是能整除的编号都报上来，你从这些报上来的编号中再找质因数就容易多了。"

"好主意！"爱数国王称赞说，"你不应叫孔唤石，而应该叫'空换时'，你是用空间来换取宝贵的时间呀！"

当然，爱数国王终于与公主结合了。

解数学题时，也常常会发生类似的情况。比如，已知在$\triangle ABC$中，$\sin A\cos A=\sin B\cos B$，试判断$\triangle ABC$的形状？这道题直接去证$\triangle ABC$会不会有一个角是直角、会不会有两个角相等都比较困难。可以走另外一条道路：由正弦定理得

$$\frac{a}{\sin A}=\frac{b}{\sin B}=\frac{c}{\sin C}.$$

即
$$\sin A=\frac{a}{c}\sin C,\ \sin B=\frac{b}{c}\sin C.$$

代入题设的等式，得

$$\frac{a}{c}\sin C\cos A=\frac{b}{c}\sin C\cos B.$$

$\because\ \sin C\neq 0\quad\therefore\ a\cos A=b\cos B.$

再用余弦定理，得

$$a\frac{b^2+c^2-a^2}{2bc}=b\frac{a^2+c^2-b^2}{2ac},$$

$$a^2(b^2+c^2-a^2)=b^2(a^2+c^2-b^2),$$

展开整理，得 $c^2(a^2-b^2)=(a^2+b^2)(a^2-b^2)$，

$$(a^2-b^2)(c^2-a^2+b^2)=0.$$

当$a=b$时，$\triangle ABC$为等腰三角形；

当$c^2=a^2+b^2$时，$\triangle ABC$为直角三角形。

10. 代数万花筒

波斯国王出的一道难题

古时候波斯有个国王，他认为自己是世界上最聪明的人。

有一天，国王出了一个告示，宣布半个月以后他将要在皇宫里出一道难题，谁要是能准确地回答出来，就重重地奖赏他。

到了那一天，皇宫里聚集了文武百官，还有许多老百姓，显得十分热闹。国王命令侍从取来了三只大金碗，金碗上盖着镶嵌着宝石的金盖子。国王向皇宫里的人扫了一眼，然后说出他的难题：

“我的三只金碗里放着数目不同的珍珠。我把第一只金碗里的一半珍珠给我的大儿子；第二只金碗的三分之一珍珠给我的二儿子；第三只金碗里的四分之一珍珠给我的小儿子。然后，再把第一只碗里的 4 颗珍珠给我的大女儿；第二只碗里的 6 颗珍珠给我的二女儿；第三只碗里的 2 颗珍珠给我的小女儿。这样分完之后，第一只金碗里还剩下 38 颗珍珠；第二只金碗里还剩下 12 颗珍珠；第三只金碗里还剩下 19 颗珍珠。你们谁能回答，这三只金碗里原来各有多少珍珠？”

听完国王所说的题目，文武百官你看看我，我看看你，谁也没作声。

突然，从人群中走出三个外国人，其中一个向国王深深鞠了一个躬，说道：“尊敬的国王，请让我第一个回答您的问题吧！您的第一只金碗里最后剩下 38 颗珍珠，加上您给大女儿的 4 颗，一共是 42 颗，而这 42 颗珍珠只是原来珍珠数的一半，因为您把另一半给了您大儿子了。这样第一只金碗中应该有 84 颗珍珠。”

听到这里，国王点了点头。这个外国人又接着说：“您的第二只金碗里最后剩下 12 颗珍珠，加上您给二女儿的 6 颗，共计 18 颗。这 18 颗珍珠只是原来珍珠数的三分之二，因为有三分之一您给了二儿子了。所以第二只金碗里原来有 27 颗珍珠。

第三只金碗里最后剩 19 颗珍珠，加上您小女儿拿去的 2 颗，就是 21 颗。这 21 颗只是碗里原来数目的四分之三，这样第三只金碗里原有 28 颗珍珠。”

国王听了满意地说：“聪明人，你说对了。”

这位外国人说：“尊敬的国王，数学帮助我回答了您的问题。数学是一门有关数的特征和计算法则的科学。”

这时，第二个外国人往前站了两步说：“高贵的国王，我用方程来算您出的题，要简单得多。

我用x来代表您第一只碗里珍珠的数目。

您给大儿子一半，就是$\frac{x}{2}$，又给您大女儿 4 颗，最后剩下 38 颗。可以列出方程如下：

$$x-\frac{x}{2}-4=38.$$

移项，得

$$x-\frac{x}{2}=38+4,$$

$$\frac{x}{2}=42,$$

$$x=84.$$

说明第一只金碗里有84颗珍珠。

再算第二只金碗里珍珠的数目。设这个数目为x。从中减去您给二儿子的$\frac{x}{3}$，再减去您给二女儿的6颗，剩下12颗，列出方程为：

$$x-\frac{x}{3}-6=12,$$

$$\frac{2}{3}x=18,$$

$$x=27.$$

第二只碗里有27颗珍珠。

用同样办法可以算出第三只金碗里珍珠的数目：

$$x-\frac{x}{4}-2=19,$$

$$x=28.$$

第三只金碗里有28颗珍珠。”

国王高兴地说：“你用方程来计算，很简单，算法很高明。”

轮到第三个外国人了。他一声不响地从口袋里掏出一张纸，在纸上写了一个算式，递给了国王。

国王看到纸上写着一个算式：

$$x-ax-b=c,$$

$$x=\frac{b+c}{1-a}.$$

国王非常生气地问：“你写的是些什么！我一点也看不懂。你为什么只有一个答案？你难道不知道我有三只金碗吗？”

这个外国人说：

“这个算式中的x代表碗里的珍珠数，a代表您给儿子珍珠数占碗里珍珠数的几分之几，b代表您给女儿的珍珠数，c代表剩下的珍珠数。

“如果您不信的话，可以用具体数字代一代看看是否正确，国王陛下，我的算法充分体现了代数的特点，是最简单、最明确的算法。利用我的算法，即使您有100只金碗、100个儿子、100个女儿，也同样可以算出珍珠数来。”

国王听完，亲自代入数字进行计算。

用x代表第一只碗里珍珠的数目，因给大儿子一半，a应该是$\frac{1}{2}$；b代表给大女儿的数目，应该是4；c代表剩下的38颗珍珠。

代入算式 $x=\frac{b+c}{1-a}$，得

$$x=\frac{4+38}{1-\frac{1}{2}},$$

$$x=84.$$

国王点点头说：“对，是84颗。”接着国王又把$a=\frac{1}{3}$，$b=6$，$c=12$代入算式，得

$$x=\frac{6+12}{1-\frac{1}{3}},$$

$$x=27.$$

国王又算出第三只金碗中珍珠的数目，也完全正确。国王给第三个外国人奖赏最多，其次是第二个外国人，用算术方法解算的外国人得到的奖

赏最少。

国王笑着说:“我这是按解算方法好不好来发奖的,你们不会有意见吧? ”

印度的国际象棋传说

印度是一个古老传说很丰富的国家。传说印度的舍罕王很喜欢下国际象棋。有一天,舍罕王打算重赏国际象棋的发明人——宰相西萨 · 班 · 达依尔,这位聪明的大臣看来胃口并不大,他跪在国王面前说:“陛下,请您在这张棋盘的第一个小格内赏我一粒麦子,在第二个小格内给两粒,第三个小格内给四粒,照此下去,每一小格内都比前一小格加 1 倍。陛下,把这样摆满棋盘上所有 64 格的麦粒,都赏给您的仆人罢! ”

“爱卿, 你所求的并不多啊! ” 国王为自己不用太多的东西就能奖励宰相而暗自高兴。

国王说:“你会如愿以偿的。”接着命人把一袋麦子扛到宝座前,心想有这一袋麦子就足够了。

计数麦粒的工作开始了。第一格内放 1 粒, 第二格内放两粒, 第三格内放 4 粒……还没到第二十格,袋子已经空了。麦子一袋又一袋地被扛到国王面前,可是麦粒数一格接一格地飞快增长。不一会儿,王宫里麦子堆积如山,管粮库的大臣急忙跑来报告说, 粮库中麦子不多啦!

“怎么回事? ”国王十分吃惊。

管库大臣也精通数学,他说:“按宰相的要求,第一格里放一,第二格里放二,第三格里放四,64 个格子总共要放

$$n = 1 + 2 + 2^2 + 2^3 + \cdots + 2^{63}.$$

为了算出这个数,可以把上式两边同时乘 2:

$$2n = 2 + 2^2 + 2^3 + 2^4 + \cdots + 2^{64}.$$

然后用下面式子减去上面式子，得

$$2n - n = (2 + 2^2 + 2^3 + 2^4 + \cdots + 2^{64}) - (1 + 2 + 2^2 + \cdots + 2^{63}),$$

即 $n = 2^{64} - 1 = 18446744073709551615$ 粒麦粒。”

国王问：“18446744073709551615 粒麦粒有多少？”

管库大臣说：“1 升小麦约 150000 粒，照这个数，那得付给西萨 · 班 · 达依尔 140 万亿升小麦才行。这么多小麦需要全世界生产 2000 年！”

国王听后，像一摊泥似的从宝座上滑到了地下。

印度还有一个著名的传说，叫“世界末日问题”：在世界中心，印度北部印度教圣地瓦拉纳西的圣庙里，安放着一块黄铜板，板上插着 3 根宝石针。印度教主神梵天在创造世界的时候，在其中的一根针上从下到上放了由大到小共 64 片金片，把这个塔形金片堆叫做“梵塔”。圣庙里不论白天黑夜，都有一个值班的僧侣按照梵天的法旨，把这些金片在三根针上移来移去。法旨要求：一次只能移动一片金片，要求不管在哪一根针上，小金片永远在大金片上面。当所有 64 片金片都从梵天创造世界时所放的那根针上移到另外一根针上时，世界将在一声霹雳中消灭，梵塔、庙宇和众生都将同归于尽。

研究这个带有宗教色彩的古老传说，不难发现，移动金片的规律是，把相邻两片金片中下面一片金片移动到另一根针上，移动的次数总要比移动上面一片增加 1 倍。也就是说，移动第一片只需要一次，移动第二片需要两次，移动第三片需要四次，每移动下面一片都是上面金片次数的两倍。这样把 64 片金片都移动到另一根针上，所需要的次数是：

$$1 + 2 + 2^2 + 2^3 + \cdots + 2^{63}.$$

这和宰相西萨 · 班 · 达依尔所要的麦粒一样多，为把这座梵塔全部 64 片金片都移到另一根针上，需要多长时间呢？假如僧侣一秒钟就能移动一次，夜以继日，永不休息。一年有 31558000 秒，共需要 58 万亿年才能完成。

真是了不起的幂呀！一个 2^{64} 竟是这么大的数字！

五子盗宝

从前有个财主，他有五个儿子。这五个儿子从小游手好闲，财迷心窍。他们听说东海龙宫里有无数金银财宝，做梦都想偷点出来。

一天，五个人在海边徘徊，忽遇狂风暴雨，他们躲进一棵空心大树里。不料这树洞竟是无底的。五个人像掉进了深渊直往下落，吓得他们直冒冷汗。过了一会儿，觉得两脚着地，睁眼一看，原来他们掉进龙王宫里了。五兄弟心中大喜，无心观赏龙宫的景色，一心只想偷得龙宫的珍宝。

他们转过了几道弯，突然眼前一亮，在一棵大珊瑚树下发现有一堆耀眼的东西。老大禁不住叫了一声："宝珠！"拔腿直奔过去，抓起宝珠往衣袋里塞。其他几个兄弟也冲了过去。

"快走吧！"老大得了鼓鼓几口袋宝珠，急于回去。可是老五才捞了一把，不肯就走。正在此时，耳边响起吼声："站住！干什么的？"五个人大惊失色，随即被龙宫的卫兵抓进牢房。

半夜了，老大怎么也睡不着，因为龙王有旨，偷宝珠最多的，天明就要处死，其余的也要杖刑之后赶出龙宫。老大见四个兄弟睡着了，便悄悄地爬起来，把自己偷的宝珠往他们四个人的口袋里各塞了一些，塞进去的宝珠颗数恰恰等于这四人原有的宝珠数。老大做完这些事后才安心地睡了。过了一会儿，老二醒来，摸摸口袋里的宝珠，奇怪，宝珠怎么变多了？他也悄悄地爬起来，把自己口袋里的宝珠给其余四个人各塞进一些，塞进的宝珠数恰好也等于四个人口袋里的宝珠数。接着，老三、老四、老五依次醒来，也都这样做了一遍，随后就放心睡到大天亮。次日，当卫兵搜查清点五个人偷的宝珠时，发现每人口袋里的宝珠不多不少都是32颗，兄弟五人都吓得目瞪口呆。

那么，五个人原来各偷了多少宝珠呢？

这道题如何解？关键是从哪儿入手。由于最后每人有宝珠32颗，五人所偷宝珠总数是

$$32 \times 5 = 160(\text{颗}).$$

设老大原来偷的宝珠数为x_1，那么其余四个兄弟偷的宝珠总数为$(160 - x_1)$颗。

老大第一次给出$(160 - x_1)$颗后，余数是

$$x_1 - (160 - x_1) = 2x_1 - 160.$$

老二塞给老大一定数目的宝珠后，老大的宝珠数为

$$2(2x_1 - 160),$$

老三塞给老大宝珠后，老大的宝珠数为

$$4(2x_1 - 160),$$

老四塞给老大宝珠后，老大的宝珠数为

$$8(2x_1 - 160),$$

老五塞给老大宝珠后，老大的宝珠数为

$$16(2x_1 - 160).$$

最后老大有宝珠32颗，可列出方程

$$16(2x_1 - 160) = 32,$$

$$x_1 - 80 = 1,$$

$$x_1 = 81(\text{颗}).$$

设老二偷宝珠数x_2颗，其余四个兄弟偷得宝珠总数为$(160 - x_2)$颗。

老大给老二宝珠后，老二的宝珠数为$2x_2$。

老二给出宝珠后，余数为

$$2x_2-(160-2x_2)=4x_2-160,$$

老三塞给老二宝珠后，老二的宝珠数为

$$2(4x_2-160),$$

老四塞给老二宝珠后，老二的宝珠数为

$$4(4x_2-160),$$

老五塞给老二宝珠后，老二的宝珠数为

$$8(4x_2-160),$$

可列出方程

$$8(4x_2-160)=32,$$

$$x_2-40=1,$$

$$x_2=41.$$

设老三、老四、老五原来偷的宝珠数分别为x_3,x_4,x_5，依次列出方程

$$4(8x_3-160)=32,$$

$$2(16x_4-160)=32,$$

$$32x_5-160=32.$$

解得 $x_3=21$, $x_4=11$, $x_5=6$.

老大到老五偷得宝珠数依次为 81 颗、41 颗、21 颗、11 颗、6 颗。

船上的故事

一艘远洋巨轮停泊在港湾，某中学的少先队员上船和外国船员联欢。联欢会上，外国船长给少先队员出了一道有趣的题目。

船长说："你们看，我已经是

四十开外的中年人了。我的儿子不止一个，我的女儿也不止一个。如果把我的年龄、我的儿女数与你们所参观的这条船的长度（取整数）相乘，它们的乘积等于32118。同学们，你们能说出我的年纪是多少？共有几个儿女？这条船有多长吗？”

船长的怪题引起了少先队员极大的兴趣。他们仔细琢磨船长的每一句话，终于把题目解出来了。你知道他们是怎样解出来的吗？

他们是这样解的：设船长的年龄为y，他的儿女数为x，船的长度为z，由“儿子不止一个，女儿也不止一个”可知，他儿子和女儿的总数至少为4，即

$$x \geqslant 4.$$

由“我已经是四十开外的中年人了”可知

$$40 < y < 60.$$

(60岁以上称为老年人)

根据题意，可以列出一个方程和一组不等式

$$\begin{cases} xyz = 32118, \\ 40 < y < 60, \\ x \geqslant 4. \end{cases}$$

接着他们把32118分解为质因数的连乘积

$$32118 = 2 \times 3 \times 53 \times 101.$$

把这4个不同质数搭配成3个整数连乘积，共有6种不同的搭配方法

$$2 \times 3 \times 5353, 2 \times 159 \times 101, 2 \times 53 \times 303,$$

$$3 \times 53 \times 202, 3 \times 106 \times 101, 6 \times 53 \times 101.$$

这里，前5组中三个因数不都大于4，只有第六组的三个因数都大于4。因此，此题只有一组解：$\begin{cases} x = 6, \\ y = 53, \\ z = 101。 \end{cases}$ 即船长有6个儿女，船长53岁，船的长度为101米。

应该赞赏几位少先队员分析问题的能力。

这时，该船的大副走过来，给少先队员又出了一道题。

大副说:“这是过去的事啦。有一艘船,它有x只烟囱,y只螺旋桨,$x \neq y$,而且烟囱数和螺旋桨数都不会超过6。t个船员。它于$1900+z$年p月n日开船启程。上述六个未知数的乘积,加上船长年龄的立方根,等于4752862。请问:①船长几岁?②船上的烟囱和螺旋桨共有几只?③共有几名船员?④它在何年何月何日启航?”

哎呀!大副出的题比船长出的题还难。但是通过少先队员的努力,还是解算出来了。

船长年龄的立方根是正整数,那么船长的年龄必定是某个正整数的立方,可能是$2^3=8$,$3^3=27$,$4^3=64$,$5^3=125$。显然,8和125都不可能。试试$\sqrt[3]{27}=3$,$4752862-3=4752859$。由于4752859不能被2,3,4,5,6整除,而按常识,船上烟囱数和螺旋桨数都不会超过6,所以船长年龄不会是27岁。船长年龄必定是64岁了。因为$\sqrt[3]{64}=4$,所以这时$4752862-4=4752858$,此数可分解为

$$4752858=2\times 3\times 11\times 23\times 31\times 101.$$

这六个因数就应该是六个未知数,因此有螺旋桨和烟囱之和必然等于5;月份只能取11;11月不会有31日,因此日期只能取23日;年份z只能取31;船员数为101。

即船长64岁,烟囱和螺旋桨共5只,共101名船员,1931年11月23日启航。

一句话里三道题

“当王强达到张洪现在的年龄的时候,张洪的年龄是李勇年龄的两倍。”

根据上面这一句话,回答三个问题:

(1) 谁的年龄最大?

(2) 谁的年龄最小?

(3) 王强和李勇现在岁数的比是几比几?

这一句话提出了三个问题，第一个问题最容易回答，张洪年龄最大。第二个问题要确定出王强和李勇的岁数之比后才好回答。

设张洪为a岁，王强为b岁，李勇为c岁。

又设x年后，王强达到张洪现在的年龄。则x年后，张洪（$a+x$）岁，王强（$b+x$）岁，李勇（$c+x$）岁。

根据题目条件可得

$$b+x=a, \quad ①$$

$$a+x=2(x+c),$$

即 $$2c+x=a. \quad ②$$

由①和②式，得 $$b=2c.$$

即 $$c:b=1:2.$$

上式说明王强和李勇现在年龄的比是2∶1，李勇的年龄最小。

有关年龄问题的代数题常常是很有趣的，我们不妨再做几道。

张老师给同学们出了一道题："我有两个孩子都在上小学，老大岁数的平方减去老二岁数的平方等于63，请算算这两个孩子的年龄。"

可以设老大的年龄为x岁，老二的年龄为y岁。

根据题目条件可得方程

$$x^2-y^2=63.$$

左端分解因式，得 $(x+y)(x-y)=63.$

这是一个不定方程，可以有无穷多组解。但是，年龄都是正整数，且$x>y$，故其和、差也是正整数。因为$63=63\times1=21\times3=9\times7$，所以只能得以下三组方程：

$$(1)\begin{cases}x+y=63,\\x-y=1;\end{cases}\quad(2)\begin{cases}x+y=21,\\x-y=3;\end{cases}\quad(3)\begin{cases}x+y=9,\\x-y=7.\end{cases}$$

分别解这三个方程组，可得

$$(1)\begin{cases}x=32,\\y=31;\end{cases}\quad(2)\begin{cases}x=12,\\y=9;\end{cases}\quad(3)\begin{cases}x=8,\\y=1.\end{cases}$$

这三组解中只有第二组解符合题意。因此,老大 12 岁,老二 9 岁。

黄老师也给同学们出了一道题:“我年龄的个位数字刚好等于我儿子的年龄,我年龄的十位数字刚好等于我女儿的年龄;同时我的年龄又刚好是我儿子和女儿年龄乘积的两倍。请你们算一算,我的年龄是多少?”

设黄老师女儿的年龄为x岁,儿子的年龄为y岁。

则黄老师的年龄为 $10x+y$岁。

根据题意可列出方程:

$$10x+y=2xy.$$

解这个不定方程要比上一个困难,

因为$x\neq 0$,方程两端可同用x除,得

$$10+\frac{y}{x}=2y.$$

令$\frac{y}{x}=z$,上面不定方程变成

$$10+z=2y.$$

因为 10 和 $2y$都是正整数,所以z也是正整数。

因为$y=xz$,所以y一定是z的整倍数。

根据上面条件,满足不定方程

$$2y-z=10$$

的y不能小于 6,而y又是z的整倍数,y只能取 6。

$$y=6,\text{则}z=2,$$

$$x=\frac{y}{z}=\frac{6}{2}=3.$$

即女儿 3 岁,儿子 6 岁,黄老师 36 岁。

下面的“三人百岁”题比较著名。

“赵、钱、孙三人年龄之和是 100 岁。赵 28 岁时,钱的年龄是孙的两倍;钱 20 岁时,赵的年龄是孙的三倍。问三人年龄各是多少?”

设赵、钱、孙现在的年龄分别为x岁,y岁,z岁。

又设a年前赵 28 岁,则有

$$y-a=2(z-a).$$

$\because\quad x+y+z=100,$

$\therefore\quad a$年前，有

$$28+(y-a)+(z-a)=100-3a,$$

$$28+2(z-a)+(z-a)=100-3a,$$

$$3z+28-3a=100-3a,$$

$$z=24.$$

再设b年前钱 20 岁，则有

$$x-b=3(z-b).$$

同理有 $3(z-b)+20+(z-b)=100-3b.$

$$4z-b=80.$$

将$z=24$代入，得$b=16.$

即 16 年前钱 20 岁，现在钱为 36 岁，孙 24 岁，赵 40 岁。

蛇与孔雀

11 世纪的一位阿拉伯数学家曾提出一个“鸟儿捉鱼”的问题：

“小溪边长着两棵棕榈树，恰好隔岸相望。一棵树高是 30 肘尺（肘尺是古代长度单位），另外一棵树高是20 肘尺；两棵棕榈树的树干间的距离是 50 肘尺。每棵树的树顶上都停着一只鸟。忽然，两只鸟同时看见棕榈树间的水面上游出一条鱼，它们立刻飞去抓鱼，并且同时到达目标。问这条鱼出现的地方离比较高的棕榈树根有多远。”

解这个问题可以先画一个图。设所求的距离为x肘尺。

根据勾股定理，有

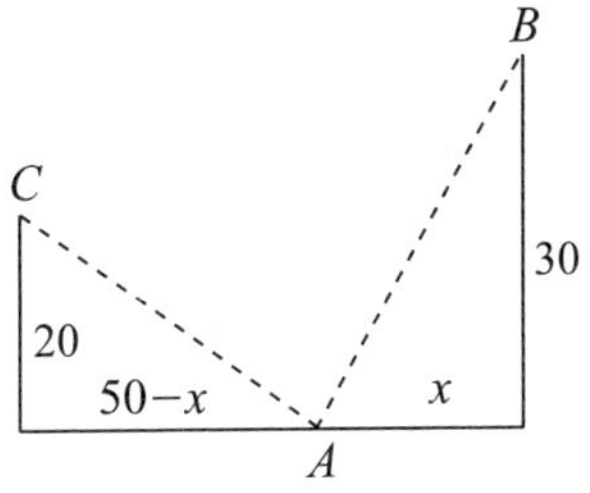

$$AB^2 = 30^2 + x^2,$$

$$AC^2 = 20^2 + (50 - x)^2.$$

$$\because\quad AB = AC,$$

$$\therefore\quad 30^2 + x^2 = 20^2 + (50 - x)^2.$$

经过化简整理，得

$$100x = 2000.$$

这是一个一元一次方程，解得$x = 20$.

因此，这条鱼出现的地方离比较高的棕榈树根 20 肘尺。

12 世纪印度数学家婆什迦罗提出过一个“孔雀捕蛇”问题：

“有一根木柱。木柱下有一个蛇洞。柱高为 15 腕尺(古代长度单位)，柱顶站有一只孔雀。孔雀看见一条蛇正向洞口游来，现在与洞口的距离还有三倍柱高。就在这时，孔雀猛地向蛇扑过去。问在离蛇洞多远，孔雀与蛇相遇？”

计算这个问题也要先画一个图，并假定孔雀和蛇前进的速度相同。

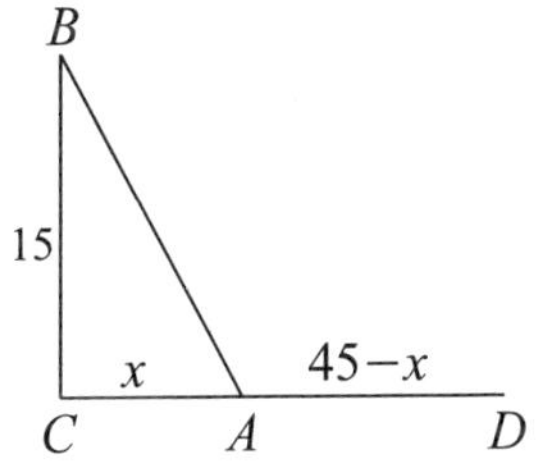

设离蛇洞x腕尺孔雀与蛇相遇。

$$\because\quad AB = AD = 45 - x,$$

根据勾股定理，有

$$(45 - x)^2 = 15^2 + x^2.$$

化简整理，得一元一次方程

$$90x = 1800,$$

解得 $x = 20.$

因此，在离蛇洞20腕尺处孔雀与蛇相遇。

细细分析这两个出自不同地区、不同时间的问题，它们有许多相似之处，连答数都一样！

解算夫妻

在智力游戏和智力竞赛中，经常会遇到找夫妻的题目。这类题目也是很有趣的。先看一道题：

“有三对夫妻一同上商店买东西。男的分别姓孙、陈、金，女的分别姓李、赵、尹。他们每人只买一种商品，并且每人所买商品的件数正好等于那种商品的单价（元数）。现在知道每一个丈夫都比他的妻子多花63元，并且老孙所买的商品比小赵多23件，老金所买的商品比小李多11件，问老孙、老陈、老金的爱人各是谁？”

这道题可以利用方程组解算出来。

设丈夫买了x件商品，妻子买了y件商品，

根据“每人所买商品的件数正好等于那种商品的单价（元数）”，可以知道丈夫总共花去x^2元，妻子花去y^2元；

再根据“每一个丈夫都比他的妻子多花去63元”，可得不定方程

$$x^2 - y^2 = 63.$$

由于x，y代表商品件数，只能取自然数，而左端又能因式分解，因此，下列方程$(x+y)(x-y)=63$的右端也应分解。有三种可能：63×1，21×3，9×7. 可得三组联立方程

$$\begin{cases}x_1+y_1=63,\\x_1-y_1=1;\end{cases}\quad\begin{cases}x_2+y_2=21,\\x_2-y_2=3;\end{cases}\quad\begin{cases}x_3+y_3=9,\\x_3-y_3=7.\end{cases}$$

解得

$$\begin{cases}x_1=32,\\y_1=31;\end{cases}\qquad\begin{cases}x_2=12,\\y_2=9;\end{cases}\qquad\begin{cases}x_3=8,\\y_3=1.\end{cases}$$

以上三组解就是三对夫妻所买商品的件数。

根据条件“老孙所买的商品比小赵多23件”,可确定x_1为老孙买的商品件数,y_2为小赵买的商品件数;

再根据条件“老金所买的商品比小李多11件”,可确定x_2为老金所买的商品件数,y_3为小李买的商品件数。

李太太　　赵太太　　尹太太　　跟班

由此定出老孙和小尹是夫妻,老金和小赵是夫妻,老陈和小李是夫妻。

再来看一道题:

“依万、彼得、谢明和他们的妻子奥丽、伊林和安娜的年龄总和是151岁,同时每个丈夫都比妻子大5岁。依万比伊林大1岁,奥丽和依万年龄的总和是48岁,谢明和奥丽年龄的总和是52岁。试问他们之中谁和谁是夫妻?他们的年龄各是多大?”

解算这个问题可以分两步来做。首先确定谁和谁是夫妻:

由“依万比伊林大1岁”和“每个丈夫都比妻子大5岁”可知依万的妻子不可能是伊林。另外“奥丽和依万年龄的总和是48岁”,由48减去5得43,不能被2整除,而年龄都是整数,因此,奥丽也不是依万的妻子。因此只有安娜才是依万的妻子。

由“谢明和奥丽年龄的总和是52岁”可知，$52-5=47$仍不能被2整除，奥丽不是谢明的妻子，而是彼得的妻子。

剩下的谢明和伊林为夫妻。

其次，再算他们的年龄：

设依万为x岁，彼得为y岁，谢明为z岁，

则安娜为$(x-5)$岁，奥丽为$(y-5)$岁，伊林为$(z-5)$岁。

利用题设条件可得

$$\begin{cases} x+y+z+(x-5)+(y-5)+(z-5)=151, \\ x+(y-5)=48, \\ z+(y-5)=52. \end{cases}$$

整理，得

$$\begin{cases} x+y+z=83, \\ x+y=53, \\ y+z=57. \end{cases}$$

解得　$x=26, y=27, z=30.$

又得　$x-5=21,\ y-5=22, z-5=25.$

即依万为26岁，安娜为21岁；彼得为27岁，奥丽为22岁；谢明为30岁，伊林为25岁。